JN267855

役にたつ化学シリーズ
村橋俊一・戸嶋直樹・安保正一 編集

6 有機工業化学

戸嶋　直樹
馬場　章夫
東尾　保彦
芝田　育也
圓藤紀代司
武田　徳司
内藤　猛章
宮田　興子 [著]

朝倉書店

役にたつ化学シリーズ ■ 編集委員

村 橋 俊 一　　大阪大学名誉教授
戸 嶋 直 樹　　山口東京理科大学基礎工学部物質・環境工学科
安 保 正 一　　大阪府立大学大学院工学研究科物質系専攻

6　有機工業化学　■ 執 筆 者 (執筆担当)

＊戸 嶋 直 樹　　山口東京理科大学基礎工学部物質・環境工学科
　　　　　　　　(1.1節)
＊馬 場 章 夫　　大阪大学大学院工学研究科分子化学専攻 (2章)
　東 尾 保 彦　　広栄化学工業株式会社 (1.2節, 1.3節)
　芝 田 育 也　　大阪大学大学院工学研究科
　　　　　　　　附属原子分子イオン制御理工学センター (2章)
　圓 藤 紀代司　　大阪市立大学大学院工学研究科化学生物系専攻
　　　　　　　　(3章)
　武 田 徳 司　　日本合成洗剤株式会社 (4章)
　内 藤 猛 章　　神戸薬科大学薬学部 (5章)
　宮 田 興 子　　神戸薬科大学薬学部 (5章)

　執筆順　＊印は本巻の執筆責任者

はじめに

　人類は，その周りの環境や物質と深く関わりながら永い道のりを歩んできた．もちろんはじめは，その環境や物質は自然界が与えたままであったが，そのうちにそれを自分の手で変化させることを覚え，都合のよいように改良を加えながら進化してきたのである．身近な衣類にしても，はじめは毛皮をそのまま身に着けていたのが，羊毛を糸に紡ぎ，布に織り，今では羊毛の代わりにナイロンなどの合成繊維で衣類をつくり，さらに加工を加え極細繊維の布の機能をも楽しんでいる．

　化学は物質の変化を取り扱う学問分野であり，化学的操作により付加価値をつけることを中心に考えて製品を製造するのが化学工業である．したがって，人類は，それを化学と認識する以前から化学的現象にはかかわってきており，工業の発達と共に化学工業も起こったといってよい．

　化学は，人工肥料を生み出すことによって食料問題を解決し，合成医薬品を供給することによって化学療法を発展させ健康を回復した．石油化学工業の勃興は安価なプラスチックや合成繊維の大量供給を可能にし，人類の生活を豊かにした．1970年ごろまで，化学工業は石油を原料にして，打出の小槌のように人間社会の必要なものを何でも提供してくれるかに見えた．一部に化学工場による公害が指摘されたり，戦争用の毒ガス合成に対する倫理問題の指摘があったりしたが……．

　しかし，1970年代になって，大量生産，大量消費が進んだ結果，人口密度の高いところで公害問題が顕著になってきた．化学工業は公害工業とまでいわれた．しかし，21世紀を迎え，環境問題は一化学工業だけの問題ではなく，全地球的な問題であるとの認識が広まり，逆に，環境問題を解決するための技術が，化学および化学工業に求められ，期待される時代になってきた．Green Sustainable Chemistry (GSC) の登場である．

■グリーン・サステイナブル・ケミストリー（GSC）■

　化学者は反応を工夫して，望みの性質をもつ物質をつくる．つくった物質はやがて使われ，寿命がきたら壊れていく．物質の合成から使用を経て破壊にいたる，その総体が周囲にどんな影響を及ぼすのか——そこまで考えて物質の合成反応をデザインしようというのがグリーンケミストリーの立場である［P.T. Anastus, J.C. Warner 著，渡辺 正，北島昌夫訳，"グリーンケミストリー"，丸善 (1999)］．これにさらに持続的発展のための化学という立場を加えたのが，わが国の GSC である．

このように化学および化学工業は人間社会と切っても切れない関係にある．化学を工業の立場から，換言するとより実際的な製品の立場から見直したのが工業化学である．

本書では，人間社会と深い関わりのある有機工業化学の中でも，普段の生活において身近に感じているものに焦点を絞って紹介することとした．とくに石油工業化学，高分子工業化学，生活環境化学，およびバイオ関連工業化学について，歴史的視点からはじめて，現在の製品の化学やエンジニアリング，将来展望などを紹介する．このため紙面の都合上，石炭，農薬，塗料，染料は取り上げない．

1章は，「有機工業化学の夢」と題して，まず化学工業と人間社会のかかわりを取り上げた．社会の変遷（歴史）の中における化学工業の移り変わりや，環境・資源・エネルギー問題と化学工業のかかわりを概観する．ついで，企業の視点から，有機工業化学全般をながめる．特徴ある製品や技術を選び，その技術の歴史，未解決技術の問題点，有望技術などを取り上げている．このように，1章を読むだけで，有機工業化学全体を概観できるのが本書の特徴の一つであろう．

この1章で，工業化学の全貌を理解してから各章に進むことにより，各章の内容の理解と興味が深まり，逆に，各章で詳細を理解しながら，1章で全体像をつかむことが容易になるようにとの考えである．

2章では，ガソリン，潤滑油，石油化学製品の紹介とその製造法のポイントを述べる．

3章では，2章から発展して高分子化学の基礎と，代表的な高分子化学製品と機能性材料を対象とする．

4章では，界面活性剤について身近な生活に関連の深い洗剤から食品にいたる幅広い用法を中心に説明する．

5章では，医薬品の開発の歴史と手法，がんや糖尿病など，代表的な病気に効果のある薬を中心に紹介する．

全体を通して，反応条件や触媒の詳細はできる限り省略した．本書では，現在の有機化学工業や製品の特徴の概要が把握できるよう，式や図を多用して解説しており，少し化学用語について知識のある学生であれば，十分に興味をもって理解できるように工夫している．

2004年8月

著者を代表して
戸嶋直樹
馬場章夫

役にたつ化学シリーズ　6　有機工業化学

目　次

■ 1 有機工業化学の夢 ■

1.1 化学工業と人間社会 …………………………………………………………………… 1
   a．歴史の中の化学工業　*1*
   b．生活を支える化学工業：わが国の工業史　*3*
   c．環境・資源・エネルギー問題と化学工業　*5*

1.2 今までの有機工業化学 ………………………………………………………………… 7
   a．有機化学工業の黎明期　*7*
   b．石油化学工業の発展　*8*
   c．ファインケミカルズの発展　*14*
   d．触媒の開発とプロセスの進展　*18*
   e．未解決の課題　*20*

1.3 これからの有機工業化学 ……………………………………………………………… 22
   a．アルカンケミストリー　*22*
   b．グリーンケミストリー　*23*
   c．特殊反応場での反応　*25*
   d．有機工業化学と機能製品　*26*
   e．企業戦略：知的所有権の重要性　*27*

■ 2 石油化学工業 ■

2.1 炭素資源 ………………………………………………………………………………… 28
   a．石　　油　*29*
   b．石　　炭　*33*
   c．天然ガス　*34*

2.2 石油精製 ………………………………………………………………………………… 35
   a．石油精製とは　*35*
   b．石油精製プロセス　*36*
   c．石油精製における操作　*41*

2.3 石油化学基礎原料の製造 ……………………………………………………………… 46
   a．ナフサの熱分解：低級オレフィンの製造　*46*
   b．C_4 留分の分離　*46*
   c．芳香族炭化水素の分離・製造　*47*

2.4 エチレンからの誘導体の製造 …………………………………………………49
　　　　a. 酸化反応による製品　49
　　　　b. 付加反応による製品　52
2.5 プロピレンからの誘導体の製造 ………………………………………………54
　　　　a. 二重結合部分の酸化反応による製品　54
　　　　b. 二重結合部分への付加による製品　56
　　　　c. メチル基の置換，酸化による製品　58
2.6 C_4 誘 導 体 ……………………………………………………………………59
2.7 芳香族製品 ………………………………………………………………………62
2.8 C_1 化　　学 ……………………………………………………………………70

3 高分子工業化学

3.1 高分子製品の開発 ………………………………………………………………74
　　　　a. 高分子製品の歴史　74
　　　　b. 高分子製品の開発例　76
3.2 高分子の合成 ……………………………………………………………………80
　　　　a. 高分子の分類　80
　　　　b. 高分子の合成法　81
　　　　c. 付加重合の様式　83
　　　　d. 高分子の構造と物性　84
3.3 汎用高分子 ………………………………………………………………………85
　　　　a. プラスチック　85
　　　　b. 合 成 繊 維　89
　　　　c. ゴ　　ム　93
3.4 高性能高分子 ……………………………………………………………………96
　　　　a. エンジニアリングプラスチック　96
　　　　b. 耐熱性高分子　97
　　　　c. 高強度高弾性高分子材料　97
3.5 高機能性高分子 …………………………………………………………………99
　　　　a. 電気・電子材料　99
　　　　b. 感光性樹脂　103
　　　　c. 光 学 材 料　105
　　　　d. 分離機能高分子材料　107
　　　　e. 医療用高分子材料　110
　　　　f. 環境適応型高分子材料　110
3.6 これからの高分子 ………………………………………………………………111
演習問題 ………………………………………………………………………………112

4 生活環境化学

- 4.1 石けん洗剤と界面活性剤 ··· 114
  - a. 石けん洗剤の歴史　*114*
  - b. 界面活性剤の化学構造　*117*
  - c. 界面活性剤の物性　*123*
  - d. 界面活性剤の応用機能　*127*
  - e. 合成洗剤　*128*
  - f. その他の用途　*130*
- 4.2 化粧品・香料 ··· 132
  - a. 化粧品　*132*
  - b. 香料　*137*
- 4.3 食品 ·· 138
  - a. 油脂食品　*138*
  - b. 保健機能食品　*140*

5 バイオ関連の工業化学

- 5.1 医薬品 ··· 143
  - a. 医薬品とは　*143*
  - b. 薬の歴史　*145*
  - c. 医薬品開発（創薬のプロセス）　*145*
  - d. 薬害　*147*
  - e. 代表的な薬　*148*
  - f. 21世紀に期待される薬　*160*
  - g. 健康食品とビタミン　*166*
- 5.2 バイオテクノロジー（遺伝子組換え技術） ································ 169
  - a. バイオテクノロジーとは　*169*
  - b. バイオ医薬品　*170*
  - c. バイオ食品　*172*
  - d. ゲノム創薬　*173*

索　引 ·· 175

1 有機工業化学の夢

1.1 化学工業と人間社会

a. 歴史の中の化学工業

工業化学は，学問としての化学の進歩と，人間社会の要求の変化に対応して発展してきている．化学が進歩しても社会の需要がなければ工業は育たないし，社会の要求があっても，化学がその要求を満たすところまで進歩していないと工業にならない．その様子を，歴史を紐解きながら概観しよう．

化学の起源を遡ると，古代エジプト・ギリシャの時代の錬金術や，万物が火，水，風，および土からなるとする四元素説に行き着くが，これらはさておき，観察と実験を基にして，理論を打ち立てる近代化学は，17世紀にそのはしりを見ることができる．このころ，イギリスでは，気体に関するボイルの法則を提唱したR. Boyleが，リトマス指示薬を用いた化学分析を実施している．また，ドイツでは燃焼に関するフロギストン（燃素）説が提案され，続いてスウェーデンのK.W. Scheeleやイギリスのに J. Priestleyが酸素を発見し（1774年），フランスのA.L. Lavoisierが，燃焼が酸化反応であることを証明し，化学の聖典ともいわれる『化学要論』を著した（1789年）．このころから新元素の発見もあいついだ．このとき定量的に原子を初めてとらえたのは，J. Dalton

---

■メンデレーエフの周期表■

Mendeleefは元素の周期律を発見し，未発見の3元素を予言している．エカ・ホウ素は1971年スウェーデンのL.F. Nilsonによってイソテルビウム中に発見され，スカンジウムと名づけられ，エカ・アルミニウムは1874年のフランスのLecoq de Biosbaudranによってスペクトル分析法により発見されガリウムと名づけられ，エカ・ケイ素は1886年ドイツのC. Winklerによって発見されゲルマニウムと命名された．Winklerの発見したゲルマニウムの性質は，Mendeleefの予言したエカ・ケイ素のそれ（カッコ内に表示）と極めてよく一致している．原子量：72.32(72)，密度：5.47(5.5) g cm^{-3}，原子容：13.22(13) cm^3 g^{-1}，原子価：4(4)，比熱：0.076(0.073) cal g^{-1} deg^{-1}，二酸化物の密度：4.703(4.7) g cm^{-3}，四塩化物の密度：1.887(1.9) g cm^{-3}．

で，1803年に初めてこの考え方を講演で発表している．そして，1865年にはロシアのD.I. Mendeleefが元素の周期表を発見した．

酸，アルカリおよび塩の関係をはじめて明らかにしたのは，1666年ごろのO. Tacheminsといわれている．アルカリの代表としてのソーダ（炭酸ナトリウム）は，古くからその原理も理解されぬまま，繊維の漂白などに用いられてきた．17世紀の後半，イギリスとフランスでは，石けんの製造が盛んになり，ソーダをスペインの海草灰や木灰から得ていた．しかし，この輸入は，戦争などで途絶えることがあったので，安定なソーダの供給がフランスにとって大きな課題であった．この課題を解決したのがLe Blancの開発したルブラン法であった．しかし，Le Blancはその栄光を自分のものとすることができず，彼の死後に，産業革命により紡績工業が発達し，漂白剤の需要の増えたイギリスで1823年にJ. Muspratt が工業化をはたしている．

このルブラン法は，1860〜70年に最盛期を迎えたが，コークス工業の副生アンモニアと炭酸ガスを利用する，より効率のよい方法を1861年にE. Solveyが開発し，ルブラン法との競争になった．ソルベイ法（アンモニア・ソーダ法）の方が品質的にもよく，のちに1913年に空中窒素固定によるアンモニア合成法が工業化されてからは，ソルベイ法が炭酸ソーダ製造法の主流となった．なお，アンモニア・ソーダ法の改

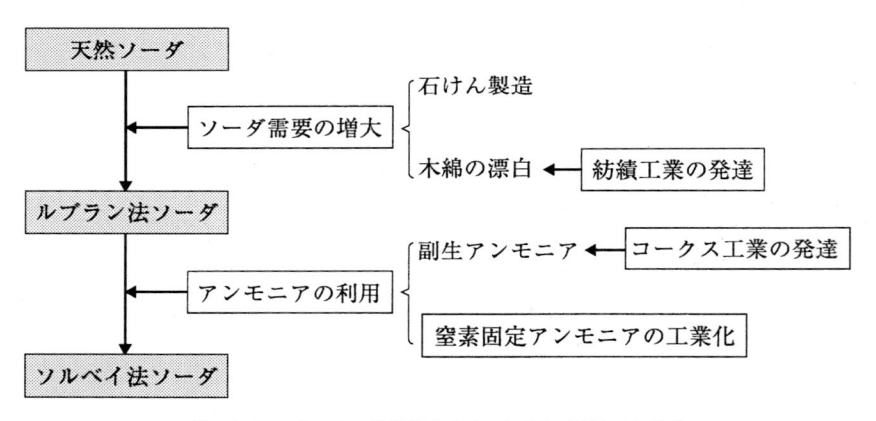

図1.1 ソーダ（炭酸ナトリウム）製法の変遷

ルブラン法

安定的なソーダの供給のため，1775年にフランスの王立科学アカデミーが，食塩からソーダ（炭酸ナトリウム）をつくる方法を懸賞募集した．これに当選したのが，オルレアン公の侍医N. Le Blancである．1791年にN. Le Blancは，オルレアン公の援助を受けて，工場規模でのルブラン法によるソーダの製造に成功した．しかし，フランス革命のため企業化にまでいたらず，また，混乱にまぎれて懸賞金ももらえず，結局Le Blancは失意のうちに亡くなっている．

良法で，食塩利用率の高い塩安ソーダ法が1950年代にわが国で開発されている．ここに示した炭酸ナトリウムの製法の変遷には，需要と供給の関係，さらに関連する工業やプロセスの発展が，製法に変化をもたらした実例を見ることができる（図1.1）．

アルカリの代表である苛性ソーダ（水酸化ナトリウム）は，長い間，炭酸ソーダを石灰乳などで苛性化して製造されていた．19世紀のはじめにはイギリスのH. Davyが食塩水溶液の電気分解を行っているが，1866年Siemensによって発電機が発明され，電気が大量に供給されて初めて，工業的に電解ソーダの製造が開始された．1884年に隔膜法が，1893年には水銀法が始まった．水銀法は，隔膜法に比べ生産性もよく，得られる苛性ソーダも高純度・高濃度であるので，直ちに苛性ソーダ製造の主流となった．しかし，近年になって，水銀による環境汚染の心配が叫ばれたため，1973年日本国政府は，水銀法の隔膜法への転換を決定した．しかし，隔膜法では苛性ソーダ中に不純物として食塩を含むという欠点を取り去ることができなかった．この問題を解決したのがイオン交換膜法の開発（1975年工業化）である．わが国で開発されたイオン交換膜法は，水銀法と同等の高純度苛性ソーダを，水銀法よりも低エネルギーコストで製造できるという特徴をもっている．このため多くの企業がイオン交換膜法に転換し，1986年わが国の水銀法は完全に終焉した．ここに，環境問題に対する化学技術の対応の一例をみることができる（図1.2）．

イオン交換膜法
カルボキシル基やスルホ基を側鎖にもつ陽イオン交換性フッ素樹脂を隔膜に用いて，食塩水を電気分解して塩素，水酸化ナトリウムおよび水素を製造する方法．省エネルギーで環境に優しい水素化ナトリウム製造法である．

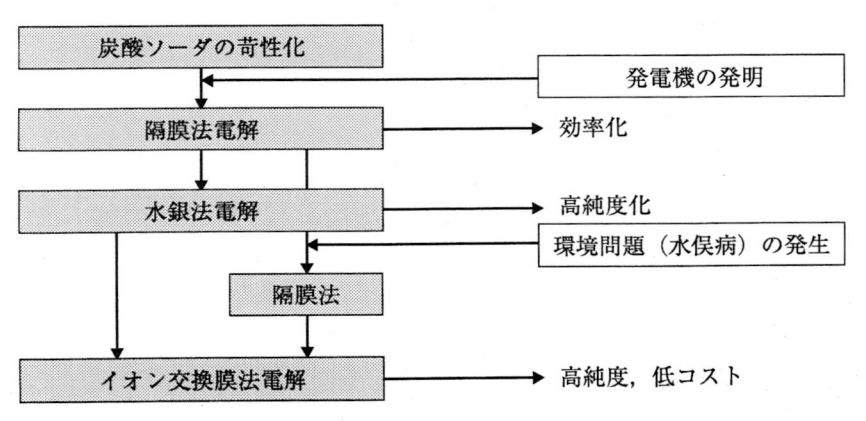

図1.2 苛性ソーダ（水酸化ナトリウム）製法の変遷

b. 生活を支える化学工業：わが国の工業史

化学工業は，われわれの日常生活と密接に関係しながら進歩発展し，われわれの生活を支えている．この様子をわが国の明治維新以降の工業化の時代から始めて，概観してみよう．

明治政府は，西洋事情をつぶさに調査し，わが国の最も重要な政策の

一つに新貨条例の制定を取り上げた．このため，造幣技術を導入し，1871（明治4年）に大阪に帝国造幣局を設けてそこに硫酸，曹達（ソーダ），瓦斯（ガス），骸炭（コークス）製造所の四つの近代化学工場を建設した．同じ年に紙幣寮（のちの印刷局）を創設し，用紙の製造を開始し，その工程に必要な苛性ソーダ，さらし粉などの自給体制も整えた．

ここでの硫酸工場は，近代技術の鉛室法によるもので，造幣局の需要以上を製造でき，当初は中国などへの輸出にもまわしていた．1886年（明治19年），高崎譲吉はアメリカから持ち帰った燐（リン）鉱石に硫酸を作用させて燐酸石灰肥料を試製し，翌年財界人により東京人造肥料が設立された．この会社は，自らも硫酸を製造し，大日本人造肥料を経て今日の日産化学へと発展している．この過燐酸石灰生産は農業の生産性向上に重要な役割を果たし，工場の拡張・新設が続いた．明治末期には17工場，年間生産能力28万トンに達しており，全生産硫酸の3分の2を消費するにいたった．ここに硫酸工業に高い評価が与えられた．

大正から昭和にかけてのわが国の国策は一口にいうと殖産であり，富国強兵であった．農産物増産のため，酸・アルカリ工業による肥料の増産がはかられた．さらに，豊富な水力発電による余剰電力を利用した電気化学工業が発達した．ここに，カーバイドからのアセチレンを原料とする有機化学工業が始まった．わが国からの輸出の主力は生糸，絹織物であり，繊維工業とさらにこれと深く関連する染料工業が奨励された．1914年（大正3年）には，化学工業調査会が，ソーダ工業，コールタール分離精製工業および電気化学工業の奨励策を答申している．1922年（大正11年），合成アンモニア工業の企業化はわが国の化学工業史上のエポックとなった．第二次世界大戦後まで，鉄鋼と共にわが国の重化学工業を支えたのは，石炭からの鉄鋼製造用コークスの製造とコールタールの分留を推進した旧財閥系の企業，および合成アンモニア工業の企業化に成功した当時新興の企業であった．

1945年（昭和20年）第二次世界大戦に敗れたとき，世界の化学工業は大きく変わっていた．一つは炭素源のカーバイドや石炭から石油への転換であり，天然高分子に替わって安価で優れた性能の合成高分子の出現である．セルロイドに替わってポリエチレンやポリプロピレンなどの合成プラスチックが，また生糸に替わってナイロンが，そして天然ゴムに代わって合成ゴムが大量に生産され供給された．戦争直後は，農業生産のための肥料増産に力を入れた化学工業も，昭和30年代になると，石油化学工業育成の国策と共に，コンビナートとよばれる工場群をつくり，パイプラインで網の目のように結び合わせて高分子化学製品を増産するようになった．

1956年（昭和31年）までの第一期の石油化学コンビナートの主力製品は技術導入で生産されたポリエチレンであったが，1961年（昭和36年）からの石油化学工業化の第二期では，アセトアルデヒド，塩化ビニル，ブタノールなどの石油を原料とした新しい合成技術が導入され，従来の技術を駆逐していった．

このように原料の石炭，カーバイドから石油への転換が工業を大きく変化させた．同時に，ポリエチレンや合成ゴム，合成樹脂などの新しい合成高分子製品の開発が，人びとの生活様式まで大きく変えると共に，化学工業に大きな夢と急激な発展をもたらした（図1.3）．

三白景気
1955年（昭和30年）ごろ，三つの白いものすなわち"砂糖，セメント，化学肥料"が，当時の日本で好景気の花形産業での主製品であったことをいう言葉．第一次世界大戦後の好景気のときにも三白景気の一つにやはり肥料が入っていた．

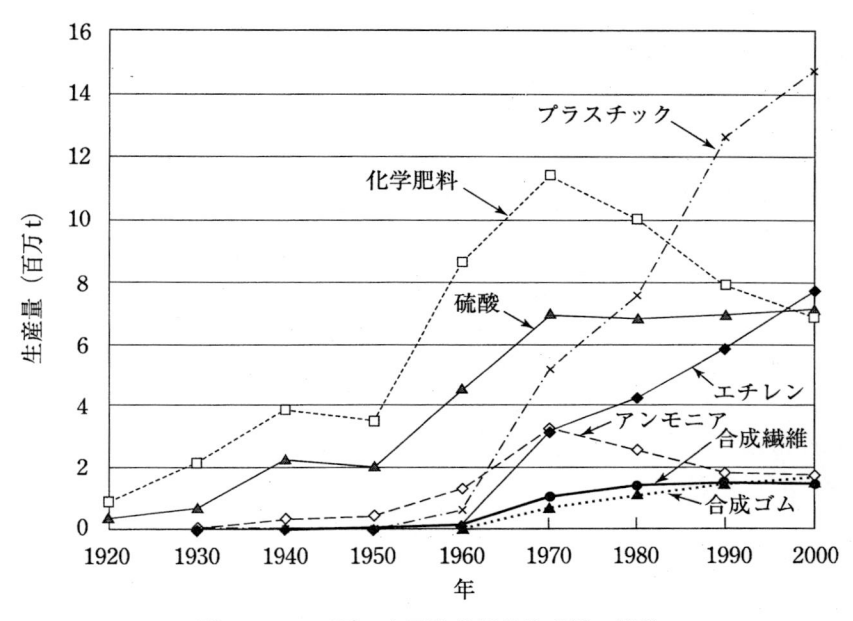

図1.3 わが国の主要化学製品生産量の推移

c．環境・資源・エネルギー問題と化学工業

第二次世界対戦後の化学工業の急速な成長は，経済至上主義的な考えを助長させ，人間の住む環境への配慮をなおざりにさせた．急速な高度成長は，環境負荷を急速に増大させ，人びとの生活を脅かすようになった．その代表例が水俣病である．

熊本県水俣市では1953年ごろから水俣病の患者が確認されているといわれるが，政府が公式にそれを認めたのは1956年（昭和31年）である．1959年には有機水銀中毒説が報告され，永らく未解決だったが，1995年（平成7年）になってようやく補償問題などに一応の政治的解決を見ている．

水俣のほかにも，三井金属工業福岡鉱業所の亜鉛鉱山排水中のカドミウムによるイタイイタイ病（1955年），本州製紙江戸川工場の工場排

水俣病
新日本窒素肥料（株）の化学肥料生産工程で触媒として使われた無機水銀が環境中へ排出され，微生物などの体内でメチル化し，食物連鎖を経て大型の魚貝類に蓄積された．それらを食べた水俣の漁民達に運動障害や全身の痙攣などが現れ，死にいたる人も現れた．水銀が原因となる中毒性神経疾患である．

水による江戸川汚染 (1958年),さらに重油中の硫黄成分の燃焼での二酸化硫黄 SO_2 の排出による大気汚染での四日市喘息,自動車排出の NO_x などを含むとされる新しいタイプの大気汚染である光化学スモッグの発生 (1970年) など枚挙にいとまがない.これらの公害問題の激化は全産業を巻き込む形となったが,化学工業に近いところから始まったために化学工業に公害工業のイメージが広まった.

これらの公害問題の発生に対して,政府も対応をとるようになり,「公害対策基本法」が1967年に制定され,1970年に改正されて,環境庁も発足し,以後の環境行政を主管することとなった.これで企業も環境問題に対応するようになった.さらに化学工業の姿勢を変化させたのは,素材関連産業中心から自動車などの組立加工型産業と電気電子関連産業を中心とした産業への構造変化である.

環境問題についても,個々の企業だけに負担を求めうる公害から,より広い地球全体の環境の問題へと進んだ.1985年のオゾン層の保護のためのウィーン条約,さらに地球温暖化防止のための CO_2 の排出削減を定めた1997年(平成9年)の「京都議定書」へと進んでいる.こうなると,化学工業はこれまでの公害を出す企業から,環境問題を解決する技術をもつ産業へと認識し直し始められた.

資源・エネルギーの問題も全人類にとって大きな問題である.中でもわが国は資源・エネルギーに乏しく,そのほとんどを輸入に頼っている.第二次世界大戦後,世界のエネルギー源は石炭から石油へと大きく変わった.これは,本来石油の方が単位体積あたりの発熱量が大きく,液体であって使いやすいことに加え,第二次世界大戦後中東に次々と大きな油田が発見され,原油の価格も安くなったからである.しかし,1970年代に入り,産油国の資源ナショナリズムの高揚のため,OPECとして石油産出量を制限した結果,第一次および第二次の石油危機が起こり,原油価格が高騰した.

その結果,各国,とくにわが国で省エネルギー対策が進み,ここでも化学工業が一定の役割を担いうることが明らかになった.石油は20~30年したら消費しつくされるといわれ始めてすでにその数倍の年月が

石油危機
原油の価格は,第一次石油危機では1972年12月から1974年3月の間に1バーレルあたり平均2.48ドルから11.65ドルへ約4.7倍の高騰,第二次危機では1978年12月から1980年6月の間に12.92ドルから31.47ドルへ約2.4倍の上昇をみた.そして2004年8月に48ドルまで上昇している.

■OPEC■

石油輸出国機構 (Organization of Petroleum Exporting Countries).11の石油輸出国で構成される生産,価格カルテル.加盟国はイラン,イラク,サウジアラビア,クウェート,ベネズエラ(以上1960年結成5カ国),カタール,インドネシア,リビア,アラブ首長国連邦,アルジェリア,ナイジェリア.1970年代に原油の価格と生産量の決定権をもち石油市場に強い影響力を発揮.現在は非OPEC産油国の増産などで影響力減少.

1.2 今までの有機工業化学

過ぎている．石油危機は，石油がエネルギー源として以上に，有機化学製品の原材料として重要であるという認識を国民にもたらした．さらに最近のノーベル化学賞の三年連続の日本人による受賞は，人びとに資源の少ないわが国にとって化学と化学工業が，製品の付加価値を高めるために重要であることを再認識させつつある．

わが国のノーベル化学賞受賞者
1981 年　福井謙一
2000 年　白川英樹
2001 年　野依良治
2002 年　田中耕一

1.2 今までの有機工業化学

a. 有機化学工業の黎明期

（1）合成染料の工業化　W.H. Perkin は 1856 年にアニリンをクロム硫酸で酸化してキニーネを合成しようとして最初の人工染料であるアニリン系モーブを得た．この成功に触発され，当時用いられていた天然染料の化学合成に研究者の関心が集まり，まず 1868 年にドイツの K. Graebe らによってアリザリンが合成され，続いてインジゴの製造が 1897 年に BASF 社で，1901 年には Höchst 社によって開始された．ここに近代有機化学工業の基盤が固まった．

モーブの原料
Perkin はアニリンを処理してモーブを得た．しかし，モーブの構造をみるとアニリンからでは得られない．実は当時のアニリンはトルイジンとの混合物であったのである．

（2）アンモニア合成　水素と窒素からのアンモニア直接合成は，1913 年 BASF 社によって工業化された．この方法はハーバーボッシュ法とよばれ，300 気圧，500～600°C という非常に過酷な反応条件であった．

インジゴ
天然藍の主成分．この工業化によって天然藍産業は駆逐された．

$$1/2\,N_2 + 3/2\,H_2 \longrightarrow NH_3$$

この成功は単にアンモニアの大量供給を可能にしただけではなく，それまで繊維工業やコークス工業の従属的産業であった化学工業を一人立ちさせた点で大きな意義があった．

アンモニア合成
1907 年に Haber がアンモニア合成の基礎を確立し，1913 年に Bosch の協力を得て工業化された．

（3）アセチレン化学工業　1862 年，F. Wöhler はカーバイドと水からアセチレンが生成することを発見した．アセチレンはアセトアルデヒドをはじめ酢酸ビニル，塩化ビニル，アクリロニトリルなどの基幹

アセチレン
$CaC_2 + 2\,H_2O$
$\longrightarrow HC \equiv CH + Ca(OH)_2$

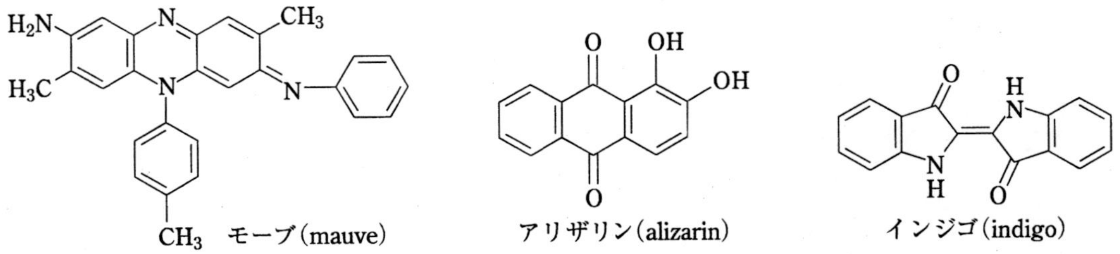

モーブ (mauve)　　アリザリン (alizarin)　　インジゴ (indigo)

図 1.4

製品群に変換され，化学工業の発展にとって大切な役割を果たした．また，これらのモノマー供給によって初期の高分子化学工業を育成し，その後の石油化学工業への橋渡し役を務めた．

b. 石油化学工業の発展

化学工業とは物質の化学的変化を利用して製品を生み出す工業分野であるが，時代と共に主要原料の転換を繰り返してきた歴史をもつ．

化学工業はその時代のエネルギー源と深くかかわりをもち，19世紀以降主要なエネルギー源が石炭・電力・石油と移り変わるにつれて，石炭化学，電気化学，さらに石油化学が次々に登場してきた．

石油化学工業とは天然ガスを含んだ石油系炭化水素をさまざまな化学製品へと転換する工業であり，1920年ガソリン製造時の副生ガスからイソプロピルアルコールが生産されたことに始まる．

1930～1950年代にかけて合成ゴムやポリエチレンを代表とする合成樹脂が開発されて急速に発展した．

高分子材料は当初その原料を電気化学や天然物などに依存していた．塩化ビニルはアセチレンと塩化水素から，エチレンは発酵エチルアルコールの脱水によって合成されていた．

塩化ビニル
$HC \equiv CH + HCl$
$\longrightarrow H_2C = CHCl$

エチレン
CH_3CH_2OH
$\xrightarrow{-H_2O} H_2C = CH_2$

しかしながら，石油精製技術が進歩し，各種のオレフィン類や芳香族炭化水素が安価に量産できるようになり，エチレン，プロピレンなどのオレフィンを基幹原料とする合成技術が，次々に開発されたことと相まって，1960年代にはいわゆる石油化学工業が大型の産業として急速に発展をとげてきた．

石油は飽和炭化水素を主成分とする複雑な混合物であるが，飽和炭化水素は燃料としては有用であっても，反応性に乏しく，化学原料としては適しておらず，技術の進歩を待つ必要があった．

(1) アセチレン化学からオレフィン化学へ　1950年代に入り化学工業の原料が石油に変換される中で，エチレン，プロピレンなどのオレフィンを原料としてさまざまな誘導体を合成するための技術的ブレークスルーがあった．

① アセトアルデヒド

アセトアルデヒドはアセチレンの水和法によって製造されていたが，1959年にヘキスト-ワッカー法とよばれるエチレンの液相酸化反応が開発され，現在ではアセトアルデヒドのほとんどはこの方法によって製造されている．触媒として塩化パラジウム-塩化銅が用いられているが，この触媒はオレフィン重合のチーグラー(Ziegler)触媒と共に今日の有機金属化学発展の基礎となった．

チーグラー触媒
エチレンやプロピレンの重合触媒であり，四塩化チタンとアルキルアルミニウムよりなる触媒である．

```
[アセチレン化学]   HC≡CH + H₂O ⟶ CH₃CHO

[エチレン化学]    H₂C=CH₂ + 1/2 O₂  →[PdCl₂-CuCl₂]  CH₃CHO
```

② アクリロニトリル

1960 年初頭までは，CuCl-NH₄Cl を触媒としてアセチレンに HCN を付加させる方法がもっとも有利なアクリロニトリルの製造法であった．

1960 年に画期的なプロピレンからの直接合成法であるアンモ酸化法が SOHIO 社によって工業化された．最初の触媒はモリブデン酸ビスマスであるが，その後，アンチモン酸ウランが開発された．その後も触媒の改良が続けられ，現在では多成分系の複合酸化物触媒が使用されている．

この技術開発は単なるアクリロニトリルの大量供給にとどまらず，気相空気酸化技術の発展の基礎となった．

アンモ酸化
活性メチル基と NH_3 の接触酸化でニトリル基を合成する反応である．

```
[アセチレン化学]   HC≡CH + HCN ⟶ CH₂=CHCN
[プロピレン化学]   CH₃CH=CH₂ + NH₃ + 3/2 O₂ ⟶
                                   CH₂=CHCN + 3 H₂O
```

③ 塩化ビニル

塩化ビニルは Griesheim-Electron 社によって開発されたアセチレンへの塩化水素の付加が最初の製造法である．触媒として $HgCl_2$/活性炭が用いられていた．その後塩化ビニル樹脂の急激な需要拡大に伴い，塩化ビニルの製造法は石油系のエチレン法に転換された．

二塩化エチレンを製造する方法としてオキシ塩素化法とよばれる技術が開発され，塩素の利用率が飛躍的に向上した．この反応には $CuCl_2$-KCl/Al_2O_3 が触媒として使用される．

オキシ塩素化
炭化水素に塩化水素および空気（または酸素）を作用させ塩素化する方法．このプロセスは 1964 年に Goodrich 社，Dow 社（米）などで企業化された．

```
[エチレン法]
  H₂C=CH₂ + Cl₂ ⟶ ClCH₂CH₂Cl
  ClCH₂CH₂Cl ⟶ ClCH=CH₂ + HCl
[オキシ塩素化法]
  H₂C=CH₂ + 2 HCl + 1/2 O₂  →[CuCl₂-KCl/Al₂O₃]
                                  ClCH₂CH₂Cl + H₂O
```

（2）副生品・併産品の利用　石油化学工業の規模の増大に伴ってナフサを熱分解してエチレン，プロピレン，ベンゼンなどの基幹原料を製造するエチレンプラントを中心として，数多くの誘導体やポリマーを製造するプラント群が有機的に結合した石油化学コンビナートが発達してきた．

石油化学コンビナートからは製品の他に膨大な量の副生物が発生する．コンビナートの競争力強化のため，これらの副生物を有効利用した新しいプロセスが次々に開発されてきた．

① メタクリル酸メチル（MMA）

メタクリル酸メチル（MMA）は，主として透明性・耐光性・耐衝撃性などの優れた特性を有するMMA樹脂の原料として使用されている．このMMAモノマーはアセトンと青酸からアセトンシアノヒドリン法によって大量製造されるが，アセトンはフェノール製造工程の，青酸はアクリロニトリル製造工程の副生物である．アセトンの副生については液相自動酸化反応（p.12）を参照のこと．

青 酸
MMAのほかアジポニトリル，メチオニンなどの原料としても利用されている．

[アセトンシアノヒドリン法]

$$(CH_3)_2C=O + HCN \longrightarrow (CH_3)_2C(CN)(OH) \xrightarrow{H_2O/H_2SO_4}$$
アセトン　　青酸　　　　アセトンシアノヒドリン

$$(CH_3)_2C(CONH_2 \cdot H_2SO_4)(OH) \xrightarrow[-H_2O]{CH_3OH} CH_2=C(CH_3)-COOCH_3 + NH_4HSO_4$$
メタクリル酸メチル

毒性の高い青酸の使用や硫安の副生などの問題を解決するため，さらに新しい方法が要求されるようになり，従来は燃料以外に用途の少なかったイソブチレンを直接酸化するという方法が1982年に日本触媒と三菱レイヨンでほぼ同時に工業化された．また，1999年には直メタ

直メタ法
$$CH_2=\underset{CH_3}{\underset{|}{C}}-CHO$$
$$+CH_3OH+1/2\,O_2 \rightarrow$$
$$CH_2=\underset{CH_3}{\underset{|}{C}}-COOCH_3+H_2O$$

[イソブチレン酸化法]

$$H_2C=C(CH_3)_2 \xrightarrow{O_2} CH_2=C(CH_3)-CHO \xrightarrow{O_2}$$
イソブチレン　　　　　　メタクロレイン

$$CH_2=C(CH_3)-COOH \xrightarrow{CH_3OH} CH_2=C(CH_3)-CO_2CH_3$$
メタクリル酸　　　　　　　　　メタクリル酸メチル

法とよばれる改良法が旭化成によって工業化され，メタクロレインに直接メタノールと酸素とを反応させてメタクリル酸を経由することなしにMMAを得ることが可能となった．

② β-フェネチルアルコール（石油化学と香料）

β-フェネチルアルコールはローズPともよばれる薔薇の香りのする代表的な合成香料である．従来はスチレンオキシドの還元法が採用されていたが，住友化学はスチレンとプロピレンオキシドを並産するプロセス（ハルコン法）において副生するβ-フェネチルアルコールの単離精製に成功した．β-フェネチルアルコールの生成量は主生成物に対して1％に満たないが，年間生産量数十万トンのスチレン製造プラントにおいてはその量は数千トン/年になる．この方法は従来法にとって代わっている．

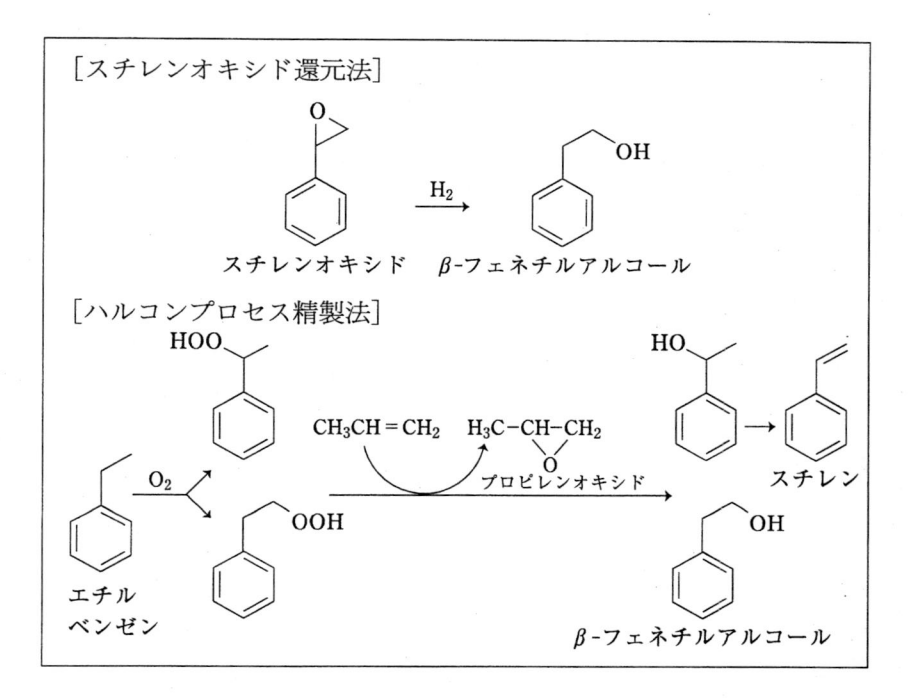

[スチレンオキシド還元法]
スチレンオキシド → β-フェネチルアルコール（H_2）

[ハルコンプロセス精製法]
エチルベンゼン → （O_2）→ ベンジルヒドロペルオキシド等 →（$CH_3CH=CH_2$／プロピレンオキシド）→ スチレン ＋ β-フェネチルアルコール

（3）含酸素化合物製造プロセスの進歩 石油化学を大きく分類するとオレフィン製造と含酸素化合物の製造それにポリマー製造となる．オレフィン製造技術はナフサのクラッキングに代表される熱分解反応にほぼ限定されるが，含酸素化合物の製造技術は多様である．代表的な含酸素化合物の製造方法には下記のようなものがある．

（ⅰ）気相酸化反応：アクリロニトリル製造で培われた酸化触媒の存在下，気相状態で反応基質と空気（酸素）を反応させる接触気相酸化法（b②参照）は，エチレンオキシド，アクロレイン，アクリル酸，無水マレイン酸などの製造に応用展開されている．さらに最近では気相酸化

エチレンオキシド
エチレンの気相酸化によるエチレンオキシドの製造にはAg触媒が用いられている．

反応によるメタクリル酸の製造技術が工業化された．

　ベンゼンを原料とする無水マレイン酸の製造技術はすでに石油化学以前に完成されていたが，その後の触媒の開発により，無水マレイン酸の原料は1-または2-ブテンへ，さらに安価であるが反応性の低いn-ブタンへと原料転換が進んでいる．これらのプロセスの進歩に最も大きく貢献したのは，固体酸化触媒の開発である．

ブタン法無水マイレン酸
1974 年に Monsanto 社により世界で初めて工業化された．

[エチレンオキシド]

$$H_2C=CH_2 + 1/2\ O_2 \xrightarrow{Ag} \underset{\text{エチレンオキシド}}{\overset{H_2C-CH_2}{\underset{O}{\diagdown\diagup}}}$$

[アクリル酸]

$$\underset{\text{プロピレン}}{CH_2=CHCH_3} \xrightarrow{O_2} \underset{\text{アクロレイン}}{CH_2=CHCHO} \xrightarrow{O_2} \underset{\text{アクリル酸}}{CH_2=CHCOOH}$$

[無水マレイン酸]

$$\begin{array}{c} H_3C-CH=CH-CH_3 \\ H_2C=CH-CH_2-CH_3 \end{array} + 3O_2 \longrightarrow \underset{\text{無水マレイン酸}}{\text{(構造式)}} + 3H_2O$$

（ii）液相自動酸化反応：液相空気酸化反応は触媒を用いないで酸素によって直接酸化を行う液相自動酸化反応と触媒を用いる液相接触酸化反応に大別される．

　分子状酸素を酸化剤とする炭化水素の液相自動酸化は，石油化学におけるもっとも重要な反応の一つとなっている．この反応で製造されるおもな生成物にはテレフタル酸，フェノール，シクロヘキサノール，

酸触媒による分解
クメンヒドロペルオキシドの酸触媒によるフェノールとアセトンへの分解反応は1944年にHockとLangにより発見された．

[フェノール]

クメン → クメンヒドロペルオキシド → フェノール ＋ アセトン ($CH_3-\underset{O}{\overset{\|}{C}}-CH_3$)

反応条件：O_2，次いで $[H^+]$

シクロヘキサノール
自動酸化反応によって生成したペルオキシドの分解触媒としてCoまたはCu触媒が用いられている．

[シクロヘキサノール]

シクロヘキサン $\xrightarrow{O_2}$ （OOH体）$\xrightarrow{\text{CoまたはCu}}$ シクロヘキサノール ＋ シクロヘキサノン

安息香酸，酢酸がある．

（iii）液相接触酸化反応：液相接触酸化反応のうち，工業的にもっとも重要なものはワッカー反応である．Pd を触媒として空気（酸素）で酸化する製造法であり，アセトアルデヒド，アセトンなどが対応するオレフィンから合成される．また，似たような酸化反応の原理によりシュウ酸，1,4-ブタンジオールが工業化されている．

アセトン
最近ではアセトンのほとんどはクメン法フェノール製造時の副生品として生産されている．

この酸化反応の特徴は反応基質が直接酸化されるのではなく，水分子の酸素が反応基質中に取り込まれることである

[ワッカー法アセトアルデヒド]
$$CH_2=CH_2 + PdCl_2 + H_2O \longrightarrow CH_3CHO + Pd + 2\,HCl$$
$$Pd + 2\,CuCl_2 \longrightarrow PdCl_2 + 2\,CuCl$$
$$2\,CuCl + 1/2\,O_2 + 2\,HCl \longrightarrow 2\,CuCl_2 + H_2O$$

（iv）オキソ反応（ヒドロホルミル化反応）：一酸化炭素とオレフィンからアルデヒドやアルコールを製造する方法である．基本となる反応は 1938 年に Ruhrchemie 社（独）の O. Rölen が発見した．彼は高温高圧下にコバルト-トリウム触媒を用いてエチレンを CO および H_2 と反応させてプロピオンアルデヒドを合成した．それから数年のうちに，ヒドロホルミル化反応は C_{12}～C_{14} の鎖長をもつ洗剤用アルコールの工業的な製造法として急激に発展した．n-ブタノールや 2-エチルヘキサノールなどがこの方法によって製造されている．

$H_2C=CH_2+CO+H_2$
$\rightarrow CH_3-CH_2-CHO$

（v）含酸素化合物製造プロセスの最近の進歩：酸素分子を用いる気相酸化反応は一般に成績が不十分なものが多い．

また，液相自動酸化反応はラジカル連鎖の反応であり，転化率を高くするほど選択率が低下する．工業的には低転化率で運転するので，大量の原料をリサイクルせざるを得ないという問題を抱えている．

これらの課題を解決するために触媒やプロセスの改善が続けられているが，一方ではまったく新しいプロセスの開発も進められている．以下に二，三の例を示す．

① 酢酸合成

酢酸はアセトアルデヒドを液相酸化して製造されていたが，近年あいついで新しい手法が開発された．一つはメタノールと一酸化炭素を原料とする方法であり，他の一つはエチレンを原料とするものである．

[メタノール法酢酸] $\qquad CH_3OH + CO \longrightarrow CH_3CO_2H$

メタノール法酢酸
メタノールがカルボニル化されて酢酸になる反応は 1913 年ごろ BASF 社で見いだされた．

メタノールのカルボニル化に対してロジウムとヨウ素の組合せが高い触媒活性を示すことが 1960 年代の中頃 Monsanto 社（米）によって見いだされ，1970 年に米国 Texas 市で最初のプラントが稼働して以来，その経済的有利性から世界の多くの企業で採用され，現在ではこの方法が酢酸製造法の主流となっている．

[エチレン直接酸化法]　　$H_2C=CH_2 + O_2 \longrightarrow CH_3CO_2H$

エチレンを一段で直接酸化することにより酢酸を製造するこの方法は，昭和電工により 1997 年に世界で初めて工業化された．プロセスの工業化成功の鍵は Pd-ヘテロポリ酸系触媒の開発にあった．従来のアセトアルデヒドを経由する方法に比べてそのプロセスがシンプルであり，メタノール法酢酸製造法としのぎを削っていくと予想される．

エチレン直接酸化法
・$H_2C=CH_2 + H_2O$
　$\to CH_3CH_2OH$
・$CH_3CH_2OH + O_2$
　$\to CH_3COOH + H_2O$

この反応はエタノールを中間体として経由しているといわれており，酢酸合成以外の含酸素化合物合成技術への発展も期待される．

② シクロヘキサノール

ナイロン 6 の合成に用いられる ε-カプロラクタムやアジピン酸の原料であるシクロヘキサノールは，おもにシクロヘキサンの液相自動酸化反応によって製造されているが，1990 年に旭化成によりベンゼンの部分水素化反応で得られるシクロヘキセンを水和する方法が工業化された．

この反応の最初の技術は 1972 年に Du Pont 社（米）によって提案され，その後，日欧米の化学メーカーを中心に精力的な研究がなされた．その中で旭化成は金属ルテニウム超微粒子が非常に高いシクロヘキセン選択性を示すことを発見し，さらに高シリカゼオライト触媒がシクロヘキセンの水和反応に高活性であることを見いだし，ベンゼンから高収率でシクロヘキサノールを製造する工業的プロセスを完成させた．

高シリカゼオライト触媒
酸強度と固体表面の性質が制御された固体酸触媒の一つである．

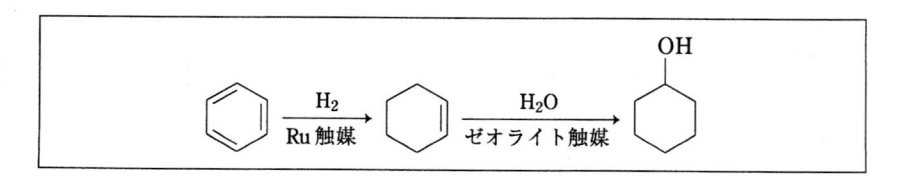

このプロセスでは含酸素化合物の酸素源として水分子の酸素を利用しており，酸素酸化を回避した点での意義は大きい．（ii）液相自動酸化反応の項（p.12）参照．

c. ファインケミカルズの発展

染料合成に端を発した有機合成化学の医薬・農薬分野への展開は 1875 年にサリチル酸ナトリウム（解熱鎮痛作用），1884 年にアンチピリ

ン（鎮痛薬），1899 年にアスピリン（解熱鎮痛薬）が見いだされたことに始まる．その後，数多くの有機合成法が確立されて，新しい農薬や医薬品の開発につながっている．

このような有機合成法の中には，発見者の名前を冠した人名反応としてよく知られているものが数多くある．有機化学工業の発展にとくにインパクトを与えた反応を以下にあげる．

（1）代表的な人名反応

（ⅰ）グリニヤール（Grignard）反応：1900 年に V. Grignard によって発見された．有機マグネシウム化合物をカルボニル基などに付加させて，新たに C–C 結合を形成する反応であり，工業的にも広く用いられている．中でもベンツヒドロール系医薬中間体，カルビノール系香料などのアルコール合成法としてよく用いられている．V. Grignard はこの功績によって 1912 年にノーベル賞を授与されている．

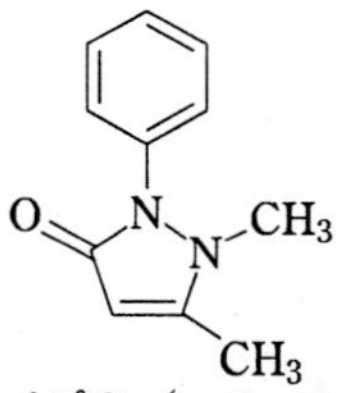

アンチピリン（antipyrine）
アスピリン（aspirin）

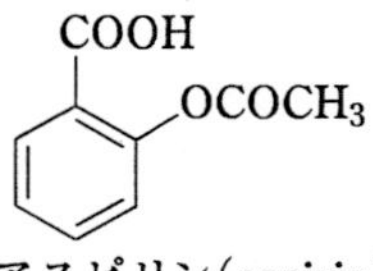

図 1.5
RMgX
一般にグリニヤール試薬とよばれており，いろいろな基質との反応に用いられる．

$$\text{RMgX} + \text{R}'\text{COR}'' \longrightarrow \text{RR}'\text{R}''\text{COMgX} \longrightarrow \text{RR}'\text{R}''\text{COH}$$

（ⅱ）ディールス-アルダー（Deils-Alder）反応：1928 年に O. Diels と K. Alder によって発見された．共役二重結合に，不飽和結合を付加させて 6 員環または 5 員環の化合物を合成する反応であり，典型的な例としてブタジエンとアクロレインとの反応による 4-ホルミルシクロヘキセンの合成があげられる．

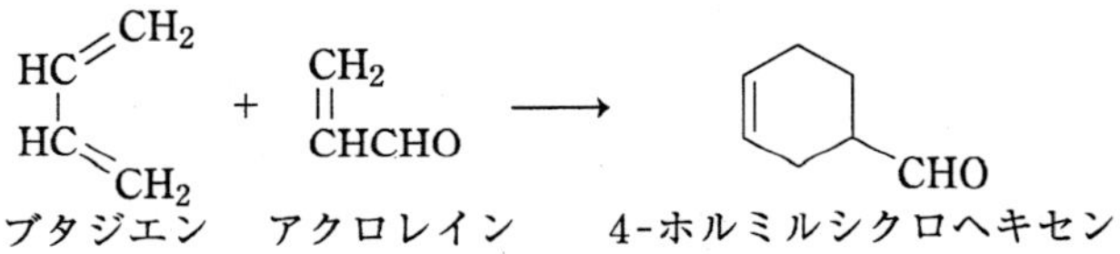

ブタジエン ＋ アクロレイン ⟶ 4-ホルミルシクロヘキセン

（ⅲ）フリーデル-クラフツ（Friedel-Crafts）反応：1877 年に C. Friedel と J.M. Crafts によって発見された．塩化アルミニウムなどのルイス酸存在下に芳香環にアルキル側鎖を導入する反応であり，多くの芳香族化合物の合成に利用されている．

代表的な例としてはベンゼンとエチレンとの反応によるエチルベンゼンの製造がある．応用性に富んだこの反応はその後の有機化学の発展を大いに促した．酸塩化物 RCOCl あるいは酸無水物 (RCO)₂O を用いるとベンゼン核にアシル基を導入することができる．

最近では環境負荷低減の観点からこの塩化アルミニウムに代えて固体酸触媒を用いる研究が活発に行われており，エチルベンゼンの製造においてはゼオライト触媒を用いるプロセスが工業化されている．

フリーデル-クラフツ反応

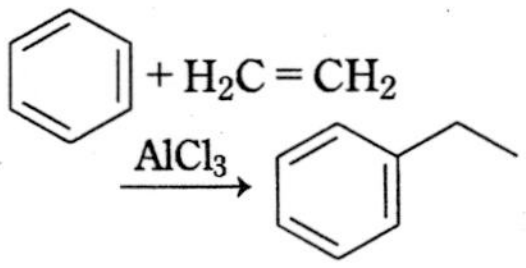

エチルベンゼン

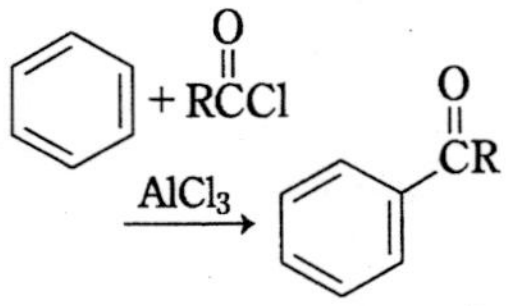

アシルベンゼン

(iv) 鈴木-宮浦反応：この反応は1979年に鈴木章と宮浦憲夫によって発見された．塩基存在下，主としてパラジウム触媒によりボラン化合物とハロゲン化物から選択的に炭素-炭素結合を形成する反応である．有機ボラン酸はトリアルキルボランなどと異なり，熱的に安定で，水・空気に対して不活性であるため反応操作が容易であり，工業的にも注目を浴びている反応である．

$$R^1B(OH)_2 + R^2-Br \xrightarrow[\text{塩基}]{\text{Pd 触媒}} R^1-R^2$$

そのほかにもベックマン（Beckmann）転位反応，ヘック（Heck）反応，バンバーガー（Bamberger）転位反応，ビルスマイヤー（Vilsmeyer）反応，バイヤー-ビリガー（Baeyer-Villiger）反応など数多くの人名反応が工業的に用いられ，有機工業化学の発展に寄与している．これらの有機合成技術の発達により，有機工業化学は石油化学に代表される多量の素材の提供にとどまらず，付加価値の高いファインケミカルズの生産も大きい比重を占めるにいたっている．代表的な例を次に示す．

（2）スミチオン®の開発　有機工業化学としての農薬工業の発展は，1939年スイスのMüllerがDDTの殺虫力を発見し，1943年からアメリカで防疫薬として大量に使用されたことに始まる．1944年にドイツのSchraderによって有機リン系の殺虫剤であるパラチオンが発見され，さらに，1945年γ-BHCの殺虫力が発見された．

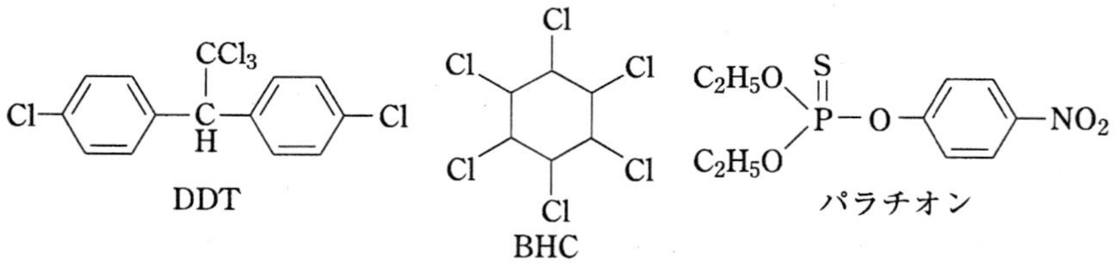

図 1.6

このDDT，BHC，パラチオンは三大合成殺虫剤とよばれたが，DDTとBHCは残留毒性の問題から1971年に使用禁止になった．

パラチオンは戦後わが国でもニカメイチュウやウンカ類の防除に大きな成果を上げたが，人畜に強い急性的な毒性を示すという欠点を有していた．そこで，産官あげてパラチオン並みの効力で，もっと低毒性の殺虫剤を探す努力が続けられ，1959年にまさに目的とする性能を備えた有機リン系の"スミチオン®"が開発された．本剤の本格生産に伴い，1969年にパラチオンの生産が中止され，農薬による中毒者の数は激減した．

バンバーガー転位反応
フェニルヒドロキシルアミンの硫酸水溶液中での転位反応で，解熱剤として古くから知られているアセトアミノフェンの原料である4-アミノフェノールの製造法として利用されている．

BHC
BHC（ベンゼンヘキサクロリド）には種々の立体異性体が可能であるが，そのうちとくにγ体の殺虫力が強い．

スミチオン®
住友化学によって開発された有機リン系殺虫剤である．急性毒性がパラチオンの約1/200と著しく低い．

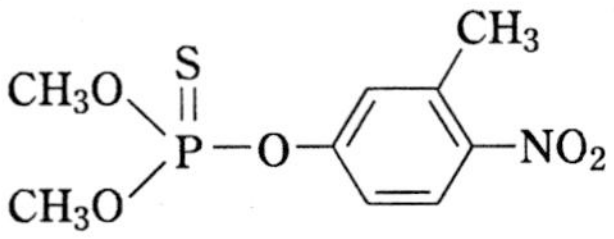

図 1.7 スミチオン®（フェニトロチオン）

（3）l-メントール　1960 年代に，均一系触媒プロセスの開発を支える有機金属化合物の基礎研究が目覚ましく進歩した．1970 年代に入ってこれらの技術が石油化学の分野ではオキソ反応を中心に次々に工業化されていった．

一方，ファインケミカルズの分野でも 1974 年に Monsanto 社（米）は光学活性ホスフィン配位子をもつ Rh 錯体による不斉水素化を利用して，l-DOPA を製造するプロセスを開発した．

l-DOPA
パーキンソン病の治療薬として用いられる．また脱炭酸により神経伝達物質ドーパミンとなる．

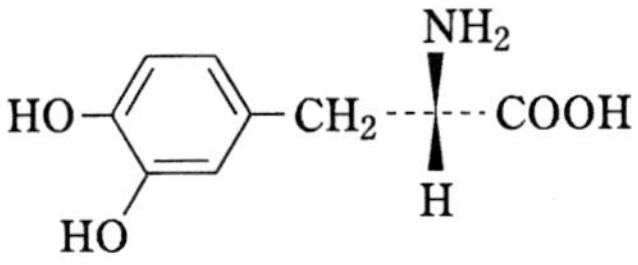

図 1.8　l-DOPA

1980 年代になると，化学工業の関心は汎用化学品の大量生産から，付加価値の高い精密化学品の多品種少量生産へと移り，近年，医薬・農薬などの生理活性物質や生分解性ポリマー，強誘電性液晶に代表される新しい材料分野において，光学活性化合物の需要は急激に増大している．

とくに医薬分野ではサリドマイドのように鏡像体の一方が副作用を示す場合もあり，新規医薬品の開発の多くは光学活性体として進められている．

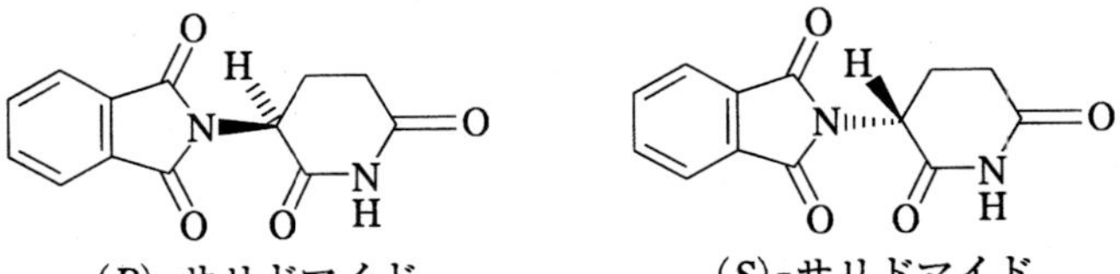

(R)-サリドマイド
催奇性なし

(S)-サリドマイド
催奇性あり

図 1.9　サリドマイド（Thalidomide）

光学的に純粋な化合物を工業的に入手する方法としては，天然物からの単離，ラセミ体からの光学分割，生化学的方法などがあるが，触媒的不斉合成反応の開発により化学的手法による高効率的な光学活性体の工業的製法が実現された．

l-メントールは香料として用いられており，高砂香料で工業化され

図 1.10 (S)-(−)-BINAP

た触媒的不斉合成による製造の代表的な例である．野依教授が開発したBINAPを配位子とするRhを触媒としてアリルアミンの1,3-不斉水素移動反応を行うことにより合成されている．野依教授はこの業績により2001年度のノーベル賞を授与された．

図 1.11 l-メントールの合成ルート

このl-メントールの工業化により不斉合成反応の研究はさらに加速され，不斉ヒドロホルミル化反応，不斉ニトロアルドール反応，不斉エポキシ化反応などが開発された．これらの不斉合成反応の工業化が次次と実現され，豊富な光学活性化合物を提供してくれるものと期待される．

d．触媒の開発とプロセスの進展

触媒は有機工業化学に欠くことができないものであり，新しい化学工業が登場する陰には必ず新触媒の発見があるといっても過言ではない．

（1）ポリプロピレン製造プロセスの変遷　Ziegler が四塩化チタンとアルキルアルミニウムの組合せで高いエチレン重合活性をもつこと

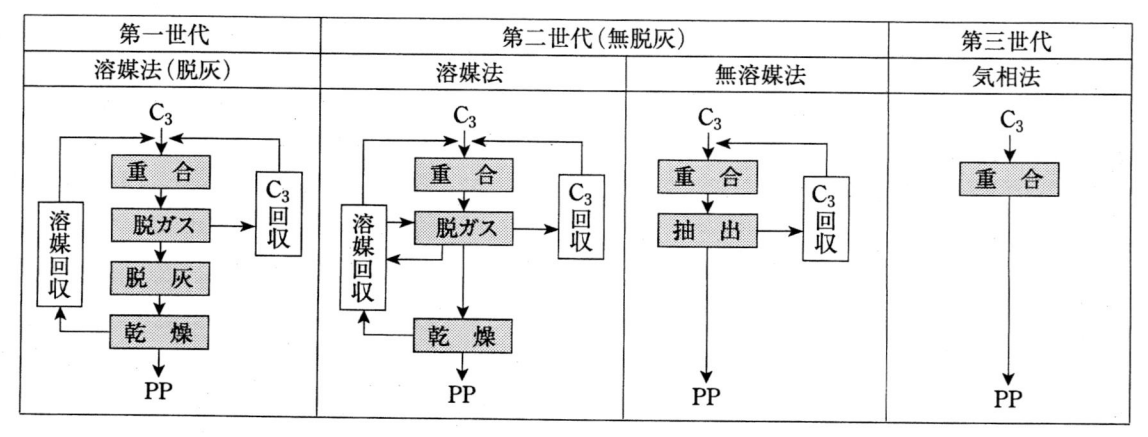

第一世代	第二世代（無脱灰）		第三世代
溶媒法（脱灰）	溶媒法	無溶媒法	気相法

図 1.12 ポリプロピレン(PP)製造プロセスの発展経過

を見いだしたのは 1953 年であり，翌年には，Natta が四塩化チタンを三塩化チタンに変更することにより立体規則性をもつポリプロピレンが生成することを発見した．

[チーグラー-ナッタ触媒：$TiCl_3/R_2AlCl$]　このチーグラー-ナッタ（Ziegler-Natta）触媒の発見をもとにポリプロピレンの工業生産が始まったが，当初は触媒の活性も選択性も低く，反応後に副生物（アタクチックポリプロピレン）と触媒を取り除く必要があり，工程がかなり複雑であった（溶媒脱灰法）．

その後，1968 年に三井化学でマグネシウム担持型四塩化チタン触媒が開発され，活性の著しい向上（約 100 倍活性が向上）によりポリマー製品から触媒を取り除く必要がなくなった（無脱灰法溶媒）．

さらに触媒の選択性の大幅な改良が行われた結果，副生物がほとんど生成しなくなり，溶媒による副生物の分離が不要となった（無溶媒法）．

現在では気相法とよばれる方法が主流となっており，反応器の入り口からプロピレンと触媒を入れると出口から製品であるポリプロピレンが出てくるという非常にシンプルなプロセスになっている（気相法）．

1980 年には，ハンブルグ大学の Kaminsky によってジルコノセンとメチルアルモキサン（MAO）からなるメタロセン触媒（図 1.13）が開発され，触媒活性がさらに 10 倍向上した．現在ではメタロセン触媒を用いる方法がポリオレフィン製造の主流になりつつある．

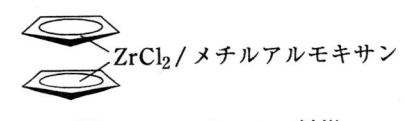

図 1.13　メタロセン触媒

メタロセン触媒も発見からすでに 20 年が経過し，成熟に向かいつつある．最近では次世代の高性能触媒を目指してポストメタロセン触媒の研究が活発に行われている．これらの中で三井化学が見いだしたフェノキシイミン型の配位子を有するジルコニウム錯体（FI 触媒；図 1.14）はメタロセン触媒を凌ぐ非常に高いエチレン重合活性を示しており，近い将来の工業化が期待されている．

図 1.14　FI 触媒

（2）バイオ法アクリルアミド　アクリルアミドはアクリロニトリルの水和反応によって得ることができる．

$$CH_2=CHCN + H_2O \longrightarrow CH_2CHCONH_2$$
アクリロニトリル　　　　　　　アクリルアミド

チーグラー-ナッタ触媒
Ziegler と Natta はこの発見により 1963 年にノーベル賞を授与された．

アタクチックポリプロピレン
ポリマー鎖に対してメチル基がランダムに並んでいる立体規則性のないポリプロピレン．

メタロセン触媒
メタロセン触媒はチーグラー-ナッタ触媒と異なり，重合活性点が均一（シングルサイト）であることからシングルサイト触媒ともよばれる．

その工業的製造法は，1954年にACC社（米）によって開発された硫酸水和法に始まり，1970年代には還元銅を用いる接触水和法が開発された．

さらに，微生物を用いるアクリルアミドの工業的製造が日東化学（現三菱レイヨン）によって1985年に開始された．この技術開発により微生物や酵素を化学工業に利用するバイオテクノロジー技術が大きく進展した．ファインケミカルズの製造にしか適していないと考えられていたバイオ法によって大量化学製品の製造が行われた意義は大きい．こうした中で，Du Pont社は発酵法による1,3-プロパンジオールの工業化に成功している．

（3）気相ベックマン（Beckmann）転位反応　ナイロン6の原料である ε-カプロラクタムの製造工程では多量の硫酸を必要とする．そのため副生物として大量の硫酸アンモニウムが副生し，この処理に多大のコストを要している．

> **硫酸アンモニウム**
> ε-カプロラクタム1トンあたり約1.7トンの硫酸アンモニウムが副生している．

$$\text{シクロヘキサノンオキシム} \xrightarrow[\text{H}_2\text{SO}_4]{\text{ベックマン転位}} \text{(ラクタム)} \cdot 1/2\,\text{H}_2\text{SO}_4 \xrightarrow{\text{NH}_3} \text{(ラクタム)} + 1/2\,(\text{NH}_4)_2\text{SO}_4$$

最近シクロヘキサノンオキシムを触媒的に ε-カプロラクタムに変換する気相ベックマン転位プロセスが住友化学によって開発され，2003年春世界で初めて工業化された．このプロセスでは酸点を有しない特殊なゼオライト触媒が使用されており，まったく副生物のない画期的な製造法である．

この技術は酸触媒反応と考えられていたベックマン転位反応がまったく酸点を有しない触媒によって進行することを発見したものでもあり，学問的にも興味ある技術である．

e．未解決の課題

近年の触媒化学や有機合成化学の進歩によりさまざまなブレークスルーが行われ，有機工業化学の進展には著しいものがある．しかしながら，まだまだ身近なところに未解決の課題も残されている．

> **ナフサ**
> 石油精製工程の半製品の一つで粗製ガソリンともよばれる．沸点が110～200℃の留分．おもに石油化学工業用原料として使われる．

（1）ナフサ接触分解によるオレフィン製造　石油化学の基礎原料であるエチレンやプロピレンなどの軽質オレフィンは，そのほとんどがナフサ熱分解装置（スチームクラッカー）で製造されている．ナフサが水蒸気で希釈されて管状加熱反応炉内に供給され，約800～900℃の温度下，約0.1～0.5秒の短い反応時間で熱分解される．反応はラジカル

反応であるため，生成物の急激な冷却が不可欠である．そのため，このプロセスはエネルギー多消費型プロセスであり，また生成オレフィンの組成を変更することが難しいという欠点がある．

高活性なナフサ分解触媒が開発されたならば分解温度の低温化とオレフィン収率の向上が期待される．活発な研究がなされているが，まだまだ実用化レベルにいたっていないのが実状である．

（2）液相自動酸化反応（フェノール，シクロヘキサノール）の制御
液相自動酸化反応によってフェノール，クレゾール，シクロヘキサノールといった大型の製品が工業的に製造されている．

この反応はラジカル連鎖反応によって進行するため，転化率を高くすると選択率が低下するという致命的な欠点を有している．そのために大量の原料をリサイクルする必要があり，多量のエネルギーが消費されている．

ラジカル連鎖反応を自由にコントロールする技術を開発することができれば化学工業に与えるインパクトは非常に大きい．萌芽的な技術は見いだされつつあるが，根本的な技術開発はまだなされていない．

（3）芳香族化合物の位置選択的置換反応 芳香族化合物の置換反応は有機化学の根幹をなす技術であり，多くの研究が行われてきており，また現在でも数多くの研究が続けられている．これらの有機合成技術のおかげでかなり複雑な芳香族化合物も合成することが可能になり，医薬・農薬といったファイン製品が数多く製造されている．

しかしながら，芳香族置換反応を選択的に行うことはかなり困難であり，目的化合物を合成するために多くの反応ステップを要することが多い．

一例をあげて説明しよう．染料・医薬・農薬の中間体としてクロロニトロベンゼンが年間数千トン国内で消費されている．この化合物はクロルベンゼンのニトロ化で製造される．このニトロ化反応においてはオルト体，メタ体，パラ体の位置異性体が生成し，これらを分離精製するため多くのエネルギーを要している．選択的にパラ体，あるいはオルト体を製造するプロセスが見いだされれば，ファインケミカルズの根幹をなす分野に衝撃的な変化をもたらすことは必至である．

（4）直接酸化法によるプロピレンオキシドの製造 エチレンの直接酸化によるエチレンオキシドへの変換はT.E. Lefortによって1931年に発見され，1937年にはすでにUCC社（米）によって工業化されている．触媒としては銀触媒が用いられている．一方，プロピレンの直接酸化によるプロピレンオキシドへの変換反応はいまだに工業化にいたっていない．

自動酸化反応機構
連鎖開始：
$RH \longrightarrow R\cdot$
連鎖進行：
$R\cdot + O_2 \longrightarrow RO_2\cdot$
$RO_2\cdot + RH \longrightarrow ROOH + R\cdot$
連鎖停止：
$2R\cdot \longrightarrow R-R$
$R\cdot + RO_2\cdot \longrightarrow ROOR$
$2RO_2\cdot \longrightarrow ROOR + O_2$

プロピレンオキシド生成
炭素-炭素二重結合π電子への酸素付加によるものであるため中性に近い活性酸素種が必要となる．

アリル位
アリルとは有機化合物中の基 $CH_2=CHCH_2-$ の名称であり，アリル位とは二重結合の隣の炭素をいう．

> [クロルヒドリン法]
> $$2CH_3CH=CH_2 + 2HOCl \longrightarrow$$
> $$\underset{\underset{OH}{|}}{CH_3-CH-CH_2Cl} + \underset{\underset{Cl}{|}}{CH_3-CH-CH_2OH}$$
> $$\xrightarrow{Ca(OH)_2} CH_3-\underset{\diagdown\!O\!\diagup}{CH-CH_2} + CaCl_2 + 2H_2O$$

　プロピレンの気相接触酸化でアクロレインやアクリロニトリルの製造が工業的に実施されているが，これらの反応ではアニオン性が強い活性酸素種がアリル位の水素を引き抜くのが最初のステップとなって容易に進行する．一方，プロピレンオキシドの生成はその技術的難度が非常に高いためにプロピレンの直接酸化によるプロピレンオキシドの工業化がなされておらず，現在はクロルヒドリン法またはハルコン法によって製造されている．

1.3　これからの有機工業化学

a. アルカンケミストリー

　現在の石油化学工業では，アルカン（飽和炭化水素）である石油のナフサ留分を効率の低い熱分解によりエチレンやプロピレンといった低級オレフィンに変換したものを主原料として用いている．しかしながら，石油については資源枯渇問題が懸念されており，オレフィンに代わって天然ガスから得られるアルカン類を原料として直接使用できれば，限られた炭素資源の有効利用だけでなく，価格差およびエネルギー消費面での効果による直接的なメリットも期待できる．今後アルカン原料をベースとした化学工業が発展するものと思われる．

① ブタン法無水マレイン酸

　アルカンを原料とするプロセスの中でいち早く工業化されたのが，ブタン酸化による無水マレイン酸の製造である．古くからベンゼンの気相酸化により製造されていたが，炭素数6のベンゼンから炭素数4の無水マレイン酸をつくるので，炭素収支は必然的に低くなる．それに対し炭素数4のブタンを原料とすればすべての炭素が有効に利用でき，またベンゼンとブタンの価格差による経済的な効果も大きい．

ブタン法無水マレイン酸
1974年に Monsanto 社により世界で初めて工業化され，現在では，この方法が主流となっている．
$$CH_3CH_2CH_2CH_3 + \frac{7}{2}O_2$$
$$\rightarrow O=\underset{\underset{O}{\diagdown\!\diagup}}{\overset{CH=CH}{C\qquad C}}=O + 4H_2O$$

② プロパン法アクリロニトリル

　アクリロニトリルも現在はプロピレンのアンモ酸化によって工業的

に製造されているが，多くの研究者がプロパンを原料とするアクリロニトリルの製造にチャレンジしており，BP Chemical 社(英)，三菱化学，旭化成などにおいて工業化レベルに近い触媒が開発されつつある．

そのほかにも，メタンを原料とするメタノール合成，エタンを原料とする酢酸合成，プロパンを原料とするアクリル酸合成，イソブタンを原料とするメタクリル酸合成などについて世界中で活発な研究が続けられている．

b. グリーンケミストリー

地球温暖化，酸性雨，オゾン層破壊，ダイオキシン問題など，地球規模での環境問題への関心が高まる中で，グリーンケミストリーという概念が出されてきた．グリーンケミストリーとは米国環境保護局(EPA)によれば，"化学品の設計・製造から廃棄・リサイクルまでの全ライフサイクルにわたって，人間の健康や環境に与える原料，反応試薬，反応溶媒，製品をより安全で環境に影響を与えないものへの変換を進めること．また，変換収率，回収率，選択性の高い触媒やプロセスの開発によって廃棄物の少ないシステムを構築する"ことと定義されている．

化学産業を取り巻く状況は高収量，高収率だけがプロセスの選択の基準であった時代から環境との調和を含めた総合的視点が要求される時代に変わりつつある．

デルフト大学の R. A. Sheldon は環境因子（E-factor）および原子利用率（atom utilization）という指標をそれぞれの化学プロセスの評価基準として採用することを提唱している．環境因子とは一つのプロセスの中でのその化学製品を製造する際の副生物の総量と生成物の重量の比で表し，ゼロエミッション（排出物ゼロ）を目指す評価基準に相当するものである．

表 1.1 化学工業における環境因子

業　種	生産量(T/Y)	環境因子*
石油精製	$10^6 \sim 10^8$	~ 0.1
バルクケミカルズ	$10^4 \sim 10^6$	$<1 \sim 5$
ファインケミカルズ	$10^2 \sim 10^4$	$5 \sim 50$
製　薬	$10^1 \sim 10^3$	$25 \sim 100$

*この値が大きいほど製品に対する廃棄物の発生比率が大きい

P. T. Anastas, J. C. Warner らにより著された "Green Chemistry: Theory and Practice" の中に「グリーンケミストリー」の 12 ケ条が提示されている．

① 廃棄物は出してからの処理ではなく，出さない．
② 原料をなるべく無駄にしない形の合成をする．

プロパン法アクリロニトリル
$CH_3CH_2CH_3 + 2O_2 + NH_3$
$\longrightarrow CH_2=CHCN + 4H_2O$

グリーンケミストリー
1994 年に米国環境保護局(EPA)はグリーンケミストリーを提唱し，環境破壊の予防に向けた運動を開始した．一方，1998 年に経済開発協力機構(OECD)は持続的社会のための化学技術としてサスティナブルケミストリーを提唱している．

環境因子
$= \dfrac{\text{廃棄物の kg 数}}{\text{生成物の kg 数}}$

原子利用率
$= \dfrac{\text{生成物の分子量}}{\text{原料・反応剤の分子量の和}}$

③ 人体と環境に害の少ない反応物・生成物にする．
　④ 機能が同じなら，毒性のなるべく小さい物質をつくる．
　⑤ 補助物質はなるべく減らし，使うにしても無害なものを使う．
　⑥ エネルギー消費は環境や経済への影響を考えて最少にする．
　⑦ 原料は，枯渇性資源ではなく再生可能な資源から得る．
　⑧ 途中の修飾反応はできるだけ避ける．
　⑨ できる限り触媒反応を目指す．
　⑩ 使用後に環境中で分解するような製品を目指す．
　⑪ プロセス計測を導入する．
　⑫ 化学事故につながりにくい物質を使う．
これらの中でも次の3項目が重要な課題であると考えられる．
　（1）廃棄物が大量に発生するプロセス（ゼロエミッション）
　（2）危険物を扱うプロセス（環境リスク）
　（3）エネルギー多消費プロセス（資源エネルギー）

（1）量論反応から触媒反応へ　　有機合成反応には原料と等量の反応試剤を用いて変換反応を行うことが多いが，このときに当然大量の副生物が発生する．先に述べた地球環境を考慮すれば，21世紀の化学産業には必要なものだけを製造するという方向を目指すという命題が突きつけられている．

　酸化や還元などの量論反応を繰り返して多段で合成することが環境因子が異常に大きくなる原因となるため，触媒を用いて少数段で合成するプロセスの開発が求められている．

　先に示した気相ベックマン転位反応は，バルクケミカルにおける量論反応から触媒反応へ転換された例である．またファインケミカルズの分野では，アスピリンの数十倍の効用をもつイブプロフェン合成を量論反応を含む6ステップから触媒反応による3ステップへ短縮した例があり，この技術に対して米国大統領賞が授与されている．

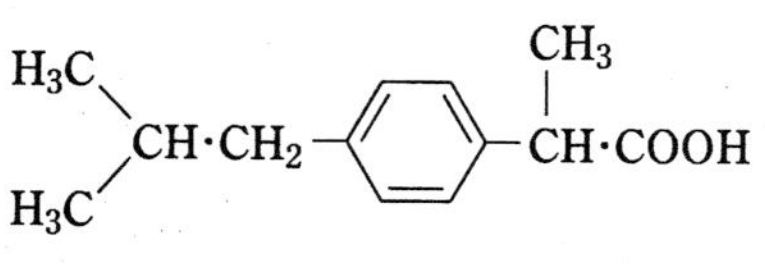

図 1.15　イブプロフェン (ibuprofen)

ホスゲン法ポリカーボネート
1958年により初めての工業的生産がBayer社によって開始され，次いで1960年にGE社が生産を開始した．

（2）危険な試薬を用いないプロセス　　毒性・引火性などが強い化合物は，注意しても事故の心配はまぬがれない．毒性の高い化合物の代表としてホスゲン，青酸があげられる．ポリカーボネートはビスフェノールAと毒性の高いホスゲンを原料に用いた方法が工業的に採用されている．

[図：ビスフェノールA + ホスゲン + NaOH → ポリカーボネート + NaCl + H₂O（第三級アミン触媒、H₂O/CH₂Cl₂）]

最近，ホスゲンの代わりに炭酸ジフェニルとのエステル交換反応による溶融重合法が旭化成によって開発され注目されている．この方法は猛毒のホスゲンを用いる必要がない上に，塩化メチレンのような溶媒を使用しない無溶媒法であるため環境負荷が大きく低減されている．

非ホスゲン法ポリカーボネート製造プロセス
このプロセスは2002年春に旭美化成（台湾）で工業化された．

[図：ビスフェノールA + 炭酸ジフェニル（PhO-CO-OPh）→ ポリカーボネート + PhOH（エステル交換触媒）]

c．特殊反応場での反応

工業的な有機合成は一部で気相反応が行われる以外，多くは有機溶媒中で反応が行われている．ほとんどの有機化合物は水よりも有機溶媒に溶けやすく，反応・精製などの取扱いが容易になるためである．

しかしながら，有機溶媒の中には有害なものや揮発性の高いものも少なくなく，土壌汚染や大気汚染の原因となり，地球環境に損傷を与える可能性がある．

現在，有機溶媒中以外の反応場における有機合成反応の研究が活発に行われており，近い将来順次工業化されていくものと期待される．

（1）水溶媒中での合成反応 生体は水が大量に存在する中で精密な有機反応を実現しているが，反応基質が一般的に水に不溶であることに加えて，多くの中間体や触媒は水が存在すると分解するため，水を溶媒として有機合成を行うのは一般に非常に困難である．

しかしながら，近年環境問題に対する関心の高まりから水中での有機合成反応に関する研究が活発に行われ，種々の新しい触媒系が開発されつつある．

（2）超臨界流体 物質には，固有の気体・液体・固体の三つの状態

超臨界流体
二酸化炭素は，臨界温度31℃，臨界圧力73気圧という比較的温和な条件で超臨界流体になる．また二酸化炭素に比べて条件は過酷になるが，超臨界水中での合成研究も行われている．

があり，さらに臨界点以上では，温度および圧力をかけても凝縮しない流体相がある．この状態にある物質を超臨界流体といい，気体と液体の中間的性質あるいは両者の優位点を兼ね備えている．

超臨界二酸化炭素によるコーヒー豆からの脱カフェイン技術は，すでに社会生活の身近な技術として確立されている．

超臨界流体を溶媒とする合成研究は1990年代半ばになってようやく本格的に開始されたばかりであるが，オレフィンのヒドロホルミル化や二酸化炭素の高速水素化など興味ある成果が得られている．二酸化炭素は容易に超臨界状態にすることができると共に，多くの反応基質を溶解でき，かつ無害であるという特徴を有している．

（3）イオン性流体　イオン性流体とはイオン性の化合物で，幅広い温度域で液状となる物質である．代表的な有機イオン性流体としてはイミダゾリニウムと $AlCl_4^-$，BF_4^-，PF_6^- などの塩がある．これらの有機イオン性流体は加熱しても蒸発しないので，加熱処理により有機物だけを分離・回収した後，繰り返し使用することができる．

近年イオン性流体中での有機合成反応に関して世界中で活発な研究が展開されており，イオン性流体が安価に供給されるようになればイオン性流体が工業溶媒として使用されるようになり，環境負荷低減に寄与するものと期待される．

（4）無溶媒固相反応（マイクロ波）　マイクロ波は家庭用電子オーブンとして料理の分野には広く普及している．また工業的にはお茶の乾燥用の加熱源として用いられているが，有機合成反応の手段としてマイクロ波を用いる研究は従来それほど多くなかった．

しかしながら，マイクロ波反応は固相の反応基質に直接マイクロ波を当てるだけで反応が進行するため，有機溶媒を用いない環境に優しい方法として注目されてきており，最近その研究が活発になってきている．

マイクロ波反応の最大の特徴は反応時間の大幅な短縮にある．また，極性分子のみが選択的に活性化されるという特徴も有しており，反応によっては従来の方法に比べて選択性・収率が大きく向上するという効果も認められている．

近い将来，電子レンジ有機合成反応の工業化も夢ではないように思われる．

d．有機工業化学と機能製品

有機工業化学は石油化学に代表されるバルクケミカルから医薬，農薬に代表されるファインケミカルズにいたるまで幅広いものであるが，さらにその活躍の場が写真材料や電子材料といった機能製品に代表さ

マイクロ波
300 MHz から 300 GHz の周波数をもつ電磁波であり，実用的には 2.45 GHz の周波数をもつマイクロ波が使用される．

れるスペシャリティーケミカルの分野に広がりつつある．

たとえば，最近では有機ＥＬ材料，燃料電池電解質材料，リチウム二次電池有機正極材料，色素増感型太陽電池材料など電気電子分野への機能材料としての新しい有機化合物が次々と開発されてきている．今後ますますこの分野での発展が期待されるところである．

e. 企業戦略：知的所有権の重要性

石油化学の勃興期に世界中の化学会社がポリプロピレンを発明したモンテカチーニ社（イタリア）の特許の使用権を求めて殺到したことは"モンテ詣"としてよく知られている．最近では知的所有権（特許）のもつ意義はさらに高まっており，特許重視は世界の潮流になっている（プロパテント時代）．

新規な発明・発見がなされたとき，企業では通常その技術について特許を申請する（最近では大学などにおいても学術発表に先駆けて特許を申請するケースが多くなっている）．

世界中で研究開発のしのぎを削っている中で，他社に先駆けて特許を取得することは，研究者の名誉だけでなく，企業にとってもビジネスの行方を左右しかねない力をもっている．他社よりもわずか数日出願が遅れたために特許が取得できず，そのビジネスを失ったという例は枚挙にいとまがないし，また特許を取っていなかったために他社の進出を許してしまい競争に敗れ去ったということもある．

たとえば医薬の世界を例にすると，医薬品の開発には長い研究期間と大量の資金を必用とするが，このようにして開発した医薬品は特許によって独占的に保護されることにより利益をあげ，研究に投入した資金が回収されている．このように特許の権利というのはビジネスを進める上で重要であるため，特許権の解釈をめぐっての係争も多くなっている．シメチジン® という医薬品をめぐる特許係争では30億円という多額の賠償金を支払うという判決が出された．

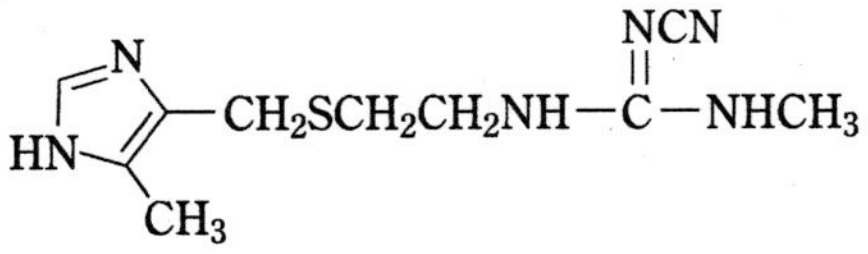

図 1.16 シメチジン® (Cimetidine)

従来であれば，特許は他者の進出を排除するという意義が大きかったが，最近ではさらに取得した特許を活用し利益を得ようとする潮流が起こっており，積極的な権利行使により特許自身がビジネスになりつつある．

プロパテント時代
1982年 Young を委員長とする産業競争委員会が発表したヤングレポートで，産業復興のための知的財産権の強化が強調された．これを受けて米国でレーガン政権は知的財産権の具体的強化に乗り出しプロパテント時代が始まった．

2 ■石油化学工業

わが国では年間 2 億 5 000 万 kL の原油を消費している．石油の大量消費はガソリンおよびディーゼルエンジンが開発された 19 世紀末から始まった．さらにポリエチレン，ポリプロピレンの製造触媒が見出された 1960 年ごろからは化学製品の大半も石油に依存することになった．その間，1973 年と 1978 年の 2 度にわたる石油危機の結果，1 bbl（バーレル，1 bbl＝158.9 L）2.6 ドルであった原油価格が 34 ドルへと急騰したことを受けて，天然ガス・石炭・原子力などの代替エネルギーの導入がはかられた．その結果，石油へのエネルギー依存率は 77.4％ から 51.8％（2000 年）にまで引き下げられた．2000 年におけるわが国のおもな一次エネルギー供給源は石油（51.6％），石炭（17.9％），原子力（13.1％），天然ガス（12.4％），水力（3.6％）となっている．

しかし，化学製品の石油への依存率は逆に増加している．石油と同様に，炭素資源である石炭や天然ガスの大半はそのまま燃焼させる一次エネルギーとして利用されている．これらを炭素資源として化学製品に転換させる科学技術が十分に確立されていないからである．さらに，石油を原料とする化学工業においても，なお改良されるべき余地が大きいことも本章で理解してほしい．

2.1 炭素資源

有機化学は炭素化学でもあり，われわれの生活に密着しているガソリン・灯油，プラスチック・繊維，洗剤など，化学製品といわれるものの大半は有機化合物である．炭素資源の本来の意味は，これらの製品になる資源のことである．しかし炭素化合物は燃焼しやすいという特徴から，発電や加熱などの燃料としての用途も大きな比率を占めている．炭素資源を単なるエネルギー源とせずに，その他の水力・太陽光・原子力・風力など炭素資源でないものをエネルギー源とするのが一つの理想の形である．二酸化炭素や植物も炭素を含んでいることからみれば炭素資源であるが，ここでは，有機化学工業において現在利用されている，石油・石炭・天然ガスを取り上げる．

a. 石　油

（1）原油とは　　原油の外観は油田により大きく異なり，常温で固化しているものからサラサラしたものまで多様であるが，その組成は意外に単純である．炭素数50以下の低分子炭化水素化合物の混合物であり，パラフィンがもっとも多く，次いでシクロパラフィンであり，芳香族化合物がもっとも少ない．オレフィン，アセチレン類は含まれていない．

原油の比重と炭化水素成分とを基に，パラフィン基原油とナフテン基原油（シクロパラフィン，芳香族炭化水素を含む）とに大別し，これらの中間にある中間基油および混合的な性質の混合基油を含めて4種に分類される．石油化学原料のオレフィン製造にはパラフィン基油が適しており，スマトラ，アラビア原油がある．中東の原油は中間基油に分類されるものが多い．良質な原油とされるアラビアンライトを例にとると，その成分は図2.1のようになる

> **パラフィン**
> 脂肪族飽和炭化水素，アルカンのこと．石油業界でよく用いる．常温で液体のものをパラフィン，固体のものをワックスという区別をすることもある．

ガソリン留分	灯油留分	軽油留分	重質分
17%	19%	18%	45%

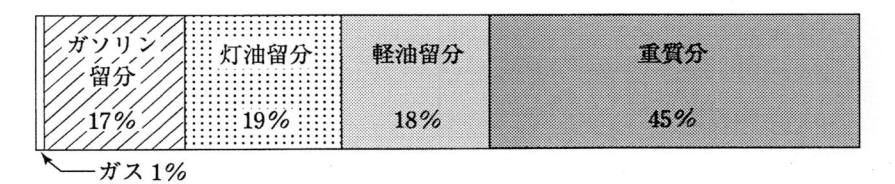

←ガス1%

図 2.1　原油の成分例

常圧蒸留で得られる軽質油は，ガソリン留分・灯油留分・軽油留分であり，蒸留残油（重質分）が45%以上もある．一般的な原油では重質分が50%を超える例が大半である．石油精製の重要な製品である，自動車用ガソリンおよび石油化学原料ナフサに適したガソリン留分は原油の20%以下にすぎない．さらに，不純物として硫黄分や窒素分に加え，バナジウムやニッケルなど微量金属も約30種類含まれている．こ

■**有機資源**■

現在利用されている有機工業製品は，炭素，水素，酸素，塩素，窒素などを組み合わせたものが大半である．ポリエチレン，ポリエステル，ポリ塩化ビニル，ポリウレタンなどの化学構造を考えれば容易に理解できる．炭素源としては石油・石炭・天然ガス・二酸化炭素が，水素源は水・天然ガス・石油など，酸素源は空気・水，窒素源は空気などが思い浮かぶ．資源とするためには"大量に存在""化学変換が容易"であることに加えて，"均質さ（複雑な混合物でない）"が要求される．現在，炭素資源として用いられる原油は複雑な混合物であり，上記要求を完全に満たしていない．そこで，いったんエチレンやプロピレンなどに変換して均質化した後に利用されている．均質さからいえば，技術革新が前提であるが，石油よりは天然ガスが有効な資源であり，二酸化炭素や水も将来の資源である．

原油の無機成因説
原油の成因説は本文に記した有機成因説がもっとも広く受け入れられているが，炭酸塩などを原料とし，地熱と圧力でできたとする説もある．この説が正しければ原油は今後もできてくることになるが，信頼性は少ない．

の原油が石油精製や石油化学の原料であり，容易な工業ではないことが理解できる．言い換えれば，環境問題や資源問題に対応した新プロセスに改善する余地の大きい分野でもあり，決して完成された古い工業ではないことを心にとめて，問題点を正確に把握・理解したうえで若い諸君にこの分野に挑戦してほしい．

（2）原油の成因　原油を単純化してみると炭素数50以下の飽和炭化水素である．成因説はこの事実を説明できるものでなければならない．以下，もっとも一般的な有機成因説について示す．

　まずプランクトンを主とする海生動物の死骸が海底に堆積し，その上に海水を遮断する地層が形成される．嫌気性バクテリアによる生化学的反応により原油の前段階物質であるケロージョンができ，これが金属や粘土鉱物などの触媒作用を受けながら地熱により分解されて原油となる．さらに，地殻変動により原油が集積されて油田となる．

　海に関係することは，油田の水が高濃度の塩分を含むことから，また生物が原料であることは，生物の構成要素であるポルフィリンが原油中に確認されることから推論される．海水と遮断されなければ，海水中の酸素を使って生物は水と二酸化炭素にまで分解されるはずである．さらに嫌気性バクテリアは生物の死骸に含まれる酸素などを消費して活動することから，脱酸素・脱窒素反応などが進行して炭化水素となる，この反応は還元条件であることから飽和の炭化水素が得られる．バクテリアは還元反応の終了とともに死滅する．

　しかし，この生化学的な反応だけでは炭素数は小さくならない（この段階の生成物をケロージョンという）．炭素数50以下の石油となるためにはさらに分解が必要になる．地熱はあまり高くないことから生体中に含まれる金属が触媒として作用することによりおだやかに分解すると推定される．

　以上のように考えれば，石油は炭素数の小さい飽和の炭化水素であることが理解できる．したがって発見される原油には，三重結合（アルキン）や二重結合（アルケン）は存在しない．環状パラフィンや芳香族化合物は残存するものの，さらに還元的変化が進行すれば最終的にはもっとも安定な直鎖状飽和炭化水素になると推定される．

　図2.2に例を示すように石油は飽和炭化水素，石炭は縮合した芳香族化合物であり，両者を原料にして製品をつくるためにはまったく異なった技術が必要であるため簡単に代替できるものではない．石炭は高分子量炭化水素化合物であり，C/Hの原子比は石油よりも大きい．また，炭素・水素以外の不純物量や，産地による品質のばらつきも大きい．炭素の割合（石炭化度）の大きいものから順に，無煙炭・瀝青炭・

褐炭・亜炭などに分類される．

石炭からコークスを得るときに副生するタールが現在でもナフタリンやアントラセンなどの縮合芳香族化合物の唯一の供給源である．

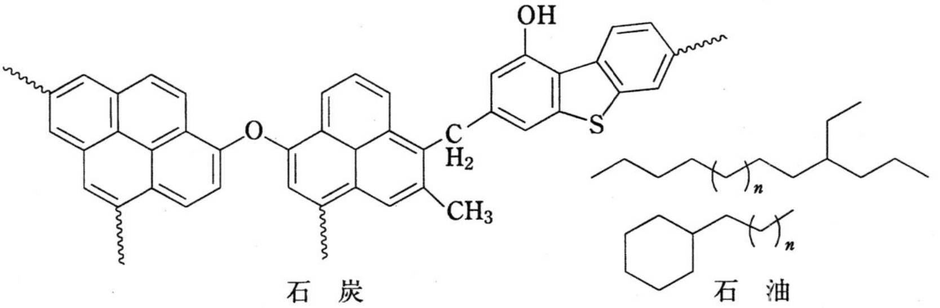

図 2.2 石炭と石油の構造

（3）原油の埋蔵量，生産量，輸入量

（i）埋蔵量：正確には"確認可採埋蔵量"といい，その時点での技術により，経済的に採掘が可能な原油量のことである．原油の存在が明らかでも採算的に採掘できなければ埋蔵量には組み込まれない．したがって，新しい油田の発見だけでなく，技術の進歩や，原油の価格に応じて埋蔵量は変化することになる．

（ii）生産量：採掘量のことである．油田に存在する原油をすべて採掘できるわけではなく，現在でも 50％ 未満であることが多い．採掘方法には，一次回収・二次回収・三次回収がある．それぞれ，自然に噴出したりポンプで単純に採油できるもの，ガスや水を圧入することによるもの，および界面活性剤などを使って岩の細孔に存在するものまで採油する方法をいう．一次回収では 20％ 以下に過ぎない．

（iii）可採年数：いわゆる石油の寿命といわれているものであり，埋蔵量を年間生産量で割ったものである．埋蔵量の定義から明らかなように，単純に資源量の限界年数を示すものではない．実際に 1980 年以降は約 40 年であり大きな変化はない．21 世紀初頭の可採年数は 42.1 年であり，2003 年では 50.4 年となっている．

埋蔵量は，産油国が発表する値に基づいて米国の 2 誌が統計をとっている．原油は重要な政治戦略物資であることに加えて，国により埋蔵量の算出基準が異なっていることもあり，あくまで推定量である．表 2.1 に示すように，2003 年初頭で，世界の埋蔵量は 1 927 億 kL（12 128 億 bbl）であり，中東諸国だけで全体の 54％ を占める．2002 年には 7.6 億 kL（48 億 bbl）に過ぎなかったカナダが，2003 年にはサウジアラビアに次いで世界第 2 位になったのが特筆される．表 2.1 に示すように石油は非常に偏在して存在する．これに対し，天然ガスは旧ソ連と中東諸国が共に 36％ を占めており，石油に比べれば広く分布している（表

原油価格と埋蔵量
原油価格は中東戦争を契機に 34 ドル（1 bbl あたり）に急騰し，その後しばらく 20 ドル前後で推移していたが，2002 年後半から再度 30 ドルを超えている．カナダの埋蔵量が 2003 年に突然世界第 2 位になったのは，豊富に存在するオイルサンドから原油を採取する技術が向上したことに加えて，価格が高騰したことも原因の一つと考えられる．埋蔵量の定義はあくまで"技術的・採算的に採取可能な量"であり，存在が確認されていても埋蔵量に組み入れられたり，除外されたりする可能性がある．

表 2.1　原油の埋蔵量，生産量，可採年数

	埋蔵量 (億 bbl)	生産量 (万 bbl d^{-1})	可採年数 (年)
アジア・大平洋	387	741	14.3
中国	183	339	14.8
インドネシア	50	112	12.2
ヨーロッパ	975	1 524	17.5
旧ソ連	778	890	23.9
北海（ノルウェー・英国）	150	594	6.9
中　東	6 556	1 941	92.5
アラブ首長国	978	200	134.0
イラン	879	343	70.2
イラク	1 125	201	153.3
クウェート	940	188	137.0
サウジアラビア	2 593	751	94.6
アフリカ	774	690	30.7
南北アメリカ大陸	3 136	1 699	50.6
カナダ	1 800	219	225.0
アメリカ	224	582	10.6
メキシコ	126	318	10.9
ベネズエラ	778	229	93.1
世界合計	12 128 (1 927 億 kL)	6 595 (年間 38.2 億 kL)	50.4

(1 bbl＝158.9 L)
[2003年1月1日現在．*Oil & Gas Journal*, Dec., 23 (2002) より作成]

2.2 参照)．

　一方，世界の2002年の生産量は38.2億kLとなっており，そのうち中東は11.2億kLで29％を占める．埋蔵量に比べて，中東の比率が小さくなっている．その結果は可採年数に顕著に現れており，西ヨーロッパ（6.9年），アジア（14.3年）に対し，イラクは153年と非常に大きくなっている．アジアでは中国が最大の産油国であるが，生産量が中東の6分の1であるのに対して採油井の数は7倍もあり，油田ごとの規模ははるかに小さい．

　原油の価格は，前述のとおり，1979年には1bblあたり34ドルとなり1990年代には20ドル以下に低下したが，2003年はじめには30ドルにまで上昇している．このように社会情勢に敏感に反応する．わが国の輸入量は1960年の3100万kLから急増し，1970年代には3億kL近くになった．その後いったん減少したが，1990年代半ばには回復し，2000年度の輸入量は2億5460万kLとなり，中東地域からが87.1％を占め，東南アジア（7.5％），中国（2.2％）の順となっている．中東情勢の不安定さが招いた石油危機を契機として，それまで80％を超えて

いた中東依存率を1987年には68％にまで低下させたが，現在は再び80％を超えている．これは，中国，インドネシア，メキシコなどで自国需要が増大したためである．

b．石　炭

石炭の成因は地上に繁殖した植物であることは明確であり，石炭中にその原型を保ったまま存在することがしばしばみられる．

石炭1トンは原油0.83 kLに相当する（エネルギー換算）．2001年の世界の埋蔵量は9 844億トンであり，石油換算で8 170億kLと見積もられ，原油の1 630億kLよりはるかに多い．2000年のわが国の需要量は1億4 790万トンであり，これは原油換算で1億2 300万kLに相当する．原油の消費量が2億5 000万kL程度であり，わが国でも想像以上に石炭を利用している．鉄鋼用と発電用が大半を占める．鉄鋼用は乾留によるコークス製造であり，発電用は直接燃焼させる．現在では，わが国の商業炭鉱はすべて閉山され，全量を輸入に頼っている．

わが国では，製鉄と都市ガスへの利用を主目的として，1 000 ℃程度の高温で乾留させる．600 ℃程度の低温乾留ではタールの製造量が大きくなる．コークス（60～70％），タール（4～5％），ガス（20～24％），アンモニア（硫安として1％）が乾留のおもな生成物である．コークス以外の副生物を利用するのが石炭化学である．図2.3に石炭の利用概略を示した．

乾留ガスはコークス炉ガス（COG）といわれ，一般に水素50～60％，メタン30％，エチレン3％，一酸化炭素7％を含む．かつては都市ガスとして用いられたが，最近はカロリーの高い天然ガスに取って代わ

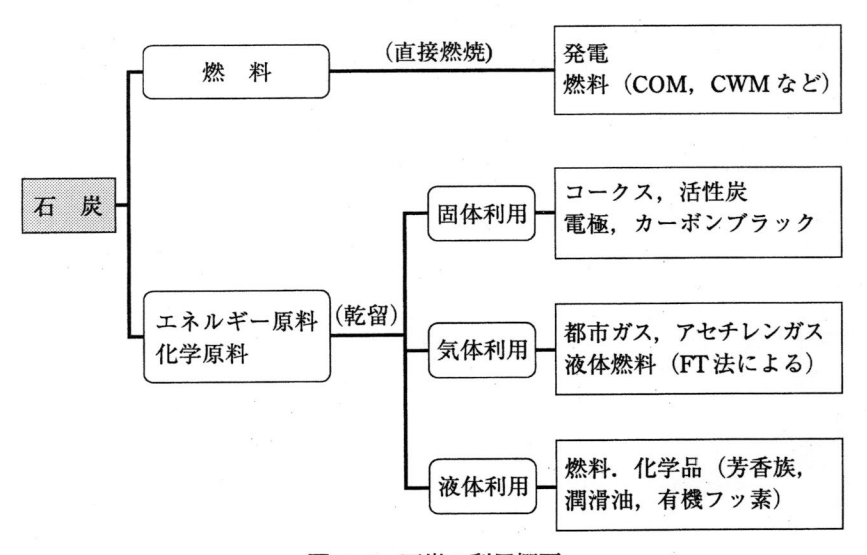

図 2.3　石炭の利用概要

られている．水素や一酸化炭素ガスを製造しているが，その用途は広くない．しかし，将来の合成化学原料源として重要である．石炭は固体であり品質のばらつきも大きいため，ガス化や液化して均質な製品にする方法が競って開発されている．別の方法として，微粉化して液体と混合するものがある．図2.3にあるCOM (coal oil mixture)は石炭と石油の，CWM (coal water mixture)は石炭と水の混合流体としたものである．

コークス炉で乾留によりガスとコークスを採取した残りがコールタールである．この中には600種以上の化合物の存在が確認されている．その中でもっとも多いのがナフタレンであり，約10％含まれている．その大半が気相酸化により無水フタル酸に誘導されている．メチルナフタレンも含めて，ナフタレンは医薬・農薬・防虫剤・染料などに幅広く展開されている重要な工業である．また，含窒素複素環化合物であるキノリンやインドールなども農薬，医薬品分野を中心に利用が検討されている．

c．天然ガス

メタンが主成分であり80～90％を占め，エタンとプロパンが10～15％，ブタン以上は1～2％である．天然ガスを液化させたものが，LNG (liquefied natural gas；液化天然ガス) である．原油中に溶解し採掘後に分離される随伴ガスを液化させたLPG (liquefied petroleum

表 2.2 天然ガス確認埋蔵量

	埋蔵量 (10^4 億 ft^3)	割合 (％)
アジア・大平洋	445	8.1
中国	53	
インドネシア	92	
ヨーロッパ	2 156	39.2
旧ソ連	1 953	
北海（ノルウェー・英国）	102	
中　東	1 980	36.0
アラブ首長国	212	
イラン	812	
イラク	110	
クウェート	52	
サウジアラビア	224	
アフリカ	418	7.6
南北アメリカ大陸	502	9.1
カナダ	60	
アメリカ	183	
ベネズエラ	148	
世界合計	5 501	100

［2003年1月1日現在．*Oil & Gas Journal*, Dec., 23 (2002) より作成］

gas；液化石油ガス）とは区別されるが，用途は重複する部分がある．この随伴ガスにはエタン以上の成分が多く含まれる．これらのエタンを原料とすればエチレンが効率よく安価に製造され，天然ガスの豊富な北米，中東，オーストラリアを中心に，世界のエチレンの25％はこの方法によっている．

メタンは沸点が－161.5℃の気体であるためパイプラインで輸送できる範囲での利用に限られていたが，液化してタンカーでの運搬が可能になりわが国でも利用されるようになった．おもに都市ガスとして用いられ，二酸化炭素や硫黄・窒素化合物の排出が少ないことから，地球温暖化防止，環境保全に有効との判断から21世紀の燃料として期待されている．世界的に見れば，2000年現在ですでにエネルギーの25％は天然ガスによっている．

確認埋蔵量はエネルギー換算で，原油埋蔵量にほぼ等しく，日本近傍のロシアやアラスカにも埋蔵されている．クリーンなエネルギーであるが，運搬に高価な液化装置が必要となるため小規模なガス田では開発できない．これらの欠点を補い，さらに炭素資源として化学工業の原料とする，天然ガスの液体燃料への変換が注目されている．

2.2 石油精製

a．石油精製とは

図2.4に石油精製のイメージを簡略化して示した．

石油精製とは，飽和炭化水素である原油からガソリンや軽油などの輸送機関用の燃料と石油化学原料のナフサ（熱分解によりオレフィン

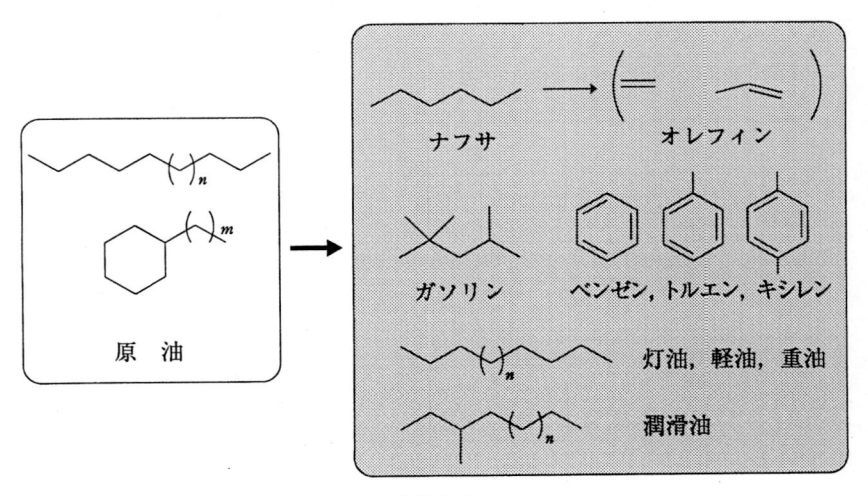

図 2.4 石油精製のイメージ

に変換する）やベンゼンなどを供給することである．自動車用ガソリンやオレフィンは原油には含まれておらず，化学構造も大きく異なる．したがって，これらの製品は原油を"選り分け"ても得られず，化学反応により"製造する"ことが必要である．ガソリンがもっとも利益の大きい重要な製品であるため，原油からいかに多くガソリンを得るかが石油精製の目標となる．しかし，実際にはガソリンのみを選択的に得ることは困難であり，各種の製品が製造され，これらの有効利用が重要となる．ガソリンやエチレンをつくる効率は，いかに工夫しても原油基準で40％以下にすぎない．技術革新によって現状の2倍の効率が得られれば，石油の寿命は2倍になる．真の意味での寿命が50年以下ともいわれている原油の資源および環境問題を解決するためにも，革新的手法の開発が求められている．

b．石油精製プロセス

図2.5に原油から製品への流れを示す．

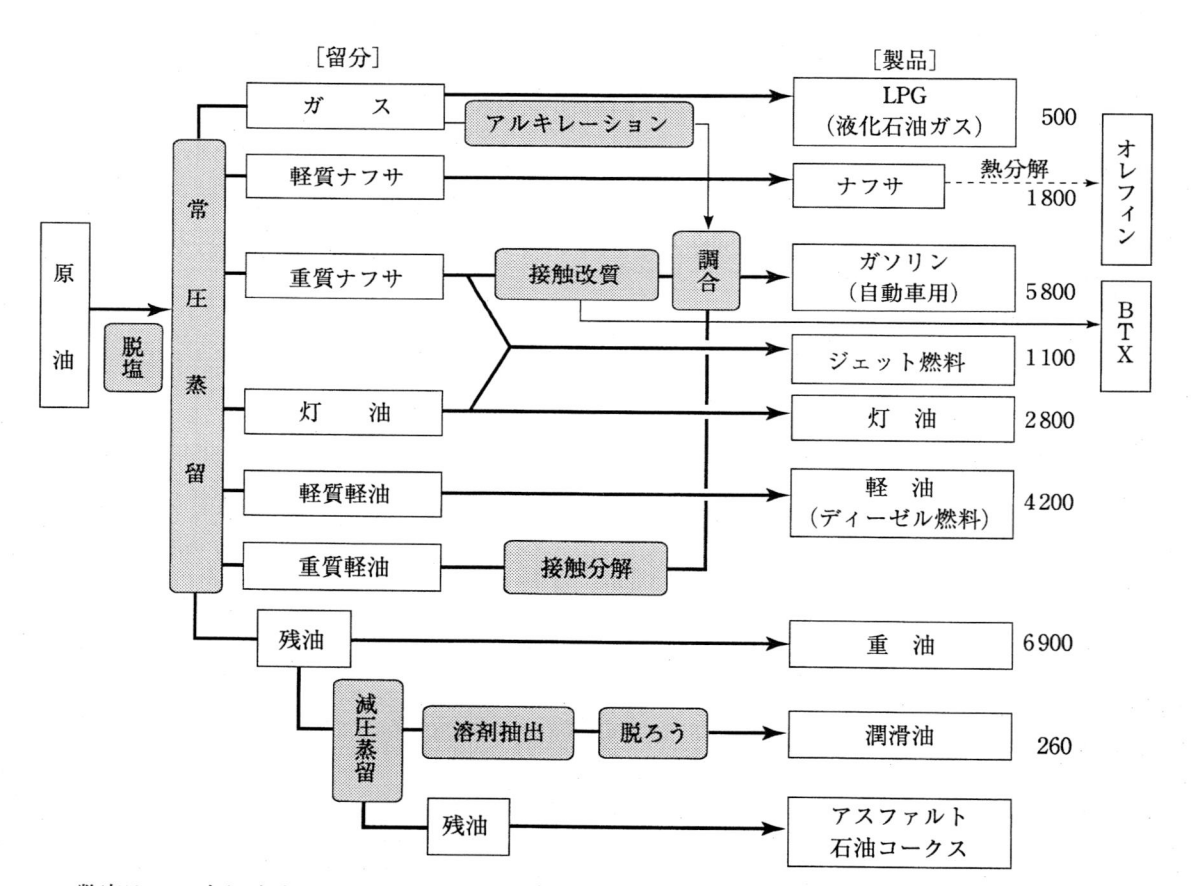

数字は2000年国内生産量（万kL）．各工程に含まれる水素化処理と接触改質での水素生成は省略．
BTX：ベンゼン，トルエン，キシレン

図 2.5 石油精製工程概要

原油に含まれる塩分は，精製工程で装置を腐食させるため，最初に除く必要がある（脱塩）．塩水と油がエマルションになり分離が困難なため，電流や温水での処理が必要である．一定期間タンク内に静置するのも分離のためである．そのあと，常圧蒸留により，石油ガス・軽質ナフサ・重質ナフサ・灯油・軽質軽油・重質軽油を得て，蒸留できない残油とに分ける．これらの留分を処理して製品にする．各工程処理前には水素化精製により不純物を除く必要がある．残油は重油に誘導されるとともに，減圧蒸留などにより精製して潤滑油を得る．さらに減圧蒸留残油はアスファルトや石油コークス，炭素材料などの原料となる．

炭素数と製品の大まかな関係を図2.6に示した．炭素数20程度までが常圧蒸留で採取される軽質油であるが，図の炭素数はあくまで目安である．

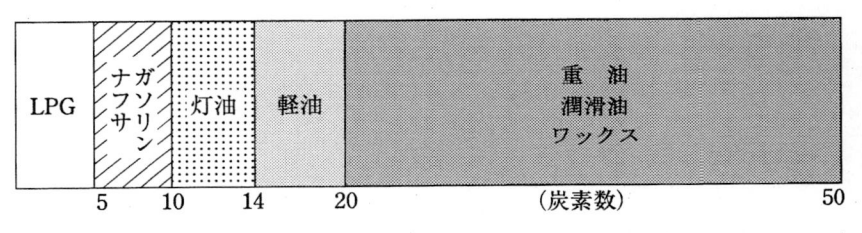

常圧蒸留と減圧蒸留
石油の各成分をその沸点の違いにより分ける操作が蒸留である．大気圧下で分けた（常圧蒸留）のち，常圧では沸点が高いものを減圧にして，さらに液体成分をしぼり出すのが減圧蒸留である．最近では減圧残油をさらに分解して，より多くの液体成分を取り出すことが進んでいる．

LPG	ナフサ ガソリン	灯油	軽油	重油 潤滑油 ワックス
	5　　10	14	20	（炭素数）　　　　50

図 2.6 製品と炭素数（厳密な境界数値はない）

製品の国内需要の様子は，30年前と今では大きく変化している．重油の大幅な減少と，ガソリンやナフサなどの軽質油の増加が顕著である．石油精製はこのような変化にも対応する必要があるが，巨大な装置産業であり容易には生産量の調整ができないことから将来を見通すことが重要になる．2002年の生産量を図2.5に併記しているが，原油の中に含まれる適合成分（図2.1，17％）に比して，ガソリンとナフサの割合が大きいのに注意が必要である．需要量（図2.7）と比較すればその差はさらに大きくなる．ナフサ（石油化学用原料）とLPGは生産量

■合成燃料油■

天然ガスをいったん合成ガス（一酸化炭素と水素との混合ガス）に変換したあと，フィッシャー–トロプシュ反応によって液体の炭化水素（合成燃料油）へと変換する技術が開発されている．天然ガスだけでなく，合成ガスに変換可能な石炭なども使用可能である．生成する炭化水素は直鎖の飽和炭化水素である．合成ガスから製造される，メタノールやジエチルエーテルをも合成燃料油とよぶことがある．これらの合成燃料油を自動車用の燃料にできることが宣伝されているが，すべてディーゼルエンジン用であることに注意する必要がある．ヨーロッパではディーゼルエンジンの開発が盛んであるのにたいして，わが国ではガソリンエンジン中心の政策がとられている．燃料電池自動車の登場もあわせて，機械面だけでなく燃料面からの戦略にも注意が必要である．

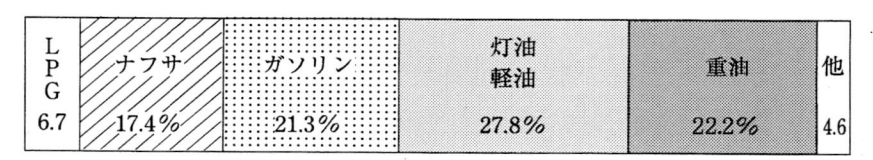

| LPG 6.7 | ナフサ 17.4% | ガソリン 21.3% | 灯油 軽油 27.8% | 重油 22.2% | 他 4.6 |

図 2.7　石油製品国内需要比率（2000年）

ではまかなえず多量を輸入している．逆に重油は輸出している．

以下，製品ごとに説明する．

（1）液化石油ガス（LPG；liquefied petroleum gas）　精製工程で得られる炭素数4以下のものが石油ガスであり，沸点の低いメタンとエタンを除いた成分は容易に液化するため，液化石油ガスとして利用される．一部は，アルキレートガソリンの原料となる．エアロゾル用のガス，都市ガスのない地域でのいわゆる"プロパンガス"やガス自動車用燃料として利用される．現在の都市ガスは天然ガスである．

（2）ナフサ（naphtha）　軽質ナフサ留分を水素化処理したものであり，炭素数6以下程度の飽和炭化水素が主成分となる．わが国の石油化学工業はこのナフサを熱分解してエチレン，プロピレンなどのオレフィンを製造する工程から始まる．この熱分解のことをとくにエチレンクラッキングという．

クラッキング
熱分解により炭素数の少ない成分を得る操作をクラッキングという．ナフサから，化学原料として需要の多いエチレンやプロピレンを得たり，重油から需要の多いガソリンを得るときなどに用いられる．

■オクタン価■

　ガソリンは4サイクルエンジンでの，吸入・圧縮・爆発・排気のタイミングに適合することが重要になり，高温下で少し時間を置いた後に力強く燃えることが求められる．オクタン価はこの尺度である．枝分かれした飽和炭化水素が適している．オクタン価0と100の基準物質はそれぞれ n-ペンタンとイソオクタンによって決められている．実際のガソリン（混合物）のオクタン価は，たとえばイソオクタン80％と n-ペンタン20％の混合物と同じ性能（標準エンジンがノッキングを起こす点を測定する）を示せば，これをオクタン価80の燃料であると定める．重金属化合物がオクタン価向上効果を示すことから，以前は四エチル鉛が広く使われていた（毒性は高いが燃焼時に容易に分解することから使用可能とされていた．現在，わが国では鉛中毒・危険のため使われていない）．現在は，合成品の非対象アルキルエーテルが用いられている．

イソオクタン（オクタン価100）
mp -107.5 ℃，bp 99.3 ℃

n-ペンタン（オクタン価0）

　代表的な炭化水素のオクタン価を下に示す．芳香族化合物のオクタン価が高く，実際のガソリンにも相当量含まれているが，ベンゼンは発がん性のため，最近は除くことが求められている．
　n-ペンタン（61.7），n-ヘキサン（24.8），2-メチルブタン（92.3），2-メチルヘキサン（42.4），メチルシクロペンタン（91.3），メチルシクロヘキサン（74.8），ベンゼン（99），イソオクタン（100），トルエン（121），p-キシレン（146）．

石油化学産業は，石油精製によるガソリン製造工程での副生物の利用として，1920年代に米国で始まった．本格的な石油化学産業の勃興は第二次世界大戦後の1950年代である．わが国でも敗戦後禁止されていた石油精製が1950年1月に復活し，1958年にナフサを原料とするエチレンの製造が始まっている．当初は国内での需要が大きかったのは重油であり，ガソリンではなかったことも，エチレンをナフサから製造することとなった大きな要因である．

ナフサはガソリンの主原料である重質ナフサと沸点（炭素数）が近いため，価格や製造量はガソリンの製造に大きく左右される．ガソリン消費量が大きくなった1965年にはナフサの輸入が開始され，2002年には3000万kLとなり国内生産量1900万kLの1.5倍以上になっている．最大の輸入先は韓国であり2003年には730万kLに達している．化学技術的な観点からは，エチレン製造効率が良いのはエタンを主とするガス留分の分解である．天然ガスに含まれるエタンの入手が容易な米国はこの方法を採用している．ナフサを熱分解する方法では多種類のオフィンや芳香族化合物などが副生するため，これらをも利用するコンビナートを製油所ごとに建設せざるを得ない．

コンビナート
2003年現在，わが国でコンビナートを運用している企業は，三菱化学，三井化学，住友化学，丸善石油化学，出光石油化学，新日本石油化学，東燃化学，東ソー，旭化成の9社である．

（3）ガソリン（gasoline） ガソリンは，炭素数が5～10程度で枝分かれが多い飽和炭化水素と芳香族化合物の混合物である．オクタン価の高いイソオクタンに近い構造のものを多く含むものが高品質なガソリンとなる．主原料となる重質ナフサは直鎖構造のものを基本としているため，異性化して化学構造を変換する工程が必要となる．これが後述する接触改質（catalytic reforming）であり，芳香族化合物と水素もこの工程で生成する．

さらに，量的不足を補うために重質軽油を分解し炭素数を減少させる．この分解工程が後述する接触分解（catalytic cracking）であり，石油精製工程でもっとも重要なプロセスであるFCC（fluidized-bed catalytic cracking）が採用されている．

石油ガスのブタンとオレフィンから硫酸などの酸触媒を用いて枝分かれの多いオクタンを合成するルートがある．この方法によったもの

■**セタン価**■
ディーゼルエンジンに用いる軽油にはセタン価という尺度がある．ガソリンは枝分かれした構造のものが適しているが，軽油には直鎖のパラフィンが最適である．セタン価0がオクタン価100に相当する．セタン（n-ヘキサデカン）をセタン価100と定める．

圧縮空気に対して軽油を圧入して燃焼させるのがディーゼルエンジンであり，いかに速やかに燃焼するかという性能が重要になる．

をとくにアルキレートガソリンといい，高オクタン価ガソリンであるプレミアムガソリンの基剤とされる．

$$\text{H}_3\text{C-CH(CH}_3\text{)-CH}_3 + \text{CH}_2\text{=C(CH}_3\text{)CH}_3 \xrightarrow{\text{H}_2\text{SO}_4} \text{(CH}_3\text{)}_3\text{C-CH}_2\text{-CH(CH}_3\text{)}_2$$

ガソリンはこれらのルートで製造されたものを調合して製品とされる（図2.8）．利用される場所（気温）などによって調合割合は異なる．

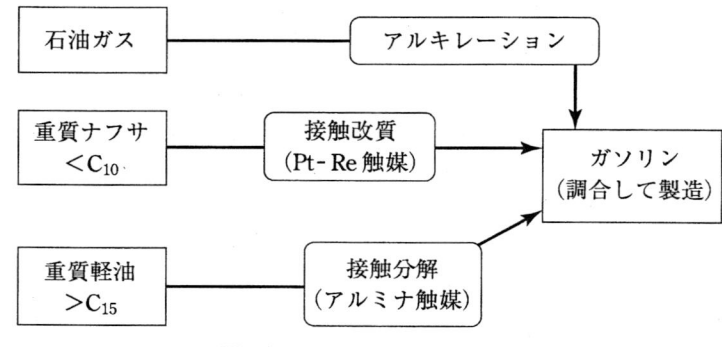

図 2.8 ガソリン製造概念図

（4）ジェット燃料，灯油，軽油 それぞれの炭素数はおおむね，8以上，10以上，14以上程度である．ジェット燃料は酸素濃度や気温が低い高空で効率よく燃焼することが求められる．

また灯油はおもに暖房用に家庭で使用されるため，燃焼効率や安全性が重要な因子である．軽油はディーゼルエンジン用が主用途である．いずれも，単純な燃焼性能が求められることから，直鎖の飽和炭化水素が適しており，原油の分留成分を精製したものがそのまま使用される．近年，環境の問題からとくに軽油に含まれる硫黄分が厳しく規制され，50 ppm 以下にすることが求められている．

（5）重 油 常圧蒸留では留出しない沸点の高い重質油であり，炭素数はおおむね20以上となる．蒸留残油から得るため，原油中の不

■ **浮遊粒子状質**(suspended particulate matter) ■

大気中に長時間浮遊している極微粒子は，肺や気管に沈着し健康に悪影響を与える．とくにディーゼルエンジンの排ガスは，発がん性をもつ縮合芳香族化合物が含まれていることから大きな問題となっている．粒子状物質を除去するための触媒開発の見とおしはついたが，硫黄分がこの触媒の活性を落としてしまうことが問題である．この対策として，わが国では軽油中の硫黄濃度規制が 50 ppm に定められようとしている．1992年には 2 000 ppm であったことと比較して，非常に厳しい値である．2009年には 10 ppm が目標になっている．

純物の大半が濃縮されて含まれることになり，その除去が重要な問題である．

発電用・鉱工業用の燃料に大半が使われている．粘度により3種類に分類され，慣用的にA重油，B重油，C重油とよばれるが，現在B重油はほとんど生産されていない．A重油は加熱なしで使用できるがC重油は沸点が300℃以上の留分であり，流動性が低いため使用に際して加熱が必要となる．わが国での重油の需要割合は，石油精製製品の中で最大である．

（6）潤滑油　　常圧蒸留の残油を減圧蒸留により精製した留出油をもとに製造される．

金属製の機械を動かすためには必須であり，人力機械の時代から使われている歴史の古い油製品である．エンジンを安全に駆動させるため，低温から高温域まで安定な液体状態を保つことが必要であり，高沸点と同時に融点の低いことが求められる．反応性の高い不飽和結合をもつものの混入は許されない．芳香族化合物は潤滑性能も低い．

一方，直鎖のパラフィンは，安定性には優れるが融点が高く固化しやすいろう分となるため除去する必要がある．したがって，部分的な枝分れや環状パラフィン部をもつ直鎖状パラフィンが最適ということになる．さらに使用温度にあわせてブレンドされるなど，石油製品の中ではもっとも高度に精製加工されている．近年は，パラフィンとはまったく構造の異なる100％合成の潤滑油も製造されている．

図2.9に溶剤抽出プロセスを示す．

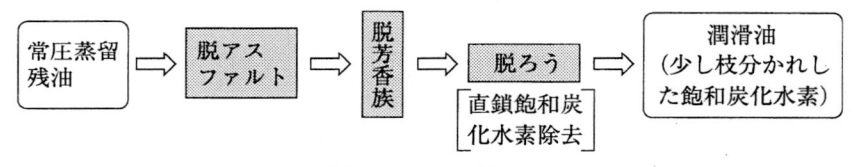

常圧蒸留残油 ⇒ 脱アスファルト ⇒ 脱芳香族 ⇒ 脱ろう（直鎖飽和炭化水素除去） ⇒ 潤滑油（少し枝分かれした飽和炭化水素）

図 2.9　潤滑油製造

① 減圧蒸留した油から，まず液化プロパンを用いてアスファルト分を不溶分として除く．
② 次に溶剤抽出により芳香族を除く．このときの溶剤としてはフルフラールがおもに用いられる．
③ 水素化精製したのち，さらにメチルエチルケトン（MEK）とパラフィンの溶解度が大きいトルエンの混合溶剤によりろう分を結晶化させて取り除く（MEK脱ろう法）．

フルフラール
（芳香族の溶解性が大）

メチルエチルケトン（MEK）
（パラフィンの溶解度が小）

図 2.10　抽出溶剤

c．石油精製における操作
（1）水素化精製　　水素はアンモニア工業などで重要な化学原料で

あるが，石油精製でも不純物除去のために大量の水素を必要としている．後述するように，精製工業ではその工程の中（接触改質工程）で製造している．

（ⅰ）脱　硫：下式に示すように，水素により，原油に含まれる硫黄，窒素，酸素化合物を系外に除く．もっとも重要な脱硫黄反応を代表にして"脱硫"とよばれる．

$$R-SH + H_2 \longrightarrow RH + H_2S$$
$$RNH_2 + H_2 \longrightarrow RH + NH_3$$
$$ROH + H_2 \longrightarrow RH + H_2O$$

燃料電池と水素
燃料電池の開発が盛んになっているが，その機動力となる水素を何から製造するかが大きな問題となる．初期には石油や天然ガス，アルコールなどの炭素資源に頼ると予想される．水素エネルギー時代が到来すれば脱石油が可能と考えるのは時期尚早である．水と光から水素を得る方法が開発されなければ本質的な脱石油とはならないと予想される．

石油精製では，各工程に水素処理が組み込まれており，膨大な量の水素を必要とする．硫黄や窒素などは触媒の寿命を短くするため，あらかじめ除去する必要がある．脱硫以外にも加熱により発生するオレフィンは製品を不安定なものにするため，水素添加により飽和炭化水素に変換する目的もある．

（ⅱ）水素の製造法：水素の製造も石油を原料に行われる．その代表的なものに，水蒸気改質法と部分酸化法とがある．水素そのものが燃料として用いられようとしていることや，軽油中の硫黄分を50 ppm以下に規制し，さらに10 ppm以下の深度脱硫が要求されることから，水素化精製はますます重要になる．安価な水素の確保が問題になり，石油以外からの製造も求められる（2.1節 c 天然ガスの項参照）．

① 水蒸気改質法　　炭化水素と水蒸気をニッケル担持アルミナ触媒上で800℃以上の高温で反応させる．

$$C_mH_n + 2mH_2O \longrightarrow (2m+n/2)H_2 + mCO_2$$

実際には一酸化炭素が副生するので，水性ガス移動反応（water gas shift reaction）によりさらに水素に変換させる．この反応には鉄系の触媒を用いる．この反応は，石油がなくても一酸化炭素（製鉄所のオフガスなど）があれば水素が製造可能であるという点で極めて重要な反応である．逆に水素があれば一酸化炭素をつくることもできる．

$$CO + H_2O \rightleftharpoons H_2 + CO_2$$

いずれの反応も触媒が硫黄で被毒されるため，重質油を原料にすることは困難で製油所でのオフガスを用いることが多い．

② **部分酸化法**　炭化水素を無触媒下で部分酸化する方法で，一酸化炭素とともに水素を製造する．原料に制限はなく，極端にいえば炭素と水素を含んでいればよい．天然ガス，重質油，アスファルトさらに石炭でも使用できる．大きな発熱を伴う．

$$C_mH_n + m/2\, O_2 \longrightarrow mCO + n/2\, H_2$$

（2）接触改質　炭素数6〜10程度の重質ナフサを原料として，オクタン価の高いガソリンを得る目的で実施される．生成物は枝分かれ構造の飽和炭化水素，芳香族化合物，および水素ガスである．原則として炭素数には変化がない．

アルミナ（Al_2O_3）にPt-Reなどを担持した触媒を用いて異性化や環化脱水素反応を起こさせる．触媒はルイス酸であるアルミナが異性化を，貴金属触媒が水素移動を担当していると考えられる．カチオン機構で反応が進行するため，より安定なカチオンを生成する方向に進み，枝分かれが多い生成物や環化生成物が得られる（図2.12参照）．

この改質で，環化反応によって生成する芳香族化合物は石油化学工業の原料であるベンゼン，トルエン，キシレンの主たる供給源となる．芳香族化により大量の水素ガスが生成する．この水素が水素化精製に利用されることにより石油精製工業が成立しているといっても過言ではない．

（3）接触分解　自動車用ガソリンを増産するために，炭素数の大きい留分を分解してガソリンに適した炭素数に減じることを目的とした処理である．原料は重質軽油や重油を軽質化させた油を用い，触媒としてはアルミナやゼオライトなどの固体ルイス酸が使用される．石油精製工程では最も重要なプロセスである．さまざまな改良がなされており，その方法はFCC(fluidizing-bed catalytic cracking；流動床式接触分解)法と略されている．触媒を詰めた反応装置に原料を通ずる固定床式（fixed-bed）接触分解法や原料油と粒状触媒を対流式で反応させる移動床式（moving-bed）接触分解法よりも，効率的に大量の原料が処理できる方法として普及している．

（4）熱分解　触媒を用いない熱分解反応を厳しい条件で実施すれば，軽質油とコークスになるため，かつては軽質油の増産手法として重要であった．現在ではナフサから石油化学工業の原料となるエチレン，プロピレンなどのオレフィンを得る工程に用いられる．

熱分解の内容は原料によって異なる．パラフィンからはより炭素数の少ないパラフィンとオレフィンが生成し，芳香族化合物からは脱ア

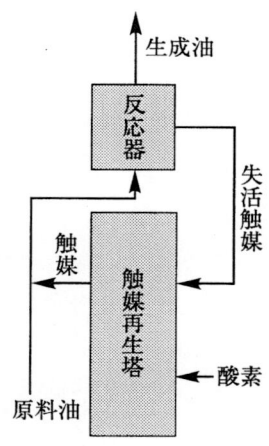

図2.11　FCCフロー図
気化せさた原料油と微粉砕された固体触媒を一緒に反応塔の下部から導入して分解反応させる．微粉触媒の表面積が大きいため反応速度が大きくなる．生成物と分離された触媒は再生塔に導き，高温下で酸素と反応させ表面に付着した炭素などを除いて活性を復活させ，再使用する．反応させるたびに触媒を再生することになる．450〜500℃で常圧の条件が用いられる．

ルキル化と重縮合反応が起こり，最終的にはコークスとなる．

現在の石油精製プロセスには，次の2種類の熱分解法が採用されているが，わが国での稼動は少ない．

（ⅰ）ビスブレーキング：蒸留残油の穏やかな熱分解により，粘度を下げて重油として利用しやすくすることをおもな目的としている．副生する軽質油の一部は接触分解工程に回される．

（ⅱ）ディレードコーキング：古くは，接触分解の原料油の製造を目的としていたが，近年は黒鉛電極などの炭素材を得るため，不純物の少ない原料を用いる．反応条件も軽質油ではなくコークスの収率を高める工夫がなされており，いわゆる石油コークスの製造法である．

（5）反応機構（接触分解と熱分解）　カチオンおよびラジカルとも，そのβ位の結合が切断されやすいという性質がある（β開裂）．機構にかかわらず，パラフィンの分解からは炭素数の小さなパラフィンと，オ

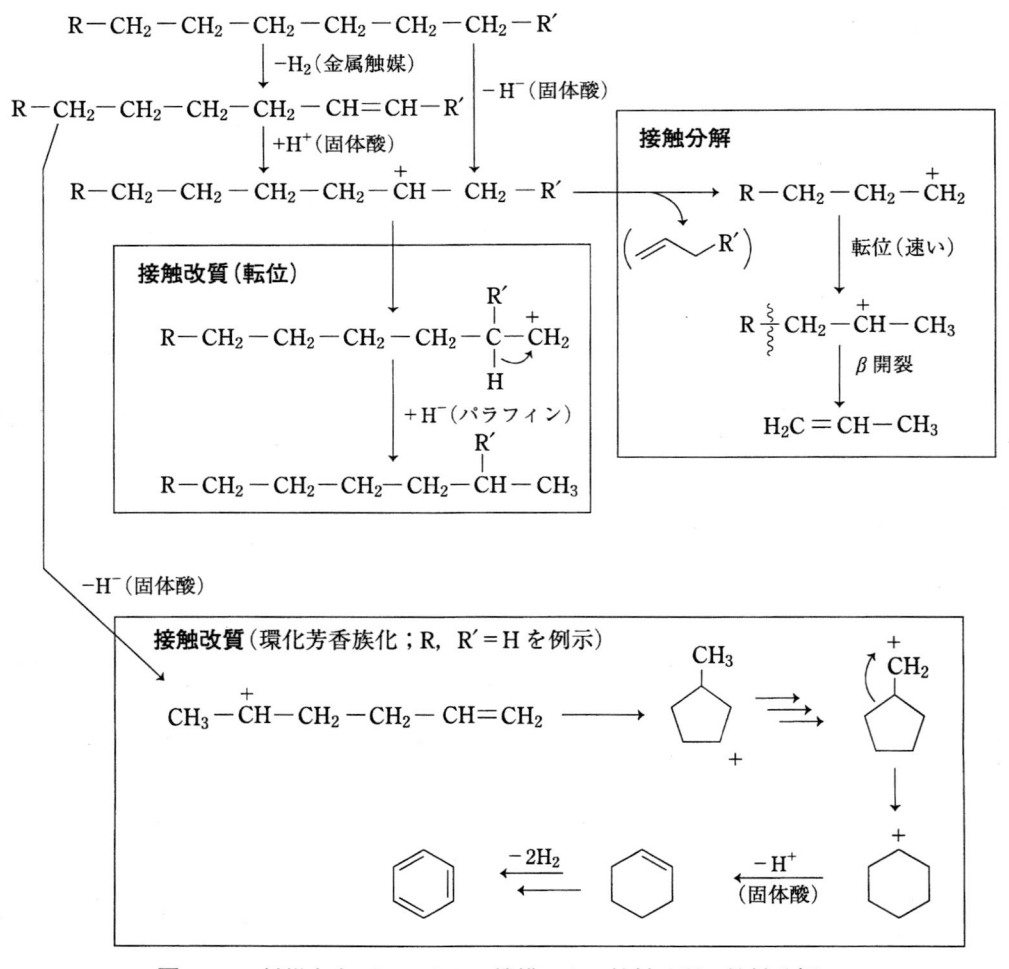

図 2.12　触媒存在下のカチオン機構による接触改質，接触分解

レフィンが生成する．また安定性に関しても，第三級カチオン（ラジカル）＞第二級カチオン（ラジカル）＞第一級カチオン（ラジカル）という共通の性質をもつ．しかし，絶対的な安定性は異なるため，カチオンの場合には開裂反応に先んじて転移反応が起こるのに対し，ラジカルの場合には開裂が転移に優先することがある．

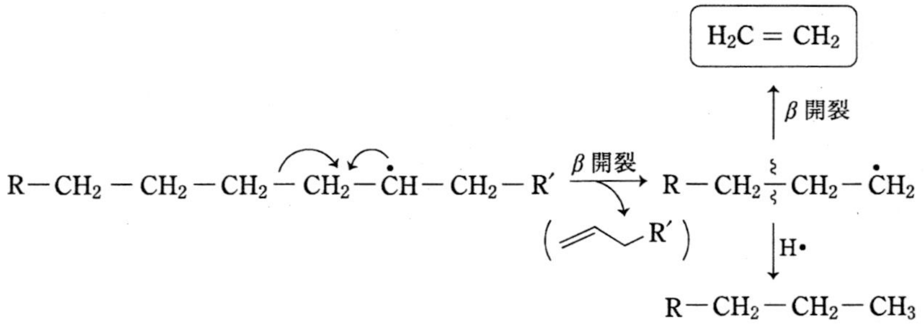

図 2.13 ラジカル機構による熱分解

　その結果，図 2.12 および図 2.13 に示したように，ラジカル反応によれば第一級ラジカルの分解からエチレンが生成するのに対し，カチオン機構では炭素数が 3 以上のオレフィンのみが生成する．ナフサからエチレンを製造するプロセスには熱分解を利用する必要があり，エチレンプラントでは触媒を用いることができない理由はこの反応機構で説明される．ラジカル反応がエチレンの収率に限界があることにつながっている．また，カチオン機構では枝分かれした生成物が得られやすいことも図 2.12 から理解できる．ガソリン製造には触媒を用いる方が，加熱（熱分解）よりも有利となる．

■ なぜ β 開裂？ ■

　カチオン（カルベニウムイオン）をもつ炭素に隣接する結合（α 結合）の隣の結合（β 結合）が開裂することを示す言葉である．β 開裂が優先する理由は，α 開裂した場合や γ 開裂した場合を仮定して，生成物の安定性を比較することにより理解できる．

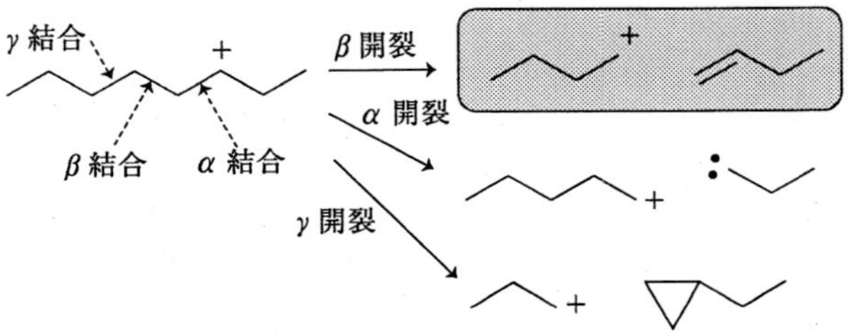

図 2.14 開裂反応

2.3 石油化学基礎原料の製造

石油資源は，飽和炭化水素が主成分であるため燃料としては有用であるが，反応性が低く化学変換には不向きである．石油化学の原料とするためには，不飽和結合をもつ低級オレフィンや芳香族炭化水素に変換する必要がある．

特にエチレンが重要な原料である．日本やヨーロッパでは，炭素数4～9の飽和炭化水素であるナフサを熱分解することにより製造しているが，アメリカでは天然ガスから分離されるエタンを，中東産油国では石油随伴ガスを用いている．また，一部の地域ではアルコールの脱水により製造されている．エチレン収率は炭素数を変える必要のないエタンからがもっとも高いが，天燃ガス資源をもたない日本などでは輸送の容易な石油に頼っている．

a. ナフサの熱分解：低級オレフィンの製造

図2.15に工程の概略を示す．ナフサを加熱した管状の反応管に水蒸気とともに吹き込み，熱分解を行う．生成物中のエチレンの割合を多くするために，高温・短時間の条件（800～850℃，常圧，反応時間0.01～1秒）が採用される．

すでに述べたように，触媒を用いない熱分解でなければエチレンを得ることができないため，エチレンの収量に限界のあることが未解決課題となっている．

反応器を出たガスは，二次的な反応を起こさないように400℃付近にまで急冷される．得られた分解ガスは，脱メタン塔で−100℃に冷却され，水素，メタンとC_2以上の成分とに分離する．さらに複雑な処理を受けて，各成分に分離される．図中に生成物分布を示してあるが，エチレンの割合は30％以下に過ぎず多様な生成物となる．プロピレン，ブタジエンなどのオレフィンに加えて，分解ガソリン留分から得られる芳香族化合物であるベンゼン，トルエン，キシレンも石油化学工業の主原料となっている．ちなみに，エタンを原料とするアメリカでは80％のエチレン収率が得られる．

b. C_4留分の分離

C_4留分には1-ブテン，cis-およびtrans-2-ブテン，イソブテン，および1,3-ブタジエンが含まれる．これらの化合物は互いに沸点が非常に近く，通常の蒸留では分離することができないが，抽出蒸留で他の成分と分離が可能となる．その他の成分の分離もあわせて図2.16に示してある．イソブテンは硫酸との強い相互作用を利用して分離する．

ナフサの熱分解における水蒸気の働き
モル数増加反応であるので，平衡を有利に導くために，水蒸気は炭化水素の分圧を下げる働きをする．また，炭素析出の防止，温度分布を均一化するなどの役割も果たす．

抽出蒸留
極性溶媒の存在下蒸留を行うと，ブタジエンは溶媒と相互作用し揮発性が低くなる性質を利用する．極性溶媒にはフルフラール，ジメチルホルムアミド，ジメツルアセトアミドなどが用いられる．

沸点
イソブタン（−11.7℃）
1-ブテン　（−6.3℃）
イソブテン（−6.9℃）
ブタジエン（−4.4℃）
n-ブタン　（−0.5℃）
2ブテン　（0.8～3.7℃）

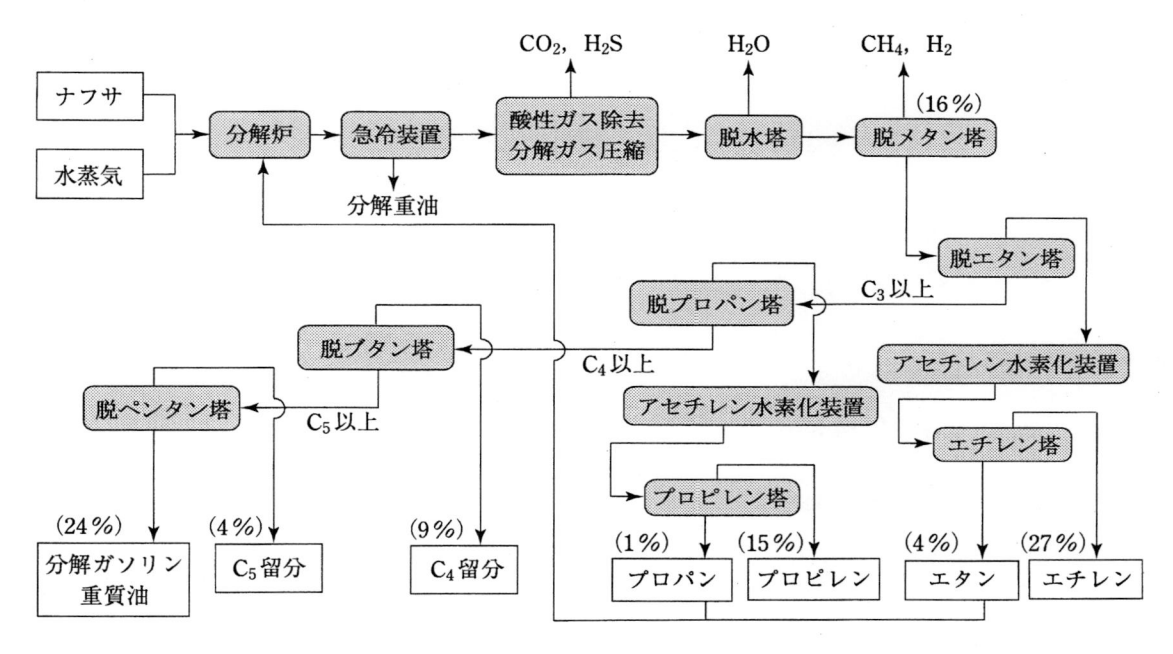

図 2.15 ナフサ熱分解工程（括弧内は835℃での反応における生成物分布）

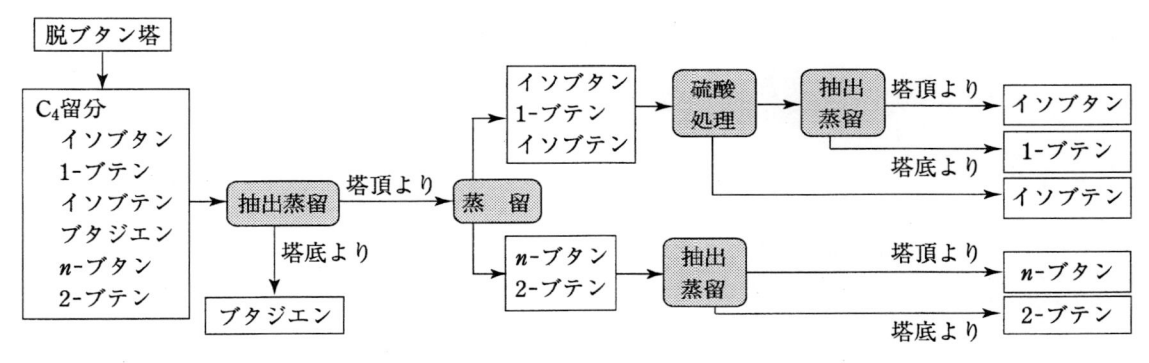

図 2.16 C$_4$留分の分離

c. 芳香族炭化水素の分離・製造

エチレン製造工程で副生する分解ガソリンと石油精製における接触改質で得られる改質油がおもな供給源であるが，非芳香族成分としてパラフィン，ナフテン，オレフィンなどが含まれる．これらの分離は通常の蒸留操作では困難であり，溶剤抽出法により行われる．芳香族を溶解しやすい溶剤であるスルホラン，N-メチルピロリドン，ジエチレングリコール，ジメチルホルムアミドなどを使用する．そのほか芳香族に特有な処理について図2.17に示す．

（ⅰ）アルキルベンゼンの脱アルキル化：需要の少ないトルエンやメシチレンなどを水素の存在下，500〜700℃で脱アルキル化してベンゼンに変換する．触媒を必要とせず効率も高い．

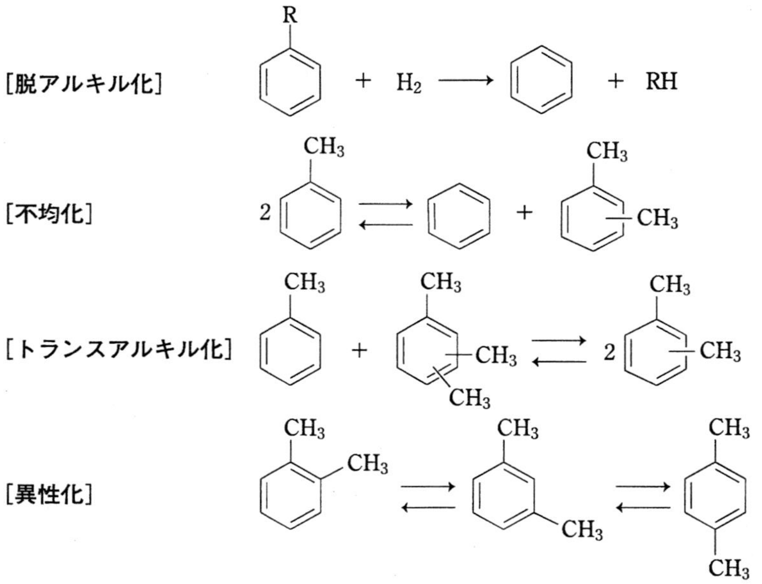

[脱アルキル化] R-C6H5 + H2 ⟶ C6H6 + RH

[不均化] 2 トルエン ⇌ ベンゼン + キシレン

[トランスアルキル化] トルエン + C9芳香族 ⇌ 2 キシレン

[異性化] o-キシレン ⇌ m-キシレン ⇌ p-キシレン

図 2.17　芳香族化合物の処理

ゼオライト（沸石）
三次元網目状構造をもつテクトアルミノケイ酸塩．イオン交換性の高い陽イオンと脱水されやすい水をもつ．分子ふるい，触媒などに使用．

モレキュラーシーブ（分子ふるい）
分子サイズの細孔により種々の分子をその大きさにふるい分ける作用をもつ物質．ゼオライト，粘土，セファデックス(デキストラン重合体)など．

凝固点
o-キシレン　　−25.2 ℃
m-キシレン　　−47.9 ℃
エチルベンゼン −95.0 ℃

（ii）トルエンの不均化，トランスアルキル化：ゼオライトなどの固体酸触媒のもとで2分子のトルエンからベンゼンとキシレンを得る不均化反応，およびトルエンと C_9 芳香族炭化水素から2分子のキシレンを得るトランスアルキル化がある．

（iii）キシレンの異性化：ポリエステル原料であり，もっとも需要の高いp-キシレンを得るために，他のキシレン誘導体を異性化させる．触媒には固体酸，白金を担持させた固体酸，あるいは $HF-BF_3$ などが用いられる．

（iv）キシレンの分離：以下の三つの方法がある．

① 吸着分離法　　モレキュラーシーブを用いてパラキシレンを選択的に吸着し，分離する．

② 深冷（結晶化）分離法　　約−70 ℃付近まで冷却して，他の C_8 炭化水素よりも凝固点（+13.3 ℃）の高いパラキシレンのみを析出させる．

③ 錯体化法　　メタキシレンが $HF-BF_3$ と特異的に錯化合物を形成する性質を利用して分離する．

　これらの分離方法と前述のキシレンの異性化を組み合わせて用いられる．深冷分離と異性化反応との組合せは処理の温度差が大きくエネルギー的に不利である．錯体化法では強酸を用いる必要がある．このような理由から，パラキシレン生産能力全体の3分の2が吸着分離法を採用している．

2.4 エチレンからの誘導体の製造

オレフィンのなかでもっともシンプルな構造をしているエチレンは，反応様式が限定されているため汎用の製品をつくる工業にはもっとも適しており，大規模有機工業化学の基礎原料となっている．

反応は二重結合の酸化，付加および重合に大別される．図2.18にエチレンから誘導されるおもな化合物を示す．

a. 酸化反応による製品

（1）エチレンオキシド（EO） エチレンオキシドは，反応性の高さから他の製品への原料として用いられ，70％近くはポリエステル原料

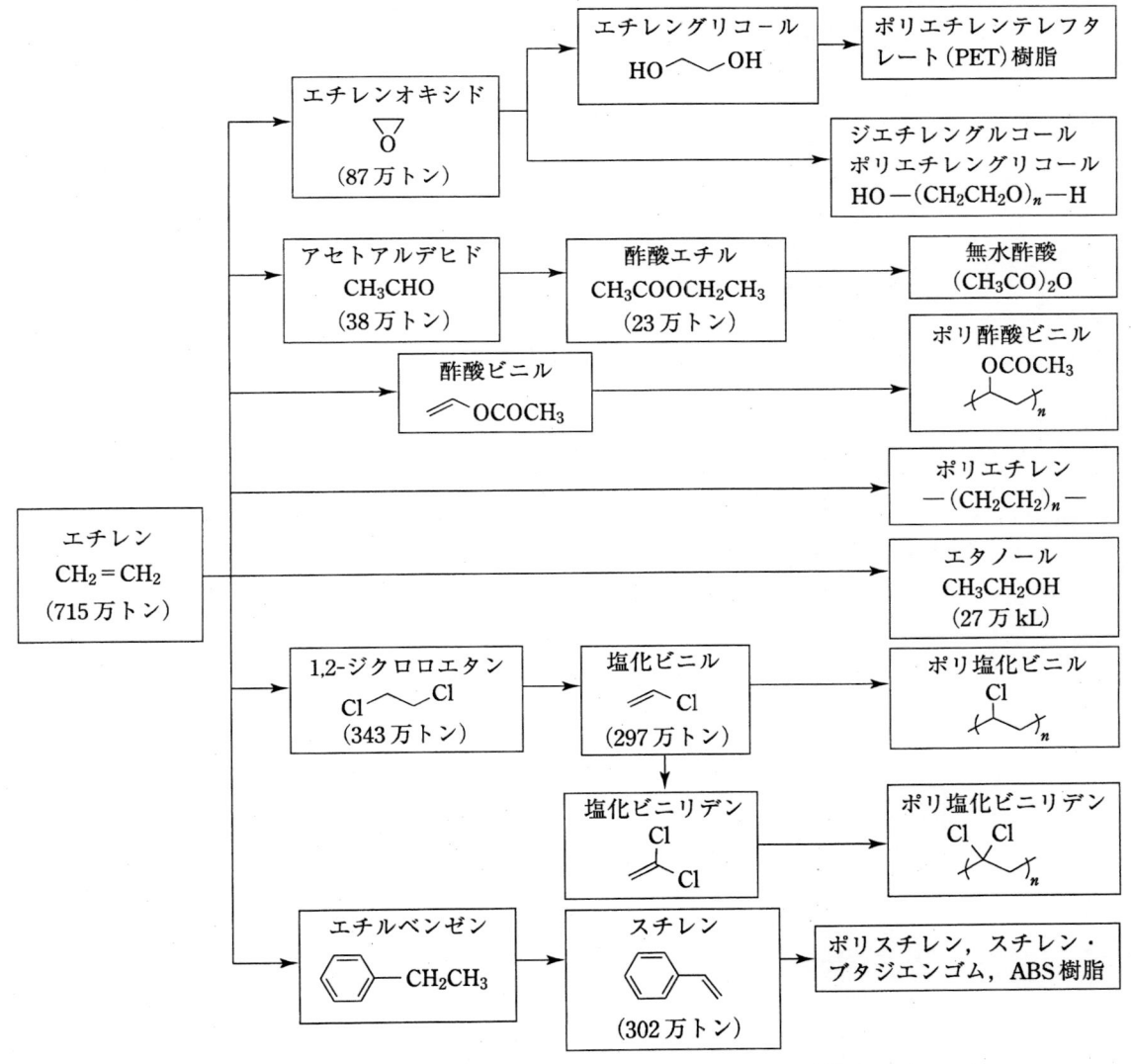

図 2.18 エチレンからのおもな誘導品（括弧内は2002年度の生産量）

であるエチレングリコールに誘導される．

　アルミナに担持された金属銀を触媒にエチレンの空気酸化により製造される．エチレン以外のオレフィンには適用不可能な特異反応である．

$$CH_2=CH_2 + 1/2\,O_2 \xrightarrow[\substack{200\sim300℃ \\ 10\sim30\,気圧}]{銀触媒} \underset{(EO)}{\underset{エチレンオキシド}{\triangle\!\!\!-\!\!\!O}}$$

　銀に吸着した活性な分子状酸素（O_2^-）が，エチレンを酸化する．反応後の触媒表面上の原子状酸素が原因となり，二酸化炭素と水が副生する．次式に従えば，理論上85.7％以上の収率は得られない．しかし，塩化エチレンにより原子状酸素の配位を阻害するなどの工夫により，この限界点を上回る触媒系も開発されてきている．

$$Ag + O_2 \rightarrow Ag^+(O_2^-) \xrightarrow{CH_2=CH_2} \underset{CH_2=CH_2}{\overset{O}{\underset{O}{\!\!\!\!\!\!\!>}}Ag} \rightarrow \underset{CH_2-CH_2}{\overset{O}{\!\!\!\!\!\!\!>}Ag} \rightarrow \underset{O}{\triangle} + Ag^+(O^-)$$

$$6\,Ag^+(O^-) + CH_2=CH_2 \longrightarrow 2\,CO_2 + 2\,H_2O + 6\,Ag$$

EG, DEG, TEG
EGは，不凍液，冷媒用として古くから用いられている．DEG, TEGは，吸湿性をもっているため，乾燥剤，あるいは調湿剤として広く使われている．

（2）エチレングリコール（$HOCH_2CH_2OH$）　無触媒下でエチレンオキシドの水和反応を行うと，エチレングリコール（EG）以外に，二量体および三量体であるジエチレングリコール（DEG），トリエチレングリコール（TEG）が混合物として得られる．水が大過剰の条件で反応が行われ，EG, DEG, TEGの生成比は100：10：1程度である．過剰量の水の分離に過大なエネルギーを要することが欠点である．

　エチレンオキシドを経由しないEGの製造方法として，安価で取り扱いやすいメタノールの脱水素二量化による方法が注目されている．ラジカル（・CH_2OH）のカップリングよる一段反応であり，革新的なプロセスとなる可能性を秘めている．

（3）アセトアルデヒド　アセトアルデヒドは，大半が合成原料として消費される．石油化学の勃興以前は，アセチレンを硫酸水銀存在下に水和してアセトアルデヒドとしていたが，有機水銀が海中に排出され悲惨な公害が発生した．

$$HC\equiv CH + H_2O \xrightarrow{HgSO_4} \begin{pmatrix} H_2C=CH \\ | \\ OH \end{pmatrix} \xrightarrow{異性化} CH_3CHO$$

2.4 エチレンからの誘導体の製造

現在は塩化パラジウムおよび塩化銅水溶液を触媒としたエチレンの直接酸化（ヘキスト-ワッカー（Höchst-Wacker）法）法が採用されている．

$$CH_2=CH_2 + 1/2\, O_2 \xrightarrow[120\sim140\,°C,\; 3\sim5\,気圧]{PdCl_2\text{-}CuCl_2/H_2O} CH_3CHO$$

触媒サイクルを図 2.19 に示す．(1) Pd(II) イオンによるオレフィンの酸化反応，(2) 還元されたパラジウムの Cu(II) イオンによる酸化，(3) 酸素による Cu(I) の再酸化，によりなっている．Pd は反応後 0 価になり再酸化工程により再生されている．このような触媒をレドックス触媒という．アルデヒドの酸素原子は水から供給され，酸素 (O_2) は銅の再酸化に作用している．重水を用いて反応を行っても，生成物のアセトアルデヒドは重水素化されないことが中間体 (C) を考える根拠となっている．

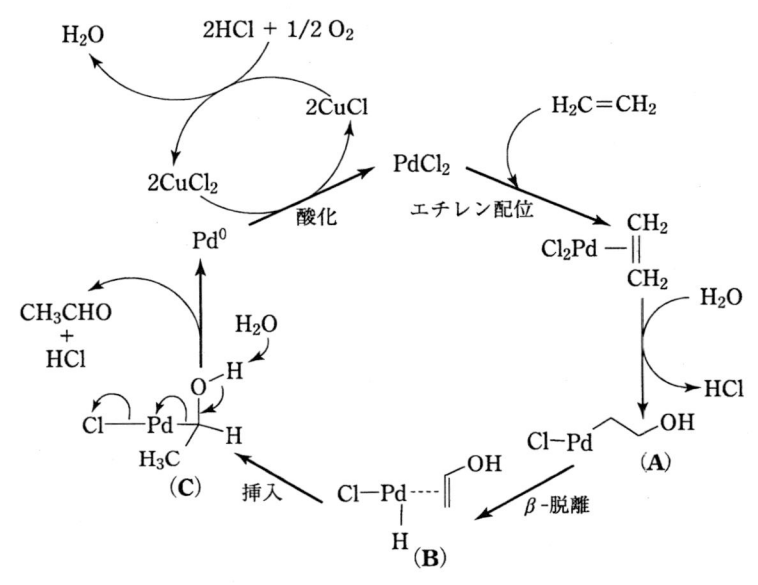

図 2.19 ワッカー反応の機構

（4）酢酸エチル 酢酸エチル製造において，わが国では国税によりエタノール価格が高く維持されているため，酢酸とエタノールからのエステル化法は採用されていない．アセトアルデヒドをアルミニウムアルコラート触媒の存在下で二量化する方法ティシェンコ反応（Tischenko）法）が実施されている．

$$2\,CH_3CHO \xrightarrow[0\sim5\,°C]{Al(OEt)_3} CH_3COOCH_2CH_3$$

エステル類の用途
酢酸エチル，酢酸ブチルなどのエステル類は，塗料，印刷インキ，接着剤などの溶剤や，天然物，医薬などの抽出溶剤として用いられている．

(5) 酢酸ビニル　酢酸ビニルは，わが国では生産量の約70％がビニロン繊維，ビニロンフィルムとして知られるポリビニルアルコールの製造に用いられている．当初はワッカー法と類似の，$PdCl_2$-$CuCl_2$-酢酸溶液による液相反応で行われていたが，現在では担持パラジウム触媒を用いた気相反応に変換されている．

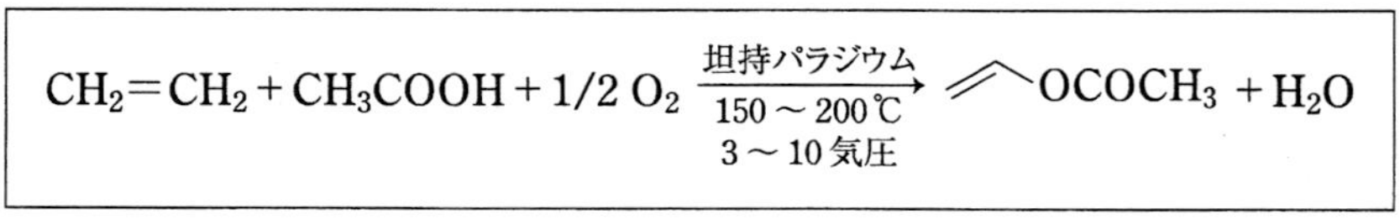

$$CH_2=CH_2 + CH_3COOH + 1/2\, O_2 \xrightarrow[\substack{150\sim200\,℃ \\ 3\sim10\,気圧}]{担持パラジウム} CH_2=CHOCOCH_3 + H_2O$$

b. 付加反応による製品

(1) エタノール　担持リン酸などの固体酸触媒を用いてエチレンを水和する気相法が開発されている．

$$CH_2=CH_2 + H_2O \xrightarrow[300\,℃,\ 70\,気圧]{H_3PO_4/SiO_2} CH_3CH_2OH$$

> **バイオマス**
> 生物由来の資源のこと．木材のくず，食べ物の残りなどが身近な未利用資源として注目されている．

安価なグルコース源を用いての発酵法も工業用に実施されている．生物資源として樹木，サトウキビなどの"エネルギー作物（バイオマス）"が豊富であることから，化石燃料の節約からも重要な方法である．

(2) 塩化ビニル　塩化ビニルは，最初の合成プラスチックとして有名なポリ塩化ビニル（ビニール袋などとして慣用的によばれている）の原料である．製造は3工程からなっている（図2.20）．

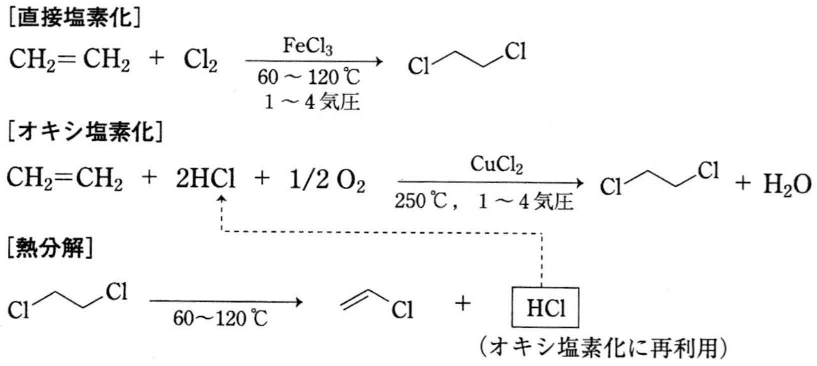

> **塩化ビニルの原料**
> わが国では塩素の32％とエチレンの15％が塩化ビニルの生産に消費されている．食塩の電解で生成する塩素のおもな消費先である．

[直接塩素化]

$$CH_2=CH_2 + Cl_2 \xrightarrow[\substack{60\sim120\,℃ \\ 1\sim4\,気圧}]{FeCl_3} ClCH_2CH_2Cl$$

[オキシ塩素化]

$$CH_2=CH_2 + 2HCl + 1/2\, O_2 \xrightarrow[250\,℃,\ 1\sim4\,気圧]{CuCl_2} ClCH_2CH_2Cl + H_2O$$

[熱分解]

$$ClCH_2CH_2Cl \xrightarrow{60\sim120\,℃} CH_2=CHCl + HCl$$

（オキシ塩素化に再利用）

図 2.20　塩化ビニルの製造

① エチレンと塩素から1,2-ジクロロエタン（EDC）を製造する直接塩素化段階
② 塩酸と空気とエチレンから1,2-ジクロロエタンを製造するオキシ塩素化段階

③ 1,2-ジクロロエタンを塩化ビニルと塩酸に熱分解する段階

最後の熱分解で発生した塩酸をオキシ塩素化の原料として再利用することにより，塩酸を副生しない合理的なプロセスとなっている．

（3）塩化ビニリデン　塩化ビニルにさらに塩素を付加させ，1,1,2-トリクロロエタンとした後，$Ca(OH)_2$ により脱塩酸する．

ポリ塩化ビニリデン
塩化ビニリデンのラジカル重合により得られ，酸素や水を通しにくく，接着性もよいことから耐熱食品包装用ラップとして大量に消費されている．

$$\diagup\!\!\!\!-Cl + Cl_2 \xrightarrow[20\sim90℃]{FeCl_3} \underset{\text{1,1,2-トリクロロエタン}}{CH_2Cl-CHCl_2}$$

$$\xrightarrow[100℃]{1/2\,Ca(OH)_2} CH_2=CCl_2 + 1/2\,CaCl_2 + H_2O$$

（4）ポリエチレン　ポリエチレンの国内生産量は368万トン（低密度および高密度ポリエチレンの2002年合計）に達する．製造方法や性質の詳細は高分子製品の項を参照して欲しい．以下に述べるようなエチレンの重合法により性質の異なるポリエチレンの製造が可能であることから，幅広い用途に使用されている．

（ⅰ）低密度ポリエチレン（LDPE；low density polyethylene）：200～280℃，1000～4000気圧の条件下で，酸素や有機過酸化物などのラジカル開始剤を用いて製造される．反結晶性で密度が低く（0.915～0.937 g cm^{-3}）多くの分岐をもった構造をしている．透明性が比較的高く，低融点（105～120℃）で柔軟なため，包装用フィルムや電線の被覆剤としての用途が多い．

（ⅱ）高密度ポリエチレン（HDPE；high density polyethylene）：1953年にZieglerにより発見された $TiCl_4/AlCl_3$（チーグラー触媒）を用いて，低圧条件下で製造が開始された．単純なほぼ直鎖状の構造をしているため高密度（<0.941 g cm^{-3}）で硬いため，バケツや各種の容器などに使用される．透明性はLDPEと比較して落ちるが，高結晶性，高融点（120～140℃）となる．改良が進み，溶媒が不要で触媒の回収も必要でない製造方法が開発されている．

ポリエチレン製造
わが国の内訳はLDPE（42%），LLDPE（30%），HDPE（28%）となっている．

（ⅲ）直鎖状低密度ポリエチレン（LLDPE；liner low density polyethylene）：エチレンと1-アルケンとの共重合体を触媒を用いて中低圧で製造する．直鎖状分子構造となるが，1-アルケンの側鎖が存在することで低結晶性，低密度（0.910～0.945 g cm^{-3}）となる．LLDPEの特徴は，1-アルケンの共重合比により共重合体の密度を広範囲に制御することが可能な点であり，コスト・品質の面から高圧法から移行しつつある．

さらに1980年にKaminskyが，ジルコノセン錯体とメチルアルモキ

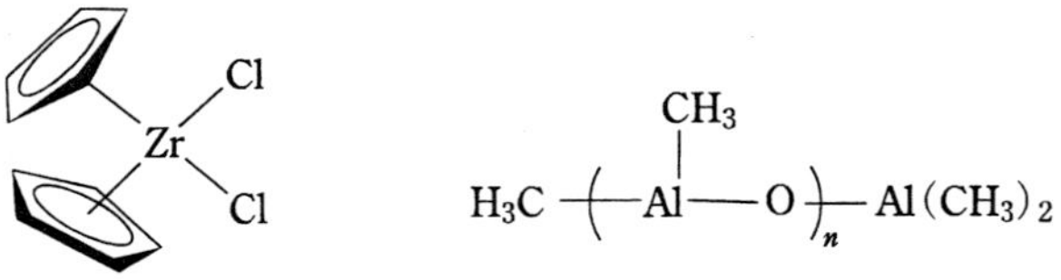

ジルコノセン(メタロセン)触媒　　メチルアルモキサン(MAO)

図 2.21　カミンスキー触媒

サンからなる触媒で，ポリエチレンが生成することを報告したことをきっかけに，メタロセン触媒（図 2.21）が開発された．分子量分布が狭く共重合体の組成が均一なポリエチレンが得られる．このような性質は引張強度，溶剤抽出率などが優れており，すでに工業的にも生産が開始されている．

2.5　プロピレンからの誘導体の製造

　エチレンに次いで単純なオレフィンであるプロピレンも石油化学の基幹原料であるが，二重結合に隣接するメチル基は多様な反応性の原因となり，エチレンよりも複雑な反応制御が必要になるとともに製品群も多様なものになる．図 2.22 に，プロピレンから誘導されるおもな化合物を示す．

a．二重結合部分の酸化反応による製品

　プロピレンオキシド（PO）は，エチレンオキシドとは異なり，酸素を用いる直接酸化法で合成することはできない．これはメチル基部分の酸化が起こりやすいためである．下記に示す方法により製造される．

　クロロヒドリン法では，クロロヒドリン製造段階と $Ca(OH)_2$ による環化段階とからなっている．クロロヒドリンは異性体混合物となるが，下式に示すように分離の必要はない．

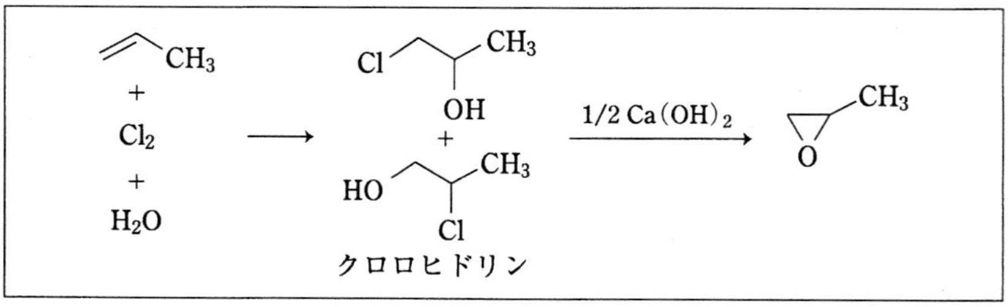

プロピレンオキシド
プロピレングリコール，ポリプロピレングリコールの製造原料として用いられ，とくにポリプロピレングリコールは，ジイソシアネートとの反応により，ウレタンフォームとして自動車バンパー，靴などに使用される．

　ヒドロペルオキシド法（ハルコン（Halcon）法）はスチレンとの併産法である．エチルベンゼンを空気酸化してヒドロペルオキシドを製造し，つづいてモリブデン触媒存在下この過酸によりプロピレンを酸化することにより，プロピレンオキシドを製造する．副生する α-フェネ

2.5 プロピレンからの誘導体の製造

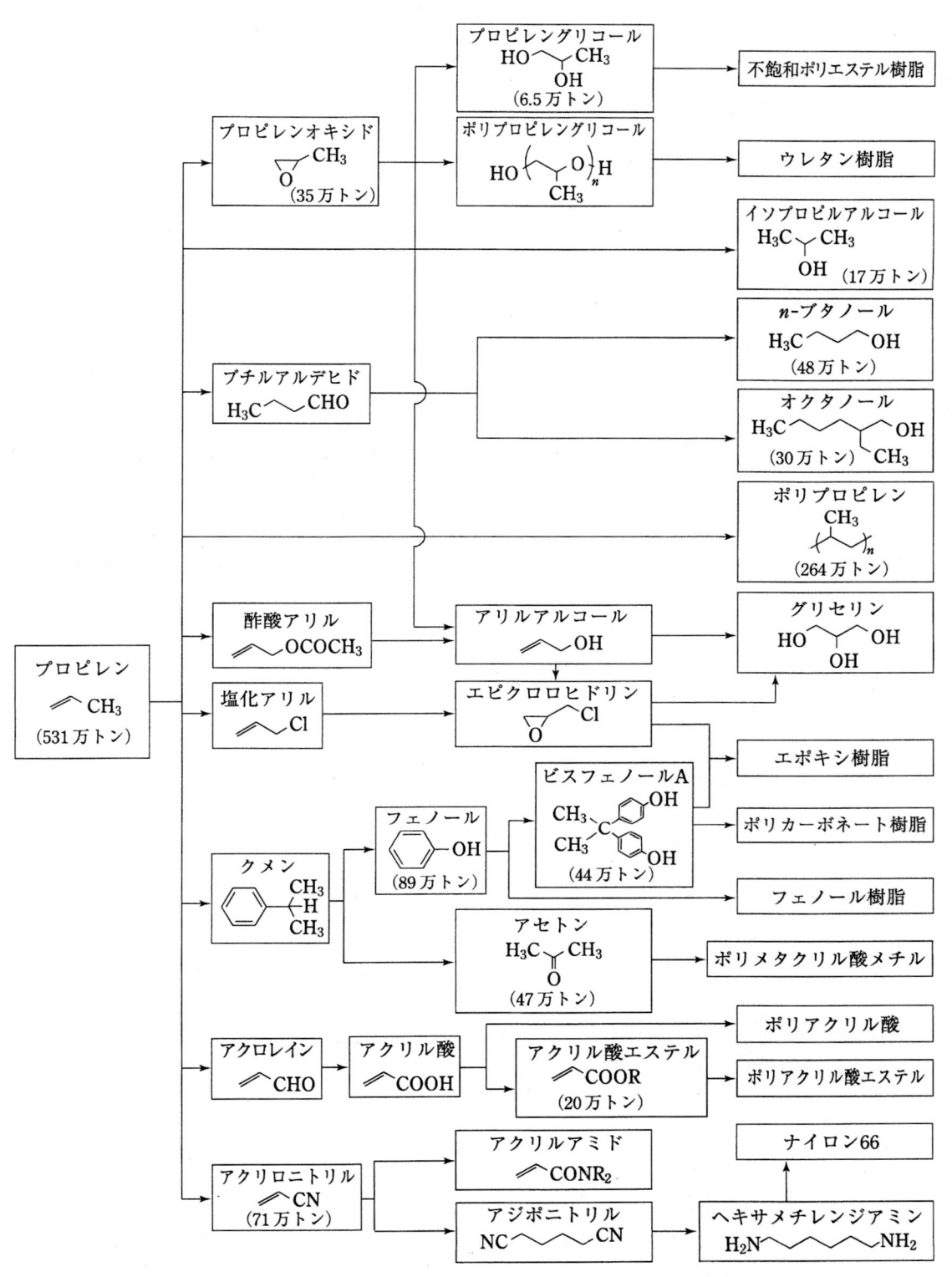

図 2.22 プロピレンからのおもな誘導品(括弧内は2002年度の生産量)

チルアルコールは脱水反応によりスチレンとする．両製品の需要バランスが崩れたときの対応が併産法の問題点である．

b. 二重結合部分への付加による製品

（1）イソプロピルアルコール 　プロピレンの水和により製造され，おもに溶剤として使用される．水の付加はマルコヴニコフ（Markovnikov）側に従い，選択的に第二級アルコールであるイソプロピルアルコールが得られ，n-プロピルアルコールは生成しない．

（2）n-ブタノール 　ブタノールには4種の異性体が存在するが，その中でも n-ブタノールは，可塑剤や溶剤など，幅広い用途があり重要である．しかし，オレフィンの水和法では製造できず，プロピレンを原料としたオキソ法によっている．オキソ法とは，オレフィンを合成ガス（$CO+H_2$）と反応させて，炭素数が一つ多いアルデヒドを合成する

ノルマル/イソ比
ホルミル基が付加するオレフィン炭素の位置により，直鎖（ノルマル）と枝分かれ（イソ）の2種類の異性体が生成する．触媒活性種の，Rh-H結合にオレフィンが挿入する段階での挿入方向により，ノルマル/イソ比が決定される．

方法であり，さらに水素化することでアルコールを得る．

　オキソ法はコバルト触媒により工業化されたが，現在では活性の高いロジウム触媒が用いられ，配位子としてトリフェニルホスフィン（Ph_3P）を大過剰量用いてi-ブタノールの副生を抑えている．水溶性配位子を用いて水中で反応を行い，触媒と生成物の分離を容易にする手法も採用されている．

　2-エチルヘキサノールは，n-ブチルアルデヒドから下式により合成された後，エステルに変換されて塩化ビニルなどの樹脂の可塑剤として大量に利用されている．

$$2\ H_3C\!-\!CH_2\!-\!CHO \xrightarrow{\text{アルドール縮合}} H_3C\!-\!CH(OH)\!-\!CH(CH_3)\!-\!CHO$$
$$\xrightarrow{-H_2O} H_3C\!-\!CH=C(CH_3)\!-\!CHO \xrightarrow{H_2} H_3C\!-\!CH_2\!-\!CH(CH_3)\!-\!CH_2OH$$

オクタノール（2-エチルヘキサノール）

　多くのオレフィンから，対応するアルデヒド，アルコールが生産されており，オキソ法によって製造されたものは一般にオキソアルデヒドやオキソアルコールといわれている．

（3）ポリプロピレン　ポリプロピレンは，優れた耐熱性・耐摩耗性・高剛性をもち，フィルムに成形した場合には透明性がよく，空気や水を通しにくい性質がある．

　ポリエチレン製造触媒と深く関連した，チーグラー–ナッタ触媒の開発経緯や，反応機構については非常に興味深いものがあるので，1章と3章を参照頂きたい．ポリプロピレンは，ポリマー中の側鎖配列の種類により，規則的な構造をもつアイソタクティックとシンジオタクティックポリマーおよび規則性をもたないアタクティックポリマーに大別される．現在使用されているポリプロピレンはアイソタクティックポリマーである．これまで合成困難であったシンジオタクティックポリマーを製造するためのメタロセン触媒も開発されており，今後の応用が大いに期待できる．

ポリプロピレン
食品包装用フィルムをはじめとする日用品に広く利用される．また，エチレンとのブロック共重合体は自動車バンパー，インパネ，テレビ，ラジオケースなどに用いられる．

アイソタクティックポリプロピレン　　シンジオタクティックポリプロピレン

c. メチル基の置換，酸化による製品

（1）酢酸アリル，アリルアルコール　坦持パラジウム触媒を用いた気相反応で，プロピレン，酢酸，酸素を反応させ，製造される．アリルアルコールは，酢酸アリルを鉱酸あるいはイオン交換樹脂を用いて加水分解することにより製造される．

$$\diagup\!\!\!\diagdown CH_3 + CH_3COOH + 1/2\, O_2 \xrightarrow[150\sim200℃]{坦持パラジウム} \diagup\!\!\!\diagdown OCOCH_3 + H_2O$$

$$\diagup\!\!\!\diagdown OCOCH_3 + H_2O \xrightarrow{イオン交換樹脂} \diagup\!\!\!\diagdown OH + CH_3COOH$$

プロピレンオキシドの生産能力が増大していることもあり，その異性化によっても製造される．

$$\underset{O}{\triangle}\!\!-CH_3 \xrightarrow[250\sim350℃]{リン酸塩} \diagup\!\!\!\diagdown OH$$

（2）アクリル酸，アクリル酸エステル　アクリル酸は，ポリアクリル酸として高吸水性ポリマーなどに利用され，紙おむつや保冷剤として身近な商品になっている．

アクリル酸エステルは，塗料・粘着剤・繊維の原料として用いられる．アクリル酸エステルのポリマーは，透明性・堅牢性・着色性・耐候性などに優れており，建物や自動車用などあらゆるタイプの塗料に利用される．水性型アクリル系塗料は，有機溶剤の使用を削減できる環境低負荷型商品として有望である．

アクリル酸の工業的製造法は，気相でのプロピレンの直接酸化法（直酸法）が唯一の方法になっており，アクロレインを経由してアクリル酸を得る二段酸化法である．第1段階にはMo-Biを，第2段階にはMo-Vを主成分とする触媒を用いる．

アクリル酸エステルは，硫酸などの酸触媒の存在下，アクリル酸をアルコールでエステル化して製造される．

$$[プロピレン酸化段階] \qquad [アクロレイン酸化段階]$$

$$\diagup\!\!\!\diagdown CH_3 \xrightarrow[280\sim350℃]{\substack{O_2 \\ Mo\text{-}Bi 触媒}} \diagup\!\!\!\diagdown CHO \xrightarrow[240\sim300℃]{\substack{1/2\,O_2 \\ Mo\text{-}V 触媒}} \diagup\!\!\!\diagdown COOH$$

(3) アクリロニトリル　アクリロニトリル（AN）はアクリル繊維，ABS 樹脂，AS 樹脂の原料のほか，ナイロン 66 の原料であるアジポニトリルの製造にも使用される．アセチレンに青酸（HCN）を付加させる方法から，1960 年にプロピレンとアンモニアから合成するアンモ酸化反応（SOHIO 法）に変換された．原料が安価なほか，一段の気相反応で済むため格段に経済的となった．収率向上のための触媒改良が現在も営々と積み重ねられている．

SOHIO 法
この方法は，青酸，アセトニトリルなどが副生物となるので，これらを有効利用する必要がある．アセトニトリル（沸点 81.6 ℃）とアクリロニトリル（沸点 77.3 ℃）は沸点が近いため，水を溶剤とした抽出蒸留で分離される．

$$\text{CH}_2=\text{CHCH}_3 + \text{NH}_3 + 3/2\, \text{O}_2 \xrightarrow[400\sim500℃]{\text{Mo-Bi 触媒}} \text{CH}_2=\text{CHCN} + 3\,\text{H}_2\text{O}$$

期待される新製造法として，より安価なプロパンを原料とする方法がある．これはプロパンの脱水素と，プロピレンのアンモ酸化を同時に進行させるもので，Mo－V や V－Sn 系などの触媒開発が進んでいる．

2.6　C_4 誘導体

ブタジエンがもっとも重要であり，スチレンとの共重合による合成ゴムの製造などに幅広く用いられている．最近はブタンなども原料として見直されつつあり，アルカン化学として注目されている（1 章参照）．図 2.23 に C_4 オレフィンから誘導されるおもな化合物を示す．

（1）s-ブタノール　s-ブタノールは，脱水素してメチルエチルケトンに誘導される．これは印刷インキ，接着剤，塗料，樹脂，電子材料などの溶剤として，アセトンに次いで重要なケトンである．

$$\text{H}_3\text{C-CH=CH}_2 + \text{H}_2\text{O} \xrightarrow[\substack{210℃\\180\sim220\,\text{気圧}}]{\text{ヘテロポリ酸}} \text{H}_3\text{C-CH(OH)-CH}_3 \xrightarrow[400\sim550℃]{\text{ZnO}} \text{H}_3\text{C-CO-CH}_3$$

s-ブタノールは，水溶性ヘテロポリ酸を触媒として，n-ブテンの水和により製造されている．この場合，n-ブテンの超臨界状態で反応を行うと，水相中の触媒により生成した低濃度の s-ブタノールが，超臨界 n-ブテン中に選択的に抽出され，反応と同時に生成物分離が効率的に行える．これにより，プロセスが非常に単純化され，省エネルギー的な環境低負荷な方法となる（1 章参照）．

ブタンのリサイクル
ブタンを原料とする無水マレイン酸の合成は，二酸化炭素の副生を伴わない．最近では，ブタンをリサイクルさせることで，選択率をより向上させるプロセスの開発も進んでいる．

1,4-ブタンジオール
ポリウレタン樹脂やエンジニアリングプラスチックであるポリブチレンテレフタレート（PBT）の原料として使用される．

（2）無水マレイン酸 無水マレイン酸は，不飽和ポリエステル樹脂，塗料，医薬，食品添加物の原料として広く使用されている．1960年ごろまでは，ベンゼンの接触酸化法により合成されていたが，二酸化炭素副生や，ベンゼン排出規制問題などからブテン，ブタンなどC_4留分を原料とする方法に変換されている．

（3）1,4-ブタンジオール 1,4-ブタンジオールはエチレンを原料とする石油化学工業の中にあって，いまだにアセチレンが経済的な出発原料となっている数少ない例の一つである．まず銅触媒存在下，ホルムアルデヒドと反応させると，ブタンジオールが得られる．これを，水素

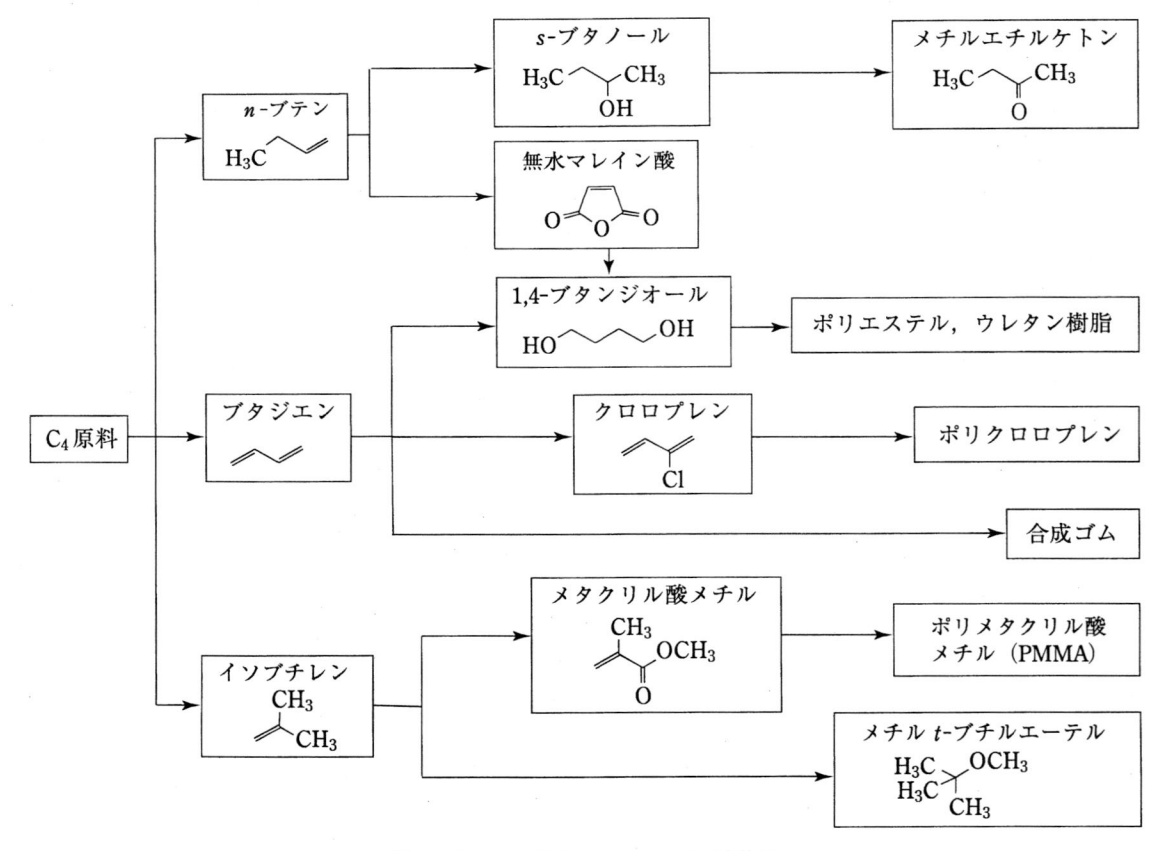

図 2.23 C_4 原料からのおもな誘導品

化することで1,4-ブタンジオールが製造される.

アセチレンの価格が高いわが国では,ブタジエンを原料として,塩素化やアセトキシ化を経由する方法で工業化されているが,最近注目されている合成法として,次式に示すような無水マレイン酸を原料とするものがある.無水マレイン酸はブタンの酸化により大量安価に製造できるので,この方法は結局,ブタン・空気・水素を原料とし,酸化・水素化工程による単純なプロセスとなり,廃棄物が少なく環境への負荷が小さい.

(4) **クロロプレン** 重合により得られるポリクロロプレンは,耐薬品性に優れた合成ゴム原料となる.ブタジエンの塩素化に続き,主生成物の異性化,次いでアルカリ性条件下で脱塩素をすることにより得られる.

(5) **メタクリル酸メチル(MMA)** メタクリル酸メチルは,他のモノマーと共重合させることにより,塗料,樹脂改質剤,接着剤などに使用される.またメタクリル樹脂としては,耐候性,抜群の透明性,着色性,加工性を利用して光ファイバー,CD-ROM,MD用レンズ,フィルム付カメラ用レンズ,自動車部品,さらには水族館の巨大水槽にいたるまで広く利用されている.

製造法の変遷についてはすでに1章で述べたが,1930年に開発されたアセトンと青酸(HCN)によるアセトン-シアノヒドリン法(ACH法)が現在も製造量の80％を占めている.この方法は青酸の猛毒性,硫酸水素アンモニウムの大量副生など,問題点が多い.1982年にわが国で,イソブチレンの直接酸化(直酸法)が工業化された.また,酸化

反応と次工程のエステル化を同時に行う改良法も実用化されている（直メタ法）．これにより 300℃が必要であった反応温度が 80℃に低下し，収率向上，精製工程の効率化など経済性が向上している．

[直メタ法]

$$\left(\begin{matrix}CH_3\\ \\ CH_3\end{matrix}\right) \xrightarrow[-H_2O]{\underset{350℃}{O_2}} \underset{CHO}{\overset{CH_3}{}} + CH_3OH + 1/2\,O_2 \xrightarrow[80℃]{Pd触媒} \underset{O}{\overset{CH_3}{}}\!\!-OCH_3$$

2.7 芳香族製品

ベンゼン，トルエン，キシレン（BTX）は図 2.24 に示すように，ナイロン，ポリエステル，ポリスチレン，ポリウレタン，合成洗剤などの出発原料であり，製品は工業分野から日常生活分野にまで幅広く利用されているが，化学変換に使われる反応様式は単純である．大半は芳香環への求電子置換であり，次いでアルキル置換基の酸化反応となる．芳香環の還元反応はナイロンの原料製造の場合だけである．

芳香族炭化水素は，ナフタレンなどの縮合環誘導体が石炭の乾留の際に副生するタールから得られるほかは，その大半が石油系原料によっており，接触改質とエチレンクラッキング工程で製造される．ベンゼンはスチレンへの製造に多く用いられ，トルエンは溶剤として用いられる以外にも反応性の高さから有機合成の中間体に誘導される．キシレンはパラ体がもっとも重要であり，テレフタル酸を経由してポリエステルに導かれる．

（1）スチレン　スチレンはほぼ全量が樹脂原料となる．ポリスチレンは軽いことを最大の特徴としているが，もろい欠点を補うために複合化されることが多い．アクリロニトリル-ブタジエン-スチレン樹脂（ABS 樹脂），アクリロニトリル-スチレン樹脂（AS 樹脂），メタクリレート-スチレン樹脂（MS 樹脂）などが，事務機器や家電製品のカバーとして広く用いられている．

スチレンの製造には 2 種類の方法が採用されている．ベンゼンとエチレンからのフリーデル-クラフト反応により製造されたエチルベンゼンを脱水素する方法が主流である．脱水素触媒には，過酷な条件に耐えられる酸化鉄系が用いられる．

2.7 芳香族製品

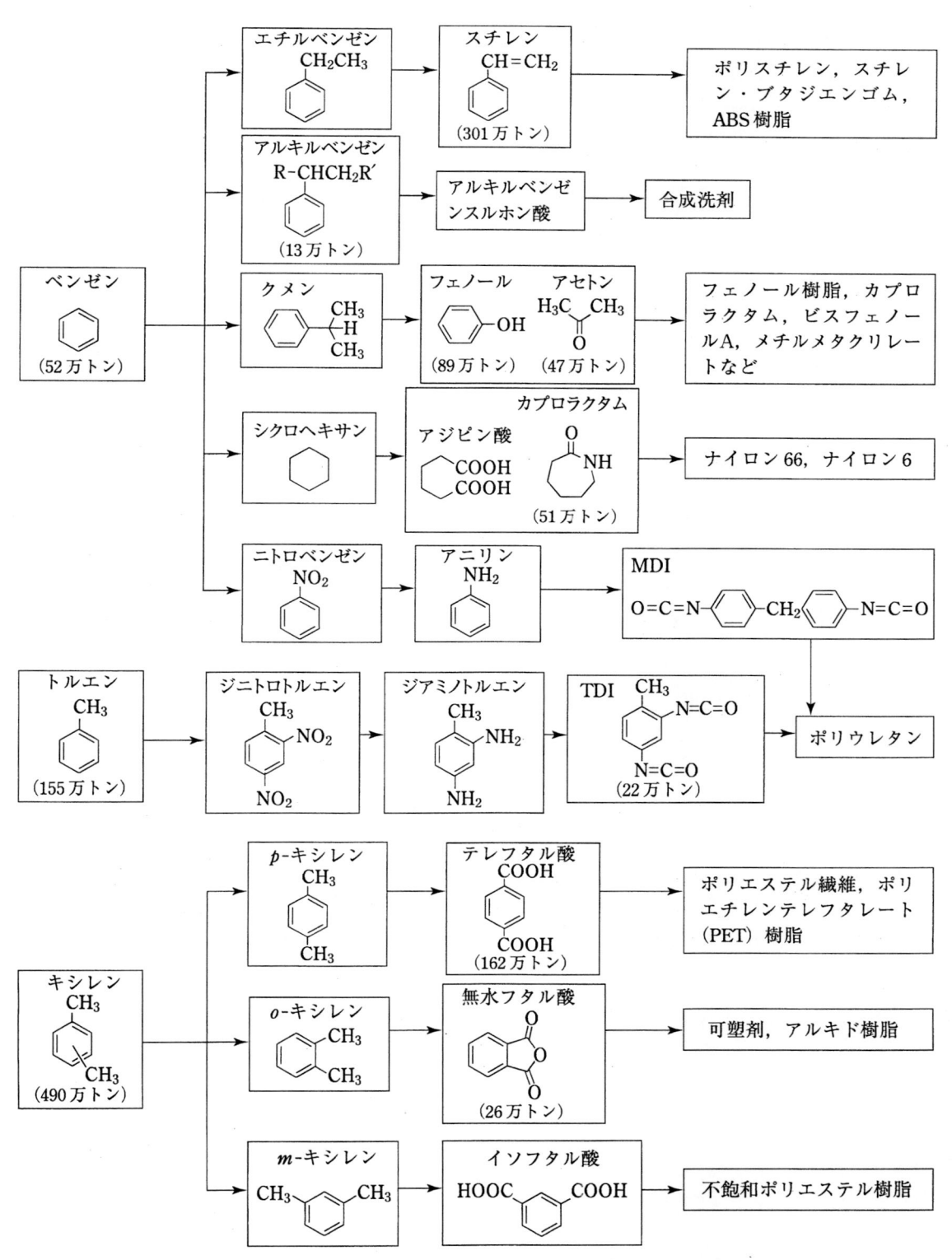

ベンゼン (52万トン)
- → **エチルベンゼン** CH₂CH₃ → **スチレン** CH=CH₂ (301万トン) → ポリスチレン，スチレン・ブタジエンゴム，ABS樹脂
- → **アルキルベンゼン** R-CHCH₂R′ (13万トン) → アルキルベンゼンスルホン酸 → 合成洗剤
- → **クメン** (CH₃)₂CH- → **フェノール** -OH (89万トン) + **アセトン** H₃C-CO-CH₃ (47万トン) → フェノール樹脂，カプロラクタム，ビスフェノールA，メチルメタクリレートなど
- → **シクロヘキサン** → **アジピン酸** (COOH)₂ / **カプロラクタム** (51万トン) → ナイロン66，ナイロン6
- → **ニトロベンゼン** NO₂ → **アニリン** NH₂ → **MDI** O=C=N-C₆H₄-CH₂-C₆H₄-N=C=O → ポリウレタン

トルエン CH₃ (155万トン)
- → **ジニトロトルエン** (CH₃, NO₂, NO₂) → **ジアミノトルエン** (CH₃, NH₂, NH₂) → **TDI** (CH₃, N=C=O, N=C=O) (22万トン) → ポリウレタン

キシレン (CH₃)₂ (490万トン)
- → **p-キシレン** → **テレフタル酸** (COOH, COOH) (162万トン) → ポリエステル繊維，ポリエチレンテレフタレート（PET）樹脂
- → **o-キシレン** → **無水フタル酸** (26万トン) → 可塑剤，アルキド樹脂
- → **m-キシレン** → **イソフタル酸** HOOC-C₆H₄-COOH → 不飽和ポリエステル樹脂

図 2.24 芳香族化合物（BTX）からのおもな誘導品（括弧内は 2002 年度の生産量）

脱水素反応
この反応は平衡反応であるため，反応を有利に起こす条件として，600℃という高温で水蒸気存在下，エチルベンゼンの分圧を低下させながら行う．

$$ \text{C}_6\text{H}_6 \xrightarrow[\text{ルイス酸触媒}]{\text{H}_2\text{C}=\text{CH}_2} \text{C}_6\text{H}_5\text{CH}_2\text{CH}_3 \xrightarrow[600\,^\circ\text{C}]{\text{酸化鉄触媒}} \text{C}_6\text{H}_5\text{CH}=\text{CH}_2 $$

　もう一つの方法は，プロピレンオキシド製造の際に併産されるα-フェニルエチルアルコールを，固体触媒存在下で，250℃で脱水する"ハルコン法"である（2.5節 a 参照）．

（2）アルキルベンゼン　炭素鎖10～13の長い直鎖状の鎖をもつアルキルベンゼンは，合成洗剤として重要なアルキルベンゼンスルホン酸ナトリウム塩に誘導される（4章参照）．エチルベンゼンと同様にオレフィンとベンゼンから製造される．最近では $AlCl_3$ などの腐食性の酸を用いず，ゼオライトなどの固体酸触媒を用いた方法も開発されている．

（3）フェノール，アセトン　フェノールは，別名を石炭酸といわれるように，かつてはコークス製造時の副産物として得られていた．フェノール樹脂，ビスフェノールAなど重要な工業製品に誘導される．

　ベンゼンの直接酸化が最も経済的であるが，ベンゼンよりフェノールのほうが酸化を受けやすいために実現していない．90％以上は次式に示すようなクメン法で製造されており，同時に生成するアセトンも全生産量の80％を占める．クメン法は3工程よりなる．

① ベンゼンとプロピレンからのクメン合成．
② 空気酸化によるクメンヒドロペルオキシドの合成．ラジカル連鎖反応で進行するが，副生する有機酸やフェノールをアルカリで補足する必要がある．フェノールから発生するラジカルは，ラジカル連鎖を停止してしまう．

[1. アルキル化]　ベンゼン + プロピレン $\xrightarrow{\text{固体酸触媒}}$ クメン

[2. 酸化]　クメン + O_2 $\xrightarrow[\text{5～10気圧}]{\text{アルカリ水溶液} \atop 90\sim130\,^\circ\text{C}}$ クメンヒドロペルオキシド

[3. 分解]　クメンヒドロペルオキシド $\xrightarrow[60\sim90\,^\circ\text{C}]{\text{H}^+}$ フェノール + $H_3C-CO-CH_3$

③ 最後にクメンヒドロペルオキシドを微量の硫酸の存在下に分解してフェノールとアセトンを得る．

近年，クメン法で得られるアセトンが余剰傾向にあるため，トルエンの空気酸化により安息香酸を合成し，さらに酸化的脱炭酸してフェノールを得るという方法も実施されている．

$$\text{C}_6\text{H}_5\text{-CH}_3 \xrightarrow[\substack{150\sim170℃ \\ 5\sim10\text{気圧}}]{\text{O}_2,\ \text{Co 触媒}} \text{C}_6\text{H}_5\text{-COOH (安息香酸)} \xrightarrow[\substack{230\sim250℃ \\ 2\sim10\text{気圧}}]{\text{O}_2,\ \text{Cu 触媒}} \text{C}_6\text{H}_5\text{-OH} + \text{CO}_2$$

フェノールとアセトンから誘導されるビスフェノールAは，CDディスク，光ディスク基板として需要が多いポリカーボネート樹脂や，エポキシ樹脂などの原料となる．

$$2\ \text{C}_6\text{H}_5\text{-OH} + \text{H}_3\text{C-CO-CH}_3 \xrightarrow[50℃]{\text{H}^+} \text{HO-C}_6\text{H}_4\text{-C(CH}_3)_2\text{-C}_6\text{H}_4\text{-OH (ビスフェノールA)} + \text{H}_2\text{O}$$

（4）ε-カプロラクタム（ナイロン6原料）　開環重合させることによりナイロン6が製造される．現在，カプロラクタムの製造は，ほとんどがシクロヘキサノンのオキシム化を経由する方法で行われている．

$$\text{ベンゼン} \xrightarrow{3\text{H}_2} \text{シクロヘキサン} \xrightarrow{\text{O}_2} \text{シクロヘキサノン} \xrightarrow{\text{NH}_2\text{OH}} \text{シクロヘキサノンオキシム}$$

$$\xrightarrow{\text{H}_2\text{SO}_4} \text{ε-カプロラクタム} \xrightarrow{\text{開環重合}} [\text{-NH-(CH}_2)_5\text{-CO-}]_n\ \text{ナイロン6}$$

まず，シクロヘキサンとヒドロキシルアミンからシクロヘキサンオキシムを合成し，硫酸でベックマン転位させてラクタムを製造する．本方法は，1943年にドイツで工業生産されたものが基本となっている．

以下に各ステップについて詳細を示す．

［ステップ1］　シクロヘキサノール，シクロヘキサノン合成

ベンゼンをNi系触媒存在下，水素添加してシクロヘキサンとする．そののち，Co系触媒を用いて液相酸化するが，自動酸化反応により生成したヒドロペルオキシドが金属触媒などにより分解され，シクロヘキサノールとシクロヘキサノンの混合物が得られる．

また，最近では自動酸化を経る必要のない方法も実用化されている．Ru触媒を用いて，水-油二相系でベンゼンの部分水素化を行い，シクロヘキセンを得る．つづいて水和してシクロヘキサノールを製造する．反応は触媒が懸濁した水相で起こり，生成物は油相に抽出される．酸素を使用しないため，脂肪酸などの副生物がほとんど生成せず，精製が容易であり，経済性および安全性の観点からも優れた方法である（1章参照）．

シクロヘキサノールは，亜鉛あるいは銅系触媒で脱水素してシクロヘキサノンとして次の工程に送られる．

［ステップ2］　シクロヘキサノンオキシム合成

シクロヘキサノンとヒドロキシルアミンを加熱することにより，容易にオキシムが生成するが，ヒドロキシアミンは硫酸塩を用いることが多く，アンモニアで中和する必要がある．

シクロヘキサンからシクロヘキサノンオキシムを直接製造する方法も工業化されている．塩化ニトリロシル（NOCl）と塩化水素共存下，高圧水銀灯を用いて400〜600 nmの光照射を行うと，オキシムの塩酸塩が高選択率で生成する．光はNOClを解離してラジカルを発生させるために必要である．

［ステップ3］　ε-カプロラクタムの合成

オキシムを硫酸中で加熱すると，ベックマン転位が起こり，ラクタム

光ニトロソ化反応
光化学反応を大規模に工業化した初めての例として，科学技術の開発に大きな影響を与えた．

が得られる．最後にラクタム硫酸塩をアンモニアで中和する必要があるため，この工程でも硫酸アンモニウムが副生する．

理想的に進行しても 0.5 等量の H_2SO_4（等量の H^+）が消費される．

カプロラクタム工業における最大の問題は硫酸の大量使用にあり，改善の努力が続けられている．硫酸の代わりにゼオライトなどの固体触媒を用いるオキシムの気相ベックマン転位反応が実用化段階にある（1章参照）．

最近では，世界的に余剰傾向にあるブタジエンを出発とする方法が検討されている．まず青酸を付加してアジポニトリルとし，続く還元により得られたアミノカプロニトリルを加水分解・環化してラクタムを得る．ベックマン転位が含まれていないことが特徴である．

（5）ナイロン66原料 アジピン酸とヘキサメチレンジアミンとの縮合反応により，ナイロン66が製造される．

アジピン酸は，シクロヘキサノール，シクロヘキサノンの混合物を硝酸酸化することで得られる．

一方，ヘキサメチレンジアミンはアジポニトリルを水素化することにより合成される．

$$\text{NC-C}_4\text{H}_8\text{-CN} + 4\text{H}_2 \xrightarrow[\substack{100\sim130℃ \\ 600\sim650\text{気圧}}]{\text{Co-Cu 触媒}} \text{H}_2\text{N-C}_6\text{H}_{12}\text{-NH}_2$$

アジポニトリルは，ブタジエンからも合成できるが，アクリロニトリルの電解還元二量化（図 2.25 参照）でも行われる．副生物がほとんどない優れた方法であると同時に，数少ない電気化学的な有機工業生産法である．

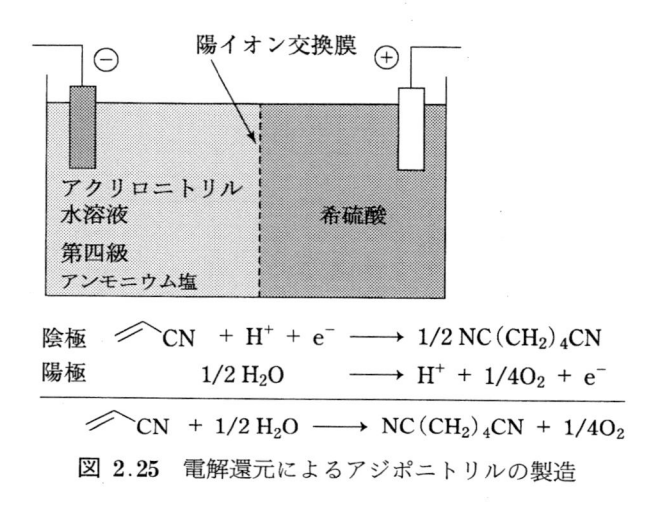

$$\text{陰極} \quad \diagup\!\!\!\text{CN} + \text{H}^+ + e^- \longrightarrow 1/2\,\text{NC(CH}_2)_4\text{CN}$$
$$\text{陽極} \quad 1/2\,\text{H}_2\text{O} \longrightarrow \text{H}^+ + 1/4\,\text{O}_2 + e^-$$
$$\diagup\!\!\!\text{CN} + 1/2\,\text{H}_2\text{O} \longrightarrow \text{NC(CH}_2)_4\text{CN} + 1/4\,\text{O}_2$$

図 2.25 電解還元によるアジポニトリルの製造

（6）アニリンとその誘導体 アニリンは，ジイソシアナートやシクロヘキシルアミンなどの汎用化学原料としてのみならず，染料・顔料中間体，また，それ自身がゴムの加硫防止剤や酸化防止剤として多量に消費されている．

製造は，ニトロベンゼンの還元とフェノールのアンモノリシスによる方法が代表的である．それぞれ，銅やニッケルを触媒とした液相あるいは気相での接触的水素化法，および金属を担持させたゼオライトを触媒としたフェノールと大過剰のアンモニアとの反応である．

$$\text{C}_6\text{H}_5\text{NO}_2 + 3\text{H}_2 \xrightarrow[\substack{300\sim450℃ \\ 1\sim5\text{気圧}}]{\text{Cu, Ni}} \text{C}_6\text{H}_5\text{NH}_2 \xleftarrow[425℃]{\text{ゼオライト触媒}} \text{NH}_3 + \text{C}_6\text{H}_5\text{OH}$$

ジイソシアナートは，ジオールとの付加重合によりウレタンフォーム，合成皮革，エンジニアリングプラスチックなど多種類の製品を生み出す．MDI（4,4'-ジフェニルメタンジイソシアナート）とTDI（トルエンジイソシアナート）が代表である．ともに，当該原料のアミノ基をホスゲンによりカルボニル化させることにより製造されるが，ホスゲンの猛毒性が問題である．

$$H_2N-C_6H_4-CH_2-C_6H_4-NH_2 \xrightarrow{2COCl_2} O=C=N-C_6H_4-CH_2-C_6H_4-N=C=O \quad (MDI)$$

$$\text{2,4-ジニトロトルエン} \xrightarrow[\text{触媒}]{6H_2} \text{2,4-ジアミノトルエン} \xrightarrow{2COCl_2} \text{TDI}$$

（7）テレフタル酸　エチレングリコールとの重縮合によりポリエステルに誘導される最重要な化学製品である．テレフタル酸は，酢酸を溶媒に，コバルト，マンガン，臭素を触媒に用いて，パラキシレンを空気酸化することにより製造されるが，非常に高い純度のものが求められる（高純度テレフタル酸（PTA））．

テレフタル酸の製造
パラキシレンからテレフタル酸を合成する際に，いったんジメチルテレフタレートを製造し，その後，加水分解により高純度テレフタル酸を製造する方法もある．

$$p\text{-キシレン} \xrightarrow[180〜230℃]{O_2,\ Co\text{-}Mn\text{-}Br_2} \text{テレフタル酸}$$

$$\text{テレフタル酸} + HO\text{-}CH_2CH_2\text{-}OH \rightarrow \left(-O-\overset{O}{\underset{\|}{C}}-C_6H_4-\overset{O}{\underset{\|}{C}}-O-CH_2CH_2-\right)_n \quad \text{ポリエステル}$$

（8）無水フタル酸　無水フタル酸は，塩化ビニル樹脂の可塑剤，ポリエステル，染料などの原料として，多量に用いられている．バナジウム系触媒を用いて，o-キシレンもしくはナフタレンを気相酸化するこ

とにより製造される．触媒が共通であることから，混合原料を用いることも工夫されている．

$$\text{o-キシレン} + 3O_2 \xrightarrow[-3H_2O]{V_2O_5\text{-}TiO_2\text{触媒}, 340〜370℃, 1.8気圧} \text{無水フタル酸}$$

$$\text{ナフタレン} + 4.5O_2 \xrightarrow[-2CO_2, -2H_2O]{V_2O_5\text{-}TiO_2\text{触媒}} \text{無水フタル酸}$$

2.8 C_1 化学

わが国の石油資源は中東に大きく依存している．1979年の第一次オイルショックで原油価格が急騰したのを契機に，エチレンなどのオレフィン以外の原料による有機化学工業の確立が大きな開発課題となった．

候補となる炭素資源は，天然ガス（メタン）・石炭からの一酸化炭素・二酸化炭素である．いずれも炭素数が1の資源であることから，これらを原料とする合成化学を C_1 化学（C_1-Chemistry）と称する．この名称は日本発であり世界的に使われている．

図 2.26 に示すように，天然ガスや石炭を分解して"合成ガス"にすることにより，石油に依存しない工業体系を組むことが可能である．現在，工業化されているのは，合成ガスを液体原料であるメタノールに変換して出発原料とするものである．

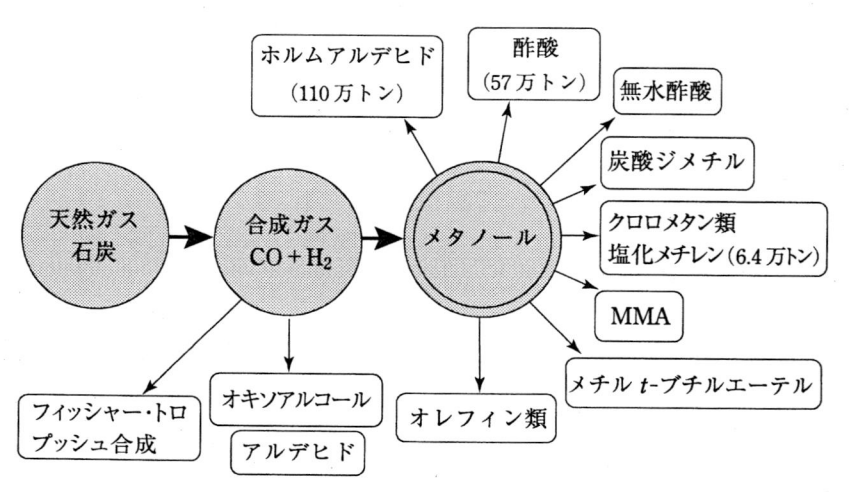

図 2.26 合成ガスからの化学品合成（括弧内は 2002 年度の生産量）

2.8 C_1 化学

（1）メタノール　合成ガスからのメタノール製造は2工程よりなっている．まず，天然ガスをニッケル触媒により水蒸気改質し合成ガスを製造する．次に銅-亜鉛系酸化物触媒を用い，270℃，50〜100気圧でメタノールに変換する．水性ガスシフト反応により生成した二酸化炭素が水素化される機構が提唱されている．

低温反応触媒
合成ガスからメタノールへの変換時の発熱除去が困難なため，転化率の低い条件で反応させる必要がある．この問題を解決するために，低温での反応が可能な触媒の開発が進んでいる．

$$CH_4 + H_2O \xrightarrow{\text{Ni 触媒}} CO + 3H_2$$

$$CO + 2H_2 \xrightarrow{\text{CuZn 触媒}} CH_3OH$$

［推定機構］
$$\begin{bmatrix} CO + H_2O \longrightarrow H_2 + CO_2 \\ \text{(水性ガスシフト反応)} \\ CO_2 + 3H_2 \longrightarrow CH_3OH + H_2O \end{bmatrix}$$

メタノールは官能基をもっているため，メタンよりも化学変換が容易である．以下にその例を示す．

（2）ホルムアルデヒド　ホルムアルデヒドは，フェノール樹脂やユリア樹脂およびポリアセタール樹脂の原料としてエレクトロニクスやエンジニアリングプラスチックに不可欠な化合物である．

メタノールの脱水素により容易に生成できるが，ホルムアルデヒドは非常に反応性の高い化合物であるため，さらなる副反応の制御が必要となる．銀触媒を用いて常圧で反応させる．酸素は副生する水素と反応することによりホルムアルデヒドの水素化反応を抑えている．

$$CH_3OH + 1/2\,O_2 \xrightarrow[600\sim650\,°C]{\text{Ag 触媒}} HCHO + H_2O$$

（3）酢　酸　酢酸は溶剤，染色・感光助剤，食品添加物などに利用されるが，その誘導体の用途はさらに幅広く，酢酸ビニル，酢酸セルロース，酢酸エステルなどがある．酢酸はエチレンから合成したアセトアルデヒドをMn，Coなどを触媒として，酸化することで得られる．

しかし，もっとも一般的な製造法は，メタノールと一酸化炭素を原料とするいわゆるメタノール法であり，C_1化学の代表的プロセスである．当初は，コバルト触媒を用いていたが，高圧条件や，低い選択率に問題があった．1970年にアメリカのMonsanto社が開発したロジウム触媒によりこれらの欠点が克服され，急速に広がった（モンサント（Monsanto）法）．

触媒サイクルを図2.27に示す．活性種 $[Rh(CO)_2I_2]^-$ に，ヨウ化メチルが酸化的付加する段階が反応律速であると考えられており，速度は原料であるメタノールと一酸化炭素濃度に依存しない．酢酸とともに

$$\boxed{CH_3OH + CO \xrightarrow[CH_3I]{Rh触媒} CH_3COOH\ 酢酸}$$

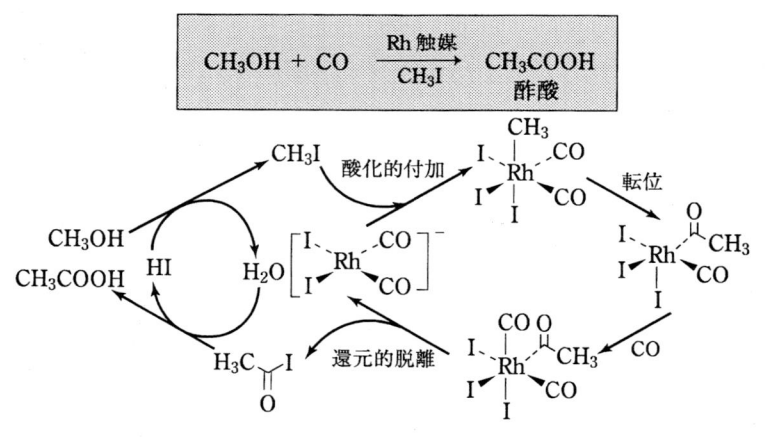

図 2.27 モンサント法による酢酸合成

副生した HI は，ふたたびメタノールと反応してヨウ化メチルを与える．ヨウ化メチルは消費されず，助触媒として働く．

（4）無水酢酸 無水酢酸はアセチル化剤であり，酢酸セルロース，アセチルサリチル酸やアセトアニリドなどの中間体製造に用いられる．従来はアセトアルデヒドあるいはケテンから合成されていたが，最近では酢酸メチルをカルボニル化することによっても製造されている．メタノールのカルボニル化と同様に，触媒にはロジウム触媒を用いて，低圧下で行われており，選択率も90％以上と非常に高い．

酢酸メチルのカルボニル化
本方法では，原料の元をたどればメタノールのカルボニル化によって得られる酢酸であり，原油に由来しない C_1 資源を有効に利用している．

$$\boxed{CH_3COOCH_3 + CO \xrightarrow[175℃,\ 25気圧]{Rh触媒} (CH_3CO)_2O}$$

（5）炭酸ジメチル 炭酸ジメチルは，硫酸ジメチル，塩化メチルなどのメチル化剤の代替や，毒性の高いホスゲン（$COCl_2$）に代わるカルボニル化剤として用いられる．反応性は若干劣るが，環境問題や安全性から，その価値が見直されている．

次の2種の製造法が実用化されている．一つは，メタノールの酸化的カルボニル化である．

$$\boxed{2\,CH_3OH + CO + 1/2\,O_2 \xrightarrow[\substack{120～150℃ \\ 2～3気圧}]{CuCl触媒} (CH_3O)_2CO + H_2O\ 炭酸ジメチル}$$

他法は，亜硝酸メチルを使うメタノールの酸化的カルボニル化反応の改良法であり，二つの反応を分けて行うことが特徴的である．

[反応器1] $CO + 2CH_3ONO \xrightarrow[50\sim150°C]{Pd触媒} (CH_3O)_2CO + 2NO$

[反応器2] $2NO + 2CH_3OH + 1/2 O_2 \longrightarrow 2CH_3ONO + H_2O$

反応器1では水の副生がないため，COとの反応によるCO$_2$副生がなく，COが有効に活用される．また，酸素導入がないため，高い安全性が確保できる．この方法は不純物・廃ガス・廃液量が非常に少なく，環境に負荷を与えない方法である．

(6) クロロメタン類 塩化メチル（CH$_3$Cl），塩化メチレン（CH$_2$Cl$_2$），クロロホルム（CHCl$_3$），四塩化炭素（CCl$_4$）を総称してクロロメタン類という．毒性があるため，取り扱いに注意が必要であるが，塩化メチルを除いて溶解性が優れており，不燃性の溶媒として広い用途をもっている．塩化メチルは，メチル化剤やシリコーン [Si(CH$_3$)$_2$O]$_n$ を原料として用いられる．

メタンと塩素を 400〜450°C に加熱，あるいは光照射下での加熱によりラジカル反応させる．4種の塩素化物の混合物がえられる．これはメタンよりも生成物の方が速く塩素化されるためである．

$CH_4 \xrightarrow[熱あるいは光]{Cl_2} CH_3Cl + CH_2Cl_2 + CHCl_3 + CCl_4$
　　　　　　　　　塩化メチル　塩化メチレン　クロロホルム　四塩化炭素

メタノールと塩酸から，アルミナ触媒を用いて，気相反応により塩化メチルが選択的に生成する．塩化メチルは，続いてメタン法と同様に塩素化することで，高次のクロロメタン類の合成原料にもなる．

(7) メタノールからの低級オレフィンの合成 上述のように，石油資源を必要としない合成ガスからのメタノール製造はすでに工業化されている．メタノールからエチレンなどの低級オレフィンが製造できれば，現在の石油化学装置や技術を生かして，脱石油工業への転換が可能となる．このプロセスの鍵はメタノールを選択的に転化する触媒の開発である．中孔径ゼオライト改良型触媒を用いると高転化率で低級オレフィン類の合成が可能であるとの研究報告がある．まだ実用化触媒の開発には至っていないが，近い将来に夢のプロセス実現が期待される．

3　高分子工業化学

本章では高分子化学工業について，その発展の歴史とプラスチック，合成繊維，ゴムなど汎用性の合成高分子，高性能高分子および高機能性高分子について学ぶ．

3.1　高分子製品の開発

a．高分子製品の歴史

　高分子は生体を構成する主要なものであり，日常生活で身のまわりの材料としても多くの高分子化合物が使われている．われわれの祖先は，それが高分子化合物であるとの認識をせずに，天然の高分子を利用する術を知っていた．紀元前のインド文明の遺跡からの綿布，中国における絹織物などがその例である．合成高分子であるプラスチックなどが誕生するまでは，獣皮，生ゴム，綿，象牙，木などの生体高分子に手を加えた靴，ゴム，衣料，紙などを使用していた．

　18世紀中頃にイギリスで産業革命が起こり，綿布や紙などを用いて製品を大量につくることが必要となった．しかし，天候・病害，投機・戦争などに左右されて原料の供給は一定しなかった．ここで化学とそれを利用する技術が登場してきたのである．高分子合成の研究に先駆けて，今から約100年前には合成染料の研究が盛んに行なわれた．合成染料の研究において，しばしば試験管の中にネバネバしたものが樹脂状物になっていた．この厄介物がロジンのような天然の樹脂と外見上似ていたことから"樹脂状物（レジン）"とよばれたが，当時はその本質を理解していた訳ではなかった．これらの樹脂状物として，現在汎用高分子として使われているポリスチレンやポリ塩化ビニルも見いだされている．

　1839年 C. Goodyear は天然ゴムに硫黄と鉛白を混ぜたものを台所のストーブのそばに吊るしていたところ，弾性体が得られることを発見したとされる．硫黄をゴムに対して10％混ぜたものを長時間熱すると黒く硬い塊となった．削り磨くと美しい艶を示し，木材の黒檀（ebony）になぞらえエボナイトと名づけられた．

　天然の高分子である象牙は，櫛，ピアノの鍵盤，ボタン，刃物の握り

ロジン
松の木からとれる松脂がロジンである．ロジンは樹脂酸（ロジン酸）といわれるモノカルボン酸系のジテルペン酸である．

ポリスチレン
$\mathrm{+CH_2-CH+}_n$
（フェニル基）

ポリ塩化ビニル
$\mathrm{+CH_2-CH+}_n$
　　　$|$
　　　Cl

やビリヤードの球に使われていた．そのため，19世紀には象牙を採るために1年に1万頭の象が殺されたとされる．そこで，これに代わるものとして，1846年にC. F. Schönbeinは硝酸セルロースを見いだし，J. W. Hyattはこの硝酸セルロースを用いてビリヤードの球をつくった．しかし，この球はよく燃えることから，その欠点を克服するために実験を続け，1869年に硝酸セルロースに樟脳を混ぜ圧力を加えて加熱することで燃えにくいセルロイドを開発した．セルロイドはその特徴を生かし家庭用品としても製造販売された．一方，1883年にJ.W. Swanがセルロースと酢酸の反応から人造絹糸を見いだし，1892年に工業化が行われた．ちょうど天然繊維が足りなくなったころと重なり人びとに歓迎された．

　純粋な合成高分子の最初のものは，L.H. Bakelandにより1909年に工業生産されたフェノールとホルムアルデヒドの反応から得られる熱硬化性樹脂のベークライトであろう（図3.1）．これは軽くて丈夫で成形でき，電気も通さないことから電気製品に使われた．木工品の塗装天然シェラック（ラック貝殻の分泌物から抽出）の代替としても使用された．

樟　脳
クスノキから抽出される芳香成分で，防虫剤としても使われる．セルロイドに用いたときには可塑剤となる．モノテルペンケトンの一種でカンファともよばれる．

L. H. Bakeland

熱硬化性樹脂
熱により分子間の架橋反応が起こることで固まり，不溶で不融となる高分子．

図 3.1　ベークライトの合成

　このように，象牙の代替品を目標にスタートした合成樹脂の研究から，それまで考えられなかった新素材がつくられていった．天然品の不足を補う目的から一連の合成高分子が誕生した．それらには，三大合成繊維とよばれるナイロン，ポリエステル，アクリル系繊維，さらに，ブタジエンゴムなどの合成ゴム，軽量で透明性に優れ航空機の窓に使われるアクリル板，床材やパイプ用のポリ塩化ビニルなどがある．

　これらの合成高分子が産業用として流通し始めた時代は石炭を出発原料として利用していた．やがて，石油への変換に伴い，大量生産が可能となり品質も安定し安価となった合成高分子は様々な材料の代替としても使用されてきた．

　これらの高分子が供給される体制の下で，高分子の高性能化が志向され，"エンジニアリングプラスチック"が生まれた．また，炭素繊維やアラミド繊維などとの複合材料なども生まれてきた．これらは軽量で

エンジニアリングプラスチック
エンジニアリングプラスチックとは金属に代わり得るあるいは産業用途にも使われるプラスチックという意味で，約40年前DuPont社がポリアセタール樹脂を発表したときに初めて使われた．

高強度・高弾性を示すことから金属材料の代替を担った．エンジニアリングプラスチックの歴史は耐熱性ポリマーの開発の歴史ともいえる．エンジニアリングプラスチックは自動車，電気・電子などの産業における技術革新の推進役として重要な役割をはたしている．

このように，高分子産業は20世紀の科学に根差した新しい産業の中で大きな経済的重要性をもつに至った．現在，高分子は合成繊維，合成ゴム，プラスチック，塗料，接着など身のまわりで利用され，人びとの生活を豊かにしている．さらに，優れた性能・機能をもつ高分子が合成され，先端材料の分野でも利用されている．

b．高分子製品の開発例

高分子化学の基礎は，1920年代から1930年代にかけてドイツのH. Staudingerにより確立された．この高分子説の確立の歴史とは別に，工業的に重要な意味をもつ多くの高分子の実際的な発明・発見の物語は，突然に訪れた幸運と，それをすかさず捉えた研究者の成果である．ここでは代表的な高分子製品であるナイロン，ポリエステルおよびポリエチレンについて述べよう．

（1）ナイロン ポリアミドであるナイロンは米国DuPont社のW. H. Carothersらによって発明され，合成繊維として工業的に生産されたものである．高分子の開拓史でナイロンだけは模倣や偶然によらず，発見者が当初の目標に苦しみながら到達したものである．彼は優美な天然高分子である絹をモデルとして考えた．"低分子化合物を縮合反応により順次連結していけば，高分子が形成される"という方法論で化学繊維の開発を目指した．ポリエステルの合成を手掛けているうちに，ジオールであるエチレングリコールと二塩基酸であるセバチン酸から生成するポリエステルの溶融物から糸を引き出せることを見いだした．

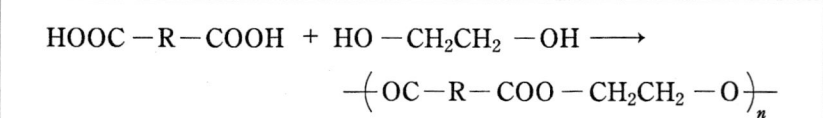

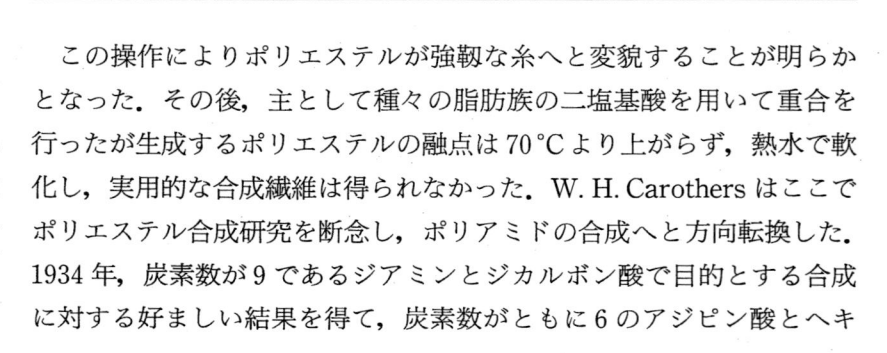

H. Staudinger

W. H. Carothers

セバチン酸
HOOC−(CH$_2$)$_8$−COOH

$$\text{HOOC}-\text{R}-\text{COOH} + \text{HO}-\text{CH}_2\text{CH}_2-\text{OH} \longrightarrow$$
$$-(\text{OC}-\text{R}-\text{COO}-\text{CH}_2\text{CH}_2-\text{O})_n-$$

絹をまねたナイロン
Carothersが人工的な絹をつくろうとしたのには理由があった．当時，米国はわが国から大量に生糸を輸入していたが，国際情勢の悪化で途絶えがちとなり，ストッキングの材料として応じられなくなったからである．

この操作によりポリエステルが強靭な糸へと変貌することが明らかとなった．その後，主として種々の脂肪族の二塩基酸を用いて重合を行ったが生成するポリエステルの融点は70℃より上がらず，熱水で軟化し，実用的な合成繊維は得られなかった．W. H. Carothersはここでポリエステル合成研究を断念し，ポリアミドの合成へと方向転換した．1934年，炭素数が9であるジアミンとジカルボン酸で目的とする合成に対する好ましい結果を得て，炭素数がともに6のアジピン酸とヘキ

サメチレンジアミンへの重縮合物である化学合成繊維ナイロン 66 へと到達した．このナイロン 66 は 1935 年に特許出願された．1938 年に DuPont 社は"石炭と空気と水からつくられた，蜘蛛の糸よりも細く，鋼鉄よりも強い繊維"であると発表した．W. H. Carothers は 1937 年に死亡しており，そのことを知る由もなかった．ナイロン繊維はまずストッキングとして売り出され，その性能に世界が驚愕した．発表時の"石炭と空気と水からつくられた繊維"という謳い文句も図 3.2 のプロセスで合成されたとすると，その言葉のとおりとなる．

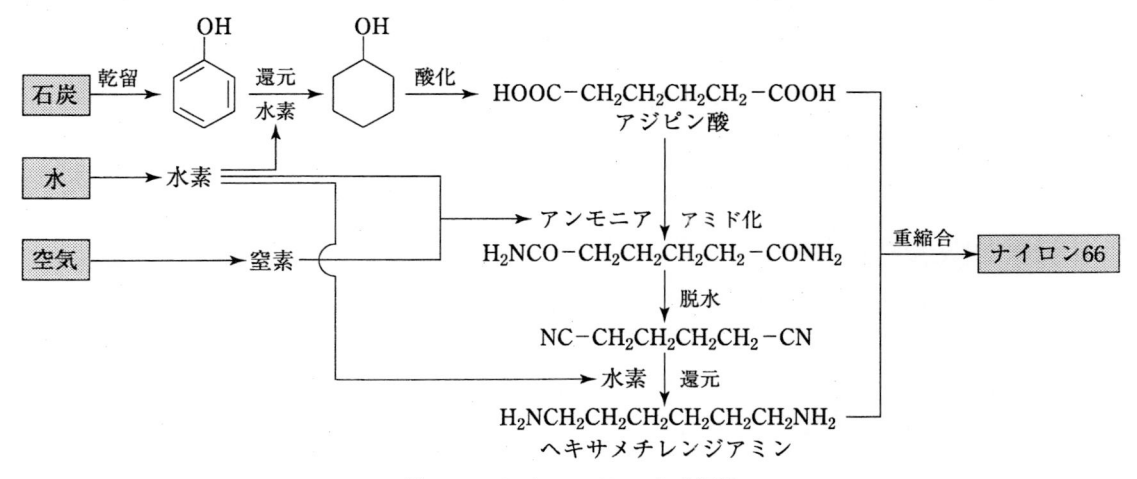

図 3.2　ナイロン 66 の合成経路

W. H. Carothers らは 1935 年に種々の官能基と環員数を有する環状モノマーを合成し，その開環重合を研究している．アミノ酸が自己縮合した ε-カプロラクタムは化学的に安定な化合物で，開環は難しいため高分子化は無理であると結論づけていた．しかし，ドイツ IG 社の P. Schlack は 1938 年にアミノ酸の脱水反応から得られた ε-カプロラクタムを開環重合させたところ，残存する水で開環し，脱水縮合という反応を繰り返すことでナイロン 6 を与えることを見いだした．

ナイロン 6 は繊維としての使用が発表されて以来，強靱性・耐摩耗性・耐油性などの特徴を生かして自動車部品をはじめとして機械部品など多くの分野で使用されている．

（2）ポリエステル　今やもっとも重要な繊維としての地位を占め

ているポリエステルの合成も19世紀に始まるが，本格的研究は1920年代にW. H. Carothersにより行われた．彼は（1）でも述べたように脂肪族のポリエステルの合成を研究対象としていた．現在では脂肪族のポリエステルは生分解性ポリマー（3.5節d(2)参照）として研究が盛んに行われているが，当時としては融点が低く関心を集めなかった．

ポリエステル繊維の代表であるポリエチレンテレフタレート（poly(ethylene terephtalate)；PET）はイギリスのCalico Printers社のJ. R. WinfieldとJ.T. Dicksonにより見いだされた．1941年，彼らは脂肪族と芳香族のポリエステルがどのように違うか見当はつかなかったが，パラ体の芳香族二塩基酸であるテレフタル酸を用いて重合に挑んだ．

W.H. Carothersらもオルト体のフタル酸による重合研究は行っていたが，パラ体ではなかった（図3.3）．パラ体のテレフタル酸を用いてつくられたPETは加水分解にも強く，高融点であった．まさに脂肪族ポリエステルの欠点を克服したものであった．彼らは小さな反応器では成功したが，工業的製造法の確立は小企業の手には負えず英国ICI社が引継ぎ工業化した．PETはしわになりにくいポリエステル繊維として発展し，その後フィルム用のものも工業化された．PETは結晶化速度が遅いため，最初は成形材料としては向いていなかった．しかし，図3.4に示したブロー成形技術の進歩により飲料容器のPETボトルとしても用いられるようになった．

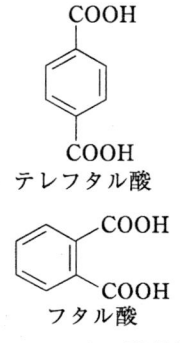

図 3.3 フタル酸異性体

バリソン
溶融状態の同筒状のものを意味する．

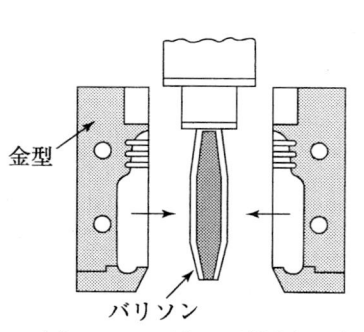

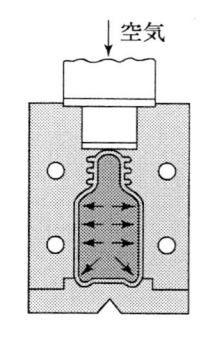

(a) チューブ状に原料を押し出す　(b) 型を閉じて空気を吹き込む

図 3.4 ブロー成形法

（3）ポリエチレン　1934年英国ICI社のR.O. Gibson, N.M. PerrinとJ.C. Swallowは2400気圧の高圧装置でエチレンとベンズアルデヒドとを反応させた後に容器が"白色ワックス状固体"で覆われていることを見いだした．その生成物を分析した結果，ポリエチレン（PE）であることがわかった．そこで，同様な実験を重ねたが目的物は得られなかった．ところが，2年後に改良した実験装置の継ぎ目の一つからエチ

レンの漏れが発見された．エチレンを追加して反応を継続したところ 8 g の白色粉末が得られた．つまり，この補充されたエチレン中に微量の酸素が含まれていたことでラジカル重合が開始されポリマーを得る幸運へとつながった．高圧法による低密度ポリエチレンの誕生である．この PE は優れた高周波特性を示す．この特性は第二次世界大戦におけるレーダー性能の差に現れ，連合国の勝利にも貢献したとさえいわれている．

一方，1953 年，ドイツの K. Ziegler は，トリエチルアルミニウムを用いて 100 気圧 100 ℃ 程度でエチレンの重合研究を行っていた．ある日の実験で，得られるはずのエチレンの重合体がまったく得られなかった．生成物はブテンであった．この原因を調べたところ，一人の研究員が実験に用いたオートクレーブを硝酸で洗浄していたことにたどりついた．つまり，硝酸で洗浄したことで金属製のオートクレーブから微量のニッケルが溶け出し，それによりエチレンの重合は進行せずブテンのみが生成してくることが明らかとなった．そこで，ニッケル以外の遷移金属化合物を触媒に用いて系統的な検討を行い，四塩化ジルコニムとトリエチルアルミニウムにエチレンを常圧・常温で吹き込むとエチレンの重合が起こることを突き止めた．その後，四塩化チタニウムとトリエチルアルミニウムを組み合わせた系がエチレンの重合によい触媒であることが見出された．ここに低圧法による高密度ポリエチレンが誕生したのである．

このようにして見いだされたチーグラー触媒はイタリアの G. Natta により触媒の四塩化チタニウムを三塩化チタニウムに還元したものを用いてプロピレンを重合することで，高分子量の結晶性高分子であるポリプロピレンを合成することに成功した．結晶化をするのは，生成したポリプロピレンがイソタクチック構造よりなる立体規則性を有するためであることが明らかにされた．この不飽和炭化水素から有機巨大分子をつくる方法を発見した貢献により，K. Ziegler は G. Natta とともに 1963 年ノーベル化学賞を受賞した．

K. Ziegler

G. Natta

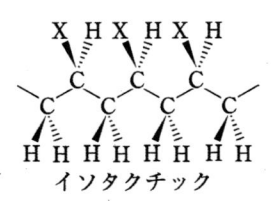

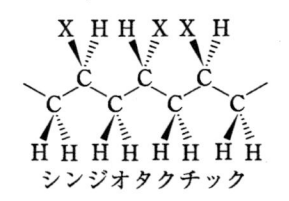

図 3.5 高分子の立体規則性

イソタクチック　シンジオタクチック　アタクチック

立体規則性
ビニルモノマーの重合において付加方向の選択から 2 種類の立体異性が生じる．この立体異性を示す部分の高分子鎖中での一定の配列の仕方あるいは秩序を立体規則性という．図 3.5 に示すようにイソタクチック，シンジオタクチック，アタクチックに分類される．

3.2 高分子の合成

a. 高分子の分類

高分子（ポリマー）とは，繰り返し構造単位となる低分子化合物であるモノマー（単量体）が主として多数の共有結合で連なっている，分子量が1万以上のものの総称である．モノマーから次々と共有結合で結ばれていくことで高分子が生成する過程を重合とよんでいる．低分子化合物がモノマーとなるには分子内に二つ以上の反応性の官能基を有することが必要である．その数が2のときには直鎖状のポリマーが生成する．重合反応は，その重合反応形式から，ビニル化合物の二重結合の開裂により重合が進行する付加重合（ビニル重合ともいう），環状化合物が開環することで高分子化が進む開環重合，ナイロンの合成でみら

macromolecule と polymer
Staudinger は macromolecule という言葉を用いた．macromolecule は，天然高分子のタンパク質などを含む言葉．これに対し polymer は，モノマーが共有結合して高分子化した構造の合成高分子をいう．

表 3.1 重合反応形式，重合様式と工業化されている主要なポリマー

重合反応形式		重合様式	工業化されている主要なポリマー
逐次反応	重縮合	溶融重縮合	ナイロン66，ポリエステル，ポリカーボネート（エステル交換法）
		溶液重縮合（低温）	芳香族ポリアミド，芳香族ポリイミド，ポリスルホン，ポリフェニレンオキシド
		界面重縮合	ポリカーボネート（ホスゲン法），ナイロン610
	重付加	塊状重付加	ポリウレタン（熱可塑性，フォーム，エラストマー），エポキシ樹脂（高分子量）
		溶液重付加	ポリウレタン（熱可塑性，弾性繊維）
	付加縮合	加熱重合	フェノール樹脂，ユリア樹脂，メラミン樹脂，キシレン樹脂
連鎖反応	付加重合	塊状重合	低密度ポリエチレン，ポリプロピレン，ポリスチレン，メタクリル樹脂，ABS樹脂，AS樹脂，ポリ塩化ビニル，エチレン-プロピレンゴム
		気相重合	直鎖状低密度ポリエチレン，高密度ポリエチレン，ポリプロピレン
		懸濁重合	ポリ塩化ビニル，ポリスチレン，メタクリル樹脂，AS樹脂，フッ素樹脂
		乳化重合	スチレン-ブタジエンゴム（SBR），アクリロニトリル-ブタジエンゴム（NBR），クロロプレンゴム，ABS樹脂，フッ素樹脂
		溶液重合	高密度ポリエチレン，直鎖状低密度ポリエチレン，ポリプロピレン，ポリアクリロニトリル，ポリ酢酸ビニル，ポリブタジエンゴム，ポリイソプレンゴム，エチレン-プロピレンゴム，ブチルゴム，スチレン-ブタジエンゴム（SBR）
	開環重合	溶融重合（重縮合）	ナイロン6
		塊状重合	ポリアセタール（コポリマー），シリコーン
		溶液重合	ポリアセタール（ホモポリマー），エピクロルヒドリンゴム，ポリエーテル，ポリシクロペンテン，ポリノルボルネン，シリコン樹脂

れたような重縮合および重付加や付加縮合などに分類できる．また，どのような形態で重合させるかという様式から，塊状重合・懸濁重合・乳化重合・溶液重合などに分類できる(c項参照)．このような重合形式と重合様式を工業的に生産されている主要ポリマーとともに表3.1に示す．

b．高分子の合成法

付加重合と開環重合は有機化学における連鎖反応に，重縮合や重付加などは逐次反応に基づく．一般に，連鎖反応による重合は開始・成長・移動および停止の四つの素反応よりなり，重合収率および重合度はこの四つの素反応速度の相対的な大きさにより決定される．一方，逐次反応による重合は官能基間の反応が繰り返し起こることにより進行するので，重合度は反応率と関係する．

（1）付加重合 炭素-炭素二重結合を有する一連のオレフィンは，適当な開始剤により連鎖的に付加反応を起こし，高分子を形成する．このときの連鎖てい伝体によりラジカル重合，カチオン重合およびアニオン重合に分類される．

（i）ラジカル重合：ラジカル重合は工業的に多く用いられている重合反応であり，エチレン誘導体で$CH_2=CHX$で表されるビニルモノマーはこのラジカル重合により高分子となる．重合開始剤として2,2′-アゾビスイソブチロニトリルなどのアゾ化合物や過酸化ベンゾイルなどの過酸化物が用いられる．

連鎖てい伝体
付加重合などの連鎖反応において反応をつないでいく役割をもつ不安定中間体を連鎖てい伝体という．連鎖成長反応において連鎖てい伝体は反応物質と反応後も再生され反応の連鎖を形成する．

アゾビスイソブチロニトリル（AIBN）

$$\begin{array}{c} H_3C \\ H_3C \end{array}\!\!\!>\!\!C\!-\!N\!=\!N\!-\!C\!<\!\!\!\begin{array}{c} CH_3 \\ CH_3 \end{array}$$
     CN   CN

過酸化ベンゾイル（BPO）

$C_6H_5\text{-}C(=O)\text{-}O\text{-}O\text{-}C(=O)\text{-}C_6H_5$

$$CH_2=CH \atop |\; X \xrightarrow[X;\,C_6H_5,\,Cl,\,COOCH_3\,\text{など}]{\text{ラジカル開始剤(I-I)}} I-CH_2-CH\!\cdot \atop |\;X \xrightarrow{CH_2=CH \atop |\;X} -\!\!\left(CH_2-CH \atop |\;X\right)_{\!n}$$

（ii）カチオン重合：電子供与性基をもつビニルモノマーはカチオン重合を起こしやすく，カルボカチオンを活性種とする連鎖反応により

$$CH_2=CH \atop |\;X \xrightarrow[X;\,C_6H_5,\,OR\,\text{など}]{H^+[AlCl_3(OH)]^-} H-CH_2-CH^+[AlCl_3(OH)]^- \atop |\;X \xrightarrow{CH_2=CH \atop |\;X} -\!\!\left(CH_2-CH \atop |\;X\right)_{\!n}$$

高分子を与える．カチオン重合はプロトン酸あるいは塩化アルミニウムなどのルイス酸とハロゲン化アルキルもしくは水を組み合わせた系が重合開始剤として使用される．

（iii）アニオン重合：メタクリル酸メチルなどの電子求引性の置換基をもつビニルモノマーはアニオン重合を起こしやすい．アニオン重合は BuLi や RMgX などの塩基を開始剤とし，カルボアニオンを活性種とする．このアニオン種は比較的安定で，連鎖移動反応が起こりにくいことから，高重合度のポリマーが生成する．さらに，モノマーが重合で完全に消費されても，末端アニオンが活性であるリビングポリマーを与える場合がある．このリビングポリマーに他のモノマーを添加することで重合が継続し，ブロック共重合体が生成する．

> **リビングポリマー**
> 付加重合において停止および移動反応が起こらない重合をリビング重合とよぶ．このとき生成する活性を失なっていない高分子をリビングポリマーとよぶ．

> **ブロック共重合体**
> 二種あるいはそれ以上のモノマーを含む高分子を共重合体という．このときモノマーAとモノマーBの並び方がAAA-BBBとなるものをブロック共重合体という．

$$CH_2=CH\text{−}X \xrightarrow[\text{X；}C_6H_5,\ COOCH_3\ \text{など}]{RLi} R\text{−}CH_2\text{−}CH^-Li^+\text{−}X \xrightarrow{CH_2=CH\text{−}X} \text{−}(CH_2\text{−}CH(X))_n\text{−}$$

（iv）配位重合：エチレンやプロピレンなどのオレフィンを $TiCl_3/Al(C_2H_5)_3$ を代表例とするチーグラー–ナッタ触媒により重合し，ポリオレフィンを与える．1-オレフィンの重合からは結晶性の立体規則性高分子が得られる．反応機構は次のような経路とされている．

> **チーグラー–ナッタ触媒**
> 原則的には四塩化チタニウムのような遷移金属化合物と各種のアルキルアルミニウムのような有機金属化合物の組合せよりなる複合触媒で，多くの場合は溶媒に不溶のものが主である．

（反応機構の模式図：Cl–Ti(R,Cl,Cl,Cl)–Al に □（空配位座）が示され，次段階でオレフィン $CH_2=CH(CH_3)$ が配位，続いて割込み（挿入）により Cl–Ti–C–C–R 鎖が伸長していく過程を示す）

つまり，$Al(C_2H_5)_3$ の添加で $TiCl_3$ の Cl と $Al(C_2H_5)_3$ のエチル基が置換され Al は $TiCl_3$ と上式に示すように一つの Cl がはずれた空の配位座を生じる．この部分にオレフィンが配位し，次いでオレフィンの割込み（挿入）が起こる．この反応が繰り返し起こることにより重合が進む．オレフィンの配位は常に一定の方向から起こり，その後挿入されていくため，立体規則性ポリマーが得られる．

（2）開環重合 環状化合物に酸や塩基などを作用させると環が開き，それが続々と環状化合物に付加して直鎖状高分子が生成する反応

である．環内の官能基として通常はヘテロ原子を含み，重合に関与する．反応は通常イオン機構で起こる．

$$(CH_2)_m X \longrightarrow -\!\!\!+\!\!(CH_2)_m\!-\!X\!\!\!+\!\!\!-_n$$

(X：NH, O, S など)

開環重合用モノマーの例

$$\underset{\text{エチレン}\atop\text{オキシド}}{CH_2\!-\!CH_2 \atop \diagdown O \diagup} \quad \underset{\text{エチレン}\atop\text{スルフィド}}{CH_2\!-\!CH_2 \atop \diagdown S \diagup}$$

$$\underset{\text{エチレン}\atop\text{イミン}}{CH_2\!-\!CH_2 \atop \diagdown N \diagup \atop H} \quad \underset{\text{プロピレン}\atop\text{オキシド}}{CH_2\!-\!\overset{CH_3}{\overset{|}{CH}} \atop \diagdown O \diagup}$$

$$\underset{\text{エピクロル}\atop\text{ヒドリン}}{CH_2\!-\!CH\!-\!CH_2Cl \atop \diagdown O \diagup}$$

（3）重縮合 重縮合は分子間の官能基間での縮合反応の繰り返しにより高分子が生成する反応である．ポリアミドやポリエステルはこの重縮合により合成される．重縮合では水のような小さな分子が脱離する．

［ポリアミド］
$$H_2N-R^1-NH_2 + HOOC-R^2-COOH \rightleftarrows$$
$$\sim\!\!\sim\!\!\sim HN-R^1-NH-OC-R^2-CO\sim\!\!\sim\!\!\sim$$

［ポリエステル］
$$HO-R^1-OH + HOOC-R^2-COOH \rightleftarrows$$
$$\sim\!\!\sim\!\!\sim O-R^1-O-OC-R^2-CO\sim\!\!\sim\!\!\sim$$

（4）重付加 イソシアナートへのアルコールの付加によりウレタン結合が生成する．ジイソシアナートとジオールの間で付加反応が繰り返し行われるとポリウレタンが生成する．

$$HO-R^1-OH + OCN-R^2-NCO \longrightarrow$$
$$\sim\!\!\sim\!\!\sim O-R^1-O-OCNH-R^2-NHCO\sim\!\!\sim\!\!\sim$$

カルボン酸や水が共存するとイソシアナートとの反応により二酸化炭素が発生して泡となることで発泡ポリウレタンができる．

c．付加重合の様式

ラジカル重合ではその重合様式の違いから，塊状重合・乳化重合・懸濁重合・溶液重合に分類される．一方，イオン重合は，ラジカル重合と異なり，水と反応し重合活性を失うことから，懸濁重合や乳化重合は行えず，塊状重合および溶液重合法が採用される．

（1）塊状重合 溶媒などを用いずモノマーだけをそのままあるいは開始剤を加え重合する方法である．この方法は，溶媒回収などを必要とせずポリマー製造に要するエネルギーも少なく重合プロセスの理想

であるが，局所加熱が起こるのを防ぐことなどが必要となる．モノマーが気体のときには塊状気相重合となる．

（2）懸濁重合　モノマーを水中で強くかき混ぜ分散（懸濁）させ，モノマーに可溶な開始剤を用いて重合する方法である．重合はモノマー油滴中で進行するので本質的に塊状重合と同じであるが，周囲の水により重合熱が除かれるので，反応の制御が容易となる．重合体が粒状で得られることから単離が容易である．

（3）乳化重合　水に難溶性のモノマーを乳化剤とともにかき混ぜ，生成するミセル中で重合させる方法である．生成重合体は乳濁液またはラテックスとして得られるので，そのまま塗料や接着剤として利用できる．

（4）溶液重合　モノマーを溶媒に溶かし，開始剤を加え重合させる方法である．重合速度や重合度は塊状重合と比べて小さくなる．溶媒の回収や固体重合体の単離が面倒である．

d．高分子の構造と物性

高分子を構成する繰り返し単位であるモノマーの連結方法により多種多様の高分子が合成される．付加重合で，この過程（高分子化）において決定される一次構造を図3.6に示す．すなわち，繰り返し単位の化学構造，ポリマーの分子量となる繰り返し単位の数，重合の開始時に導入される末端基や停止時に生成する停止末端，成長反応におけるモノマーの頭か尾のどちら側に付加するかによるポリマーの配列，モノマーが付加するときのメソあるいはラセモ付加から生じるポリマーの立体規則性，連鎖移動反応などから生じる分岐構造などがある．生成し

> **ミセル**
> 界面活性剤中にはスルホン酸基のような親水性部とアルキル基のような親油性部とがあり，ある濃度以上になると自発的に分子の集合体が形成される．これをミセルという．

> **一次構造**
> 化学結合によって決定される構造．

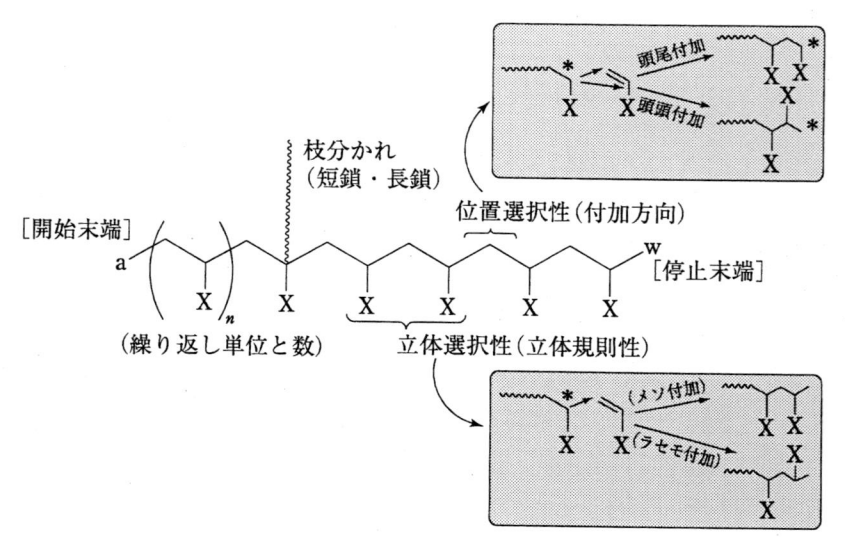

図3.6　付加重合ポリマーの構造

た高分子の一本の鎖は単結合の回転により種々の立体配座をとる二次構造が存在する．さらに，これらの高分子が集まって結晶構造のような多様な凝集構造（高次構造）をとる．高分子は一次構造により性質などが特徴づけられることより，その構造を制御することが重要となる．

高分子は同じモノマーから得られるものでも分子量および立体規則性の相違により性質が大きく異なる．分子量が高くなると軟化点も高くなり，溶融粘度も大きくなる．また，分子量の増加に伴い引張強度や弾性率などの力学的性質も向上する．

高分子には，図3.7に示すように，結晶性のものと非晶性のものがあるが，通常の高分子では，これらが混在した状態をとることが特徴である．この結晶部分が融解することによる融点が存在する．一方，非晶性の高分子は無定形であり，ガラス転移状態を示す．

凝集構造
高分子の凝集構造とは高分子が実際に存在する状態をさし，ゴム状態，ガラス状態，結晶などがある．

軟化点
高分子を加熱していくとき，実用上の変形が大きくなり外力に耐えられなくなる温度．

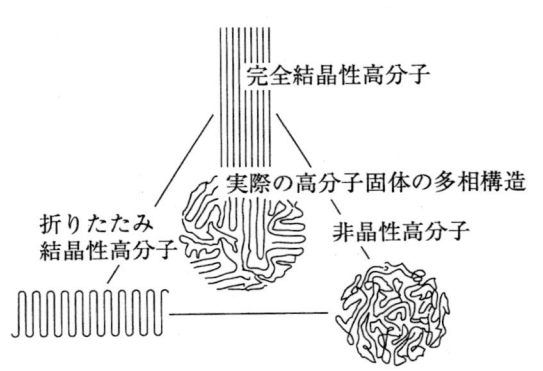

図 3.7 巨大分子の相構造
モデル：結晶と非晶

3.3 汎用高分子

　高分子物質はその用途からプラスチック，繊維，ゴムに分類できる．この分類は化学的性質よりも力学的挙動によっており，それぞれの特徴を生かした用途に使用されている．これらの中で多量に使用されているポリエチレン，ポリプロピレン，ポリスチレンおよびポリ塩化ビニルは四大汎用合成樹脂といわれる．また，ポリエステル繊維，ナイロン繊維およびアクリル繊維は三大合成繊維とよばれている．合成ゴムではスチレン・ブタジエンゴムおよびブタジエンゴムがその代表である．

a．プラスチック

　プラスチックは天然および合成樹脂を原料とした成形品を意味する．プラスチックは広範な用途をもち，容器包装材料などの日用品から電気および機械部品，建築材料をはじめ多くの分野で使用されている．全合成樹脂の生産構成を図3.8に示す．四大汎用合成樹脂の合計が全生

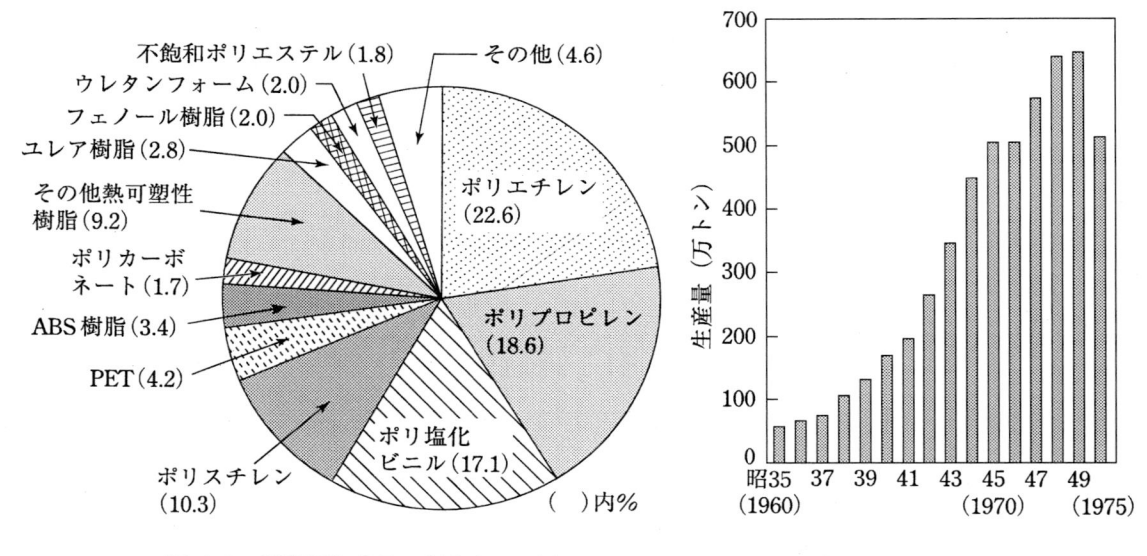

図 3.8　樹脂別生産量の割合(1999年)

図 3.9　わが国の合成樹脂の生産量

ポリエチレンの構造

HDPE
LDPE
LLDPE

低密度ポリエチレンと高密度ポリエチレン
低密度ポリエチレンは、分岐構造が多く結晶性が低いので、密度が低く、強度が小さく、比較的透明である。高密度ポリエチレンは、直鎖状で結晶性が高く、密度が高く、強度が大きく、不透明である。構造の差が結晶構造の差を生み、物性の差も生じた例である。

産量の約7割を占めている.

わが国における合成樹脂の1960年から1975年までの生産量の変化を図3.9に示す.1957年の合成樹脂の生産量は約25万トンであった.この時期は戦時中の技術の継続と復興の成果に支えられた石炭工業の時代である.その後,石油化学の隆盛に伴い1963年に100万トンを越え,1970年(昭和50年)の一次オイルショックまでは飛躍的な発展を遂げた.1976年には580万トンとなり,1997年には約1500万トンに達した.ここでは代表的な合成樹脂であるポリエチレン,ポリプロピレン,ポリスチレン,ポリ塩化ビニルおよびアクリル樹脂について説明する.

（1）ポリエチレン　ポリエチレンの工業的な生産が開始されたときのチタニウム触媒1 mmolあたりポリエチレンの生産量は30～150 gであったが,現在では触媒1 mmolあたり30～50 kgと増大した.この結果,脱灰工程がいらなくなり,気相塊状重合プロセスが出現した.

エチレンの重合方法により生成するポリエチレンの構造は異なる.高圧重合法は,酸素あるいは過酸化物を開始剤とするラジカル機構で進行し1 000～1 400気圧,100～300 ℃で重合するものである.この重合においては,成長ラジカルが高分子鎖から水素を引き抜き,そこから重合が再び開始することで分岐構造が生じる.生成重合体は炭素数1 000個につき20～30個の分岐をもち,結晶化度が約65 ％の低密度(密度0.92～0.93)のもので,低密度ポリエチレン (low density polyethylene；LDPE) とよばれている.引張強度が小さく,伸びが大きいためフィルムや電線の被覆などに用いられる.

チーグラー–ナッタ触媒から得られるポリエチレンは，ほとんど枝分かれのない直鎖状の重合体である．このものは結晶化度とともに密度も高い（密度：0.94〜0.95）ので高密度ポリエチレン（high density polyethylene；HDPE）とよばれる．硬くて軟化点も高いことから，バケツ・各種容器などの成形品として用いられる．

さらに，エチレンと1-オレフィンの共重合により直鎖状でありながら低密度のポリエチレンである直鎖状低密度ポリエチレン（linear low density polyethylene；LLDPE）が合成される．引裂き強度がLDPEより強く包装材料などに使用される．

（2）**ポリプロピレン**　プロピレンからはラジカル重合でもカチオン重合でも高分子量のポリマーは合成できていなかったが，チーグラー–ナッタ触媒で初めて高い結晶性をもつ高分子量の立体規則性のイソタクチックポリプロピレンが得られた．その後，多くの1-オレフィンからも立体規則性ポリマーが合成され，高分子の立体化学も体系化された．

プロピレンの重合における触媒の活性向上による無脱灰プロセスの開発，ならびに抽出工程を省略できる立体規則性の改良が行われてきた．高活性な担持型重合触媒の開発と安息香酸エチルなどのドナーの添加により，高度にイソタクチックなポリプロピレンが無脱灰の気相重合法により工業的に生産されている．

一方，図3.10に示すようなメタロセン触媒（助触媒としてMAOを使用）の登場により，エチレンの重合における活性の増大とともに，配位子を設計することで可溶性の触媒からもイソタクチックポリプロピ

無脱灰
遷移金属触媒によるオレフィンの重合において，重合の後には触媒として用いた遷移金属錯体およびアルキルアルミニウムに由来する残渣が存在している．これらのものを洗浄などにより取り除くことを脱灰という．重合活性が高い触媒では残渣の存在は無視できる程度となり，脱灰工程を省くことができることを無脱灰という．

メタロセン触媒
不均一系のチーグラー–ナッタ触媒に対して，可溶性触媒もエチレンを重合させることは知られていたが，重合活性は低かった．これに対して，1980年にドイツのW. Kaminskyらは，Cp_2ZrCl_2のようなメタロセン化合物とトリメチルアルミニウムと水の反応物であるメチルアルミノキサン（MAO）よりなる可溶性の触媒がエチレンの重合に対して極めて高い活性を示すことを発見した．このメタロセン触媒による重合では触媒効率も高く，可溶性触媒でありシングルサイトで進行するため分子量分布の狭い均質なポリマーが合成できる．また，共重合においては組成分布の揃った共重合体が生成可能であるなど多くの特徴を有している．

HDPE, LLDPE　　LLDPE　　イソタクチックポリプロピレン

シンジオタクチックポリプロピレン　　シンジオタクチックポリスチレン

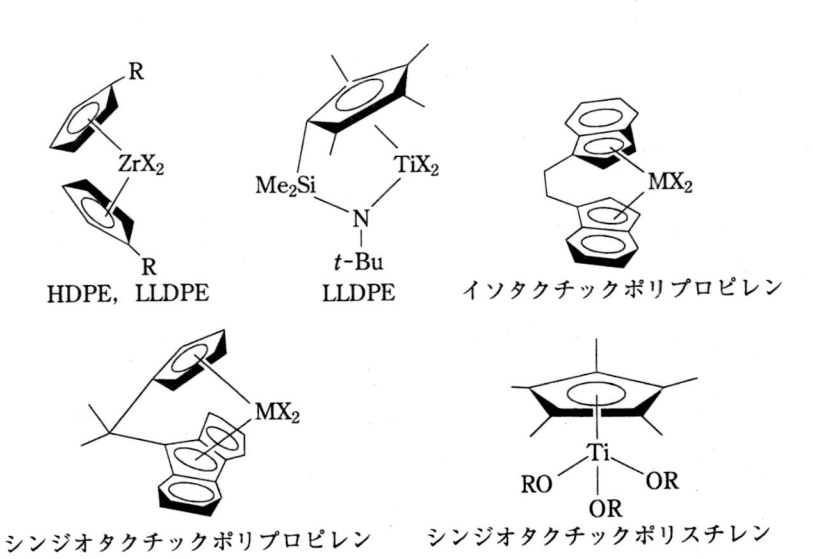

図 3.10　代表的な重合用メタロセン触媒と生成ポリマー

レンおよびシンジオタクチックポリプロピレンの立体規則性ポリマーの合成が可能となった．

（3）ポリスチレン　塊状重合プロセスによるポリスチレンの生産は1935年にドイツ I.G. Farben 社で1トン/日の規模で始まった．現在では200トン/日規模の生産装置も稼動しており，懸濁重合が主流である．

ポリスチレンの製品はGPPS（general purpose poly（styrene）；一般グレードポリスチレン）と HIPS（high impact poly（styrene）；耐衝撃ポリスチレン）に大別される．GPPSはスチレンの単独重合体であり，HIPSはゴム状重合体で変性したポリスチレンである．

GPPSは透明性が高く，ゴムで変性したHIPSは耐衝撃性があるので，電気分野，包装，日用品雑貨向けに広く用いられる．電気分野ではテレビ，ステレオなどのハウジング材，シャーシ，ビデオ，オーデオカセット，冷蔵庫の内装に用いられている．包装材料では食品包装，食品用トレーの発泡シートとして，雑貨ではボールペンなどの文房具，建材用発泡ボードなどがある．図3.10に示したメタロセン触媒で得られるシンジオタクチックポリスチレンは，結晶化速度も速く高融点（260℃）であることから，エンジニアリングプラスチックとしての使用が展開されている．

ポリスチレンの特徴である透明性と表面光沢を失うことなく耐衝撃性を改善する目的でアクリロニトリルとの共重合体がAS樹脂であり，家庭電化製品の部品として使用されている．さらに，ブタジエン成分が加わったABS樹脂は耐衝撃性がよく，携帯電話や自動車部品などに使用されている．

（4）ポリ塩化ビニル　わが国におけるポリ塩化ビニル（PVC）の工業化はポリスチレンと同じ1941年である．ポリエチレンが1958年であり，ポリプロピレンが1962年であることからしても，ほかの汎用樹脂と比べ早くから先端の重合技術が投入されてきたといえる．ポリ塩化ビニルの製造はもっぱらラジカル懸濁重合法が採用されている．懸濁重合法による製造プロセスにおいて，塩化ビニルモノマーを50〜60℃で重合させ，廃ガス・廃水などの廃棄物はできる限り外部に排出することなく内部で循環再利用するクローズドシステム化がなされている．

ポリ塩化ビニルは比重が約1.4で，耐水性・耐酸性・耐薬品性・難燃性に優れる．ポリ塩化ビニルに可塑剤（フタル酸エステル，リン酸エステルなど）を加えた軟質塩化ビニル樹脂はフィルム，シート，人工皮革などに用いられる．一方，可塑剤を用いない硬質塩化ビニル樹脂は，パイプ，桶，床材，板などの成形品に使用される．

ABS樹脂
アクリロニトリル，ブタジエンとスチレンの成分からなる樹脂であるが，各成分がグラフトブレンドの形で含まれる．

アクリロニトリル
$$\text{CH}_2=\text{CH}-\text{CN}$$

ポリ塩化ビニルは資源，環境負荷，経済性，加工のしやすさや使いやすさ，リサイクルなどの環境適合性からみてもほかの素材に劣るものではない．それゆえに，廃ポリ塩化ビニルの燃焼・分解技術およびハロゲン回収技術のさらなる確立が求められる．

（5）アクリル樹脂　アクリル樹脂とはアクリル酸またはメタクリル酸およびそれらのエステルを主成分とする樹脂の総称である．アクリル樹脂の生産量は四大汎用樹脂に比べて少ないが，機能性の樹脂として多くの用途に使用されている．ポリメタクリル酸メチル，ポリアクリル酸メチルが主として生産されている．

アクリル酸はアクロレインの酸化によって1843年に初めて合成されたが，その重合が知られたのは1872年である．一方，ポリメタクリル酸は1880年に合成されたが，当時は高分子説が確立されておらず，一種のコロイドであるとの考えから重合体の構造を$C_{24}H_{40}(COOH)_8$と推定した．

アクリル系モノマーの重合について系統的な研究が始められたのは1901年のRhom社の研究からである．1927年に，Rhom & Hass 社により広い用途をもつ合成樹脂として商品化された．1933年にはメタクリル酸メチルの工業的規模の生産に成功し，これを2枚の無機ガラス板の間に入れて加熱することで，衝撃に強い透明な板状構造の製造プロセスまで開発された．

ポリアクリル酸およびその塩類は機能性高分子として高吸水性ポリマーや土壌改良剤，接着剤およびアクリル系のエラストマーとして用いられている．一方，ポリメタクリル酸メチルも高機能性高分子としてオプトエレクトロニクス（電子光学）材料，レジスト材料に用いられている．メタクリル酸誘導体のポリマーは歯科用材料や抗血栓性材料としても使われている．

b. 合成繊維

一般の繊維はその形成原料から分類すると天然繊維と化学繊維に大別される．さらに，化学繊維は表2.2のように分類されるが，ここでは合成繊維のみを取り上げる．合成繊維となる高分子は付加重合や重縮合で製造されるが，大部分はナイロン，ポリエステル，アクリルの三大合成繊維で占められている．合成繊維の製造工程は，ポリマーの合成・紡糸・延伸・後処理よりなる．

（1）ポリアミド繊維　繰り返し単位中にアミド基（−CONH−）を含む高分子化合物をポリアミドとよび，最初に工業化された商品名のNylonを一般化してナイロンと通称されている．ナイロンにはジアミンと二塩基酸から合成されるものと，ラクタムの開環重合から合成さ

アクリル酸メチル

$$CH_2=CH\!-\!COOCH_3$$

メタクリル酸メチル

$$CH_2=C(CH_3)\!-\!COOCH_3$$

再生繊維
天然繊維を原料とする．製造過程で化学反応により変化するが，最終的にはもとの天然繊維と同じ構造に戻るもの．

表 3.2 化学繊維の分類

無機繊維	ガラス繊維，金属繊維，炭素繊維，岩石繊維，鉱滓繊維
再生繊維	セルロース系：ビスコースレーヨン，銅アンモニアレーヨン タンパク質系：牛乳タンパク繊維など その他：ゴム，アルギン酸など
合成繊維	ポリアミド系：脂肪族ポリアミド（ナイロン），芳香族ポリアミド（ケブラー®） ポリエステル系 ポリビニルアルコール系 ポリ塩化ビニル系 ポリ塩化ビニリデン系 ポリアクリロニトリル系：ポリアクリロニトリル，ポリメタクリル酸エステルまたはポリアクリル酸エステル ポリオレフィン系：ポリプロピレン，ポリエチレン ポリウレタン系：スパンデックス®

れるものとの2種類がある．ヘキサメチレンジアミンとアジピン酸の重縮合によるナイロン66が前者，ε-カプロラクタムの開環重合によるナイロン6が後者の代表である．ナイロンxyのxはジアミンの炭素数で，yは二塩基酸の炭素数を表す．

$$H_2N-(CH_2)_x-NH_2 + HOOC-(CH_2)_{y-2}-COOH \longrightarrow$$
$$[HN-(CH_2)_x-NHCO-(CH_2)_{y-2}-CO]_n$$
ナイロンxy

またナイロンzのzはラクタムあるいは対応するω-アミノ酸の炭素数を示す．

$$\underset{\underset{H}{\overset{\overset{(CH_2)_{z-1}}{|}}{C-N}}}{\overset{||}{O}} \longrightarrow [NH-(CH_2)_{z-1}-CO]_n$$
ナイロンz

溶融紡糸法
化学繊維の主要な紡糸法で，材料を加熱融解して紡糸口金の細孔より一定速度で空気や水の中に押し出して繊維状に冷却固化させて繊維を製造する方法．

ナイロン66の製造はヘキサメチレンジアミンとアジピン酸を1：1で混合した水溶液を窒素気流中で220℃付近まで加熱して行われる．重合中に減圧などにより水を除きながら，270〜280℃まで温度を上げ，重縮合反応を完結させる．繊維化には溶融紡糸法が用いられる．

ナイロン6はε-カプロラクタムを水の存在下で加熱・開環重合（常圧

連続重合）することにより得られる．たて型重合塔を使用し，240～260 °C に加熱した 10～20％ の水を含む ε-カプロラクタムを流下すると塔下から融点 215～220 °C，重合度 100～150 の溶融ナイロンが流出する．残存するモノマーやオリゴマーを温水で抽出除去したのちに乾燥する．ナイロン 66 と同様に溶融紡糸により繊維化する．

（2）ポリエステル繊維　ポリエチレンテレフタレート（PET）に代表される合成繊維である．PET の合成にはテレフタル酸とエチレングリコールのエステル化反応を用いるが，その平衡は高分子側に片寄っていない．したがって，平衡を高分子生成側に有利にするには，加熱により反応系から水を除去する必要がある．しかし，原料のエチレングリコールの沸点が低いため急激に減圧して加熱するとエチレングリコールが水とともに留出する．このため，過剰のエチレングリコールを反応させたビス(2-ヒドロキシエチル)テレフタレート（BHET）をいったん合成する．この合成には，高純度テレフタル酸（PTA）とエチレングリコールを直接縮合させる方法 (1) と，ジメチルテレフタレートとして精製したのち，エチレングリコールとエステル交換する方法 (2) があるが，現在はほとんど直接法が採用されている．

(1) HOOC—⟨benzene⟩—COOH + 2 HOCH$_2$CH$_2$OH ⟶
　　　HOCH$_2$CH$_2$OOC—⟨benzene⟩—COOCH$_2$CH$_2$OH + 2 H$_2$O
　　　　　　　　　　　　(BHET)

(2) CH$_3$OOC—⟨benzene⟩—COOCH$_3$ + 2 HOCH$_2$CH$_2$OH ⟶
　　　HOCH$_2$CH$_2$OOC—⟨benzene⟩—COOCH$_2$CH$_2$OH + 2 CH$_3$OH

ジメチルテレフタレートからの PET の製造は，減圧下に加熱してエチレングリコールを除去しつつ所定の重合度に達するまで反応させる．

n HOCH$_2$CH$_2$OOC—⟨benzene⟩—COOCH$_2$CH$_2$OH ⟶
HOCH$_2$CH$_2$O—[OC—⟨benzene⟩—COOCH$_2$CH$_2$O]$_n$—H + (n-1) HOCH$_2$CH$_2$OH

270～290 °C，0.1～1 mmHg，2～6 時間の条件で，Sb$_2$O$_3$，GeO$_2$，Ti(OCH$_3$)$_4$ などを触媒として重合させる．生成したポリエチレンテレ

オリゴマー
重合において得られる低分子量生成物．ポリマーとの区別は明確ではないが，通常分子量が数千のものをいう．

高純度テレフタル酸
テレフタル酸はその多くがパラキシレンを原料として酢酸溶媒中，空気により触媒を用いて液相酸化して製造される．この方法で製造されるテレフタル酸は副生されるアルデヒド基を有する不純物を含む．このため不純物を水素添加し，晶析により精製されたものを高純度テレフタル酸という．

フタレートは融点が260〜265℃であり，分解点が300℃以上であるため280〜290℃で溶融紡糸される．

（3）アクリル繊維　アクリル繊維はポリアクリロニトリルを主成分（85〜95 wt％）とする共重合体である．ポリアクリロニトリルの良溶媒であるジメチルホルムアミドが見いだされたことで紡糸が可能となり，1943年にDuPont社で商品名Perlonとして工業生産が始まった．共重合の相手モノマーとしてはアクリル酸メチル，酢酸ビニルおよび塩化ビニルなどが用いられる．

アクリル繊維は比重が小さく，保温性および耐候性もよい．熱延伸した繊維と未延伸繊維を混紡し，熱水処理すると熱延伸した繊維が収縮して捲縮し，毛糸状の糸となる．アクリル繊維は単独あるいは羊毛などと混紡して衣料品に用いられる．

（4）ビニロン　ポリビニルアルコール繊維は1931年に発明され，1939年Wacker社により水溶性ポリビニルアルコール繊維の生産が開始された．この繊維に耐水性をもたせるために，図3.11に示すようにホルムアルデヒドでアセタール化する方法が1939年桜田一郎らにより見出され，"合成一号"と名づけられた．ポリビニルアルコール系繊維をビニロンと通称する．ビニロン繊維は耐摩耗性・強度に優れ，吸湿性ならびに保温力が大きいため衣料品に好適である．魚網やロープにも使われている．

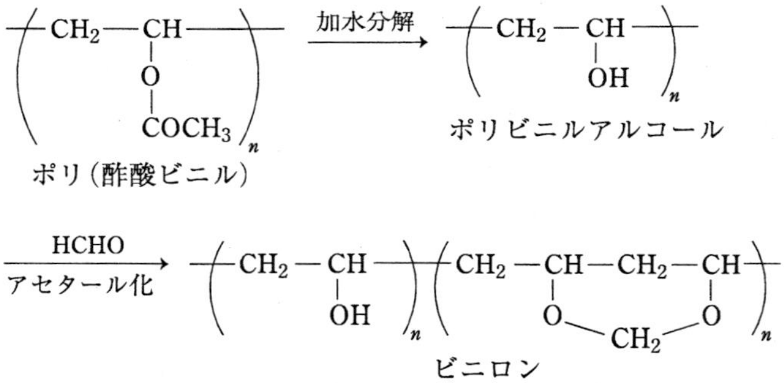

良溶媒
高分子と溶媒との引力が大きく，高分子が溶けやすい溶媒を良溶媒をいう．一方，高分子が溶けにくい溶媒を貧溶媒という．

アクリル繊維
$-(CH_2-CH(X))_n-(CH_2-CH)_m-$
(with CH in middle unit)
X: $-COOCH_3$, $-OCOCH_3$, $-Cl$

図3.11　ビニロンの製造反応

■紡糸技術の発達■

近年，紡糸技術の発達により，超極細繊維の製造が可能となり，眼鏡拭きのクロスなどに使われている．また，繊維の断面構造を三角形にしてシルクライクに近づけたポリエステル繊維，中空で多孔性にして汗を吸いやすくした吸汗性繊維などが開発されている．溶融紡糸中に糸切れの発生する確率は素材1トンに1回とされる．これは，たとえばストッキング用のナイロンフィラメントならば90万km，すなわち地球の外周の20倍に1回という勘定になる．

c. ゴ ム

ゴムは高弾性の高分子物質あるいは材料であり，ガラス転移温度 (T_g) 以上でゴム弾性という極めて特異な性質を示す．これは，高分子鎖は T_g 以上で種々の形態をとっているが，これに力を加えるとその形態に制限が加えられことにより図3.12に示すようにエントロピーが減少する．このエントロピー変化に由来する弾性がゴム弾性である．ゴム弾性を発現するには，分子間架橋が必要となる．架橋がないと，ポリマーの流動が起こりゴム弾性を示さなくなる．この架橋形成に，原料ゴムと硫黄などの加硫剤とを加えて加熱し原料ゴム分子間を化学結合で結ぶいわゆる加硫が利用されている．

> **ガラス転移温度**
> 液体をある条件下で冷却すると，結晶化することなく過冷却液体となり，これをさらに冷却すると，ある温度以下では固化し流動性を失い固体と同じ状態となる．このような状態をガラス状態といい，その状態になる温度をガラス転移温度という．

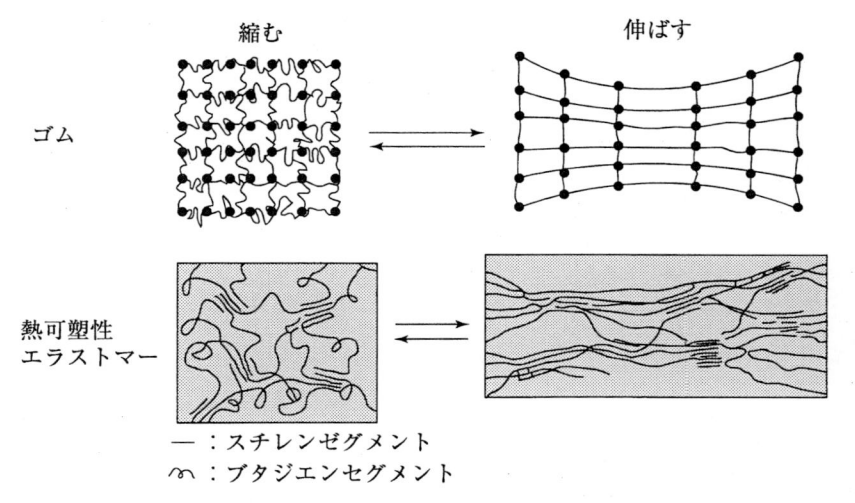

図 3.11 ビニロンの製造反応

一方，分子間架橋がなくてもゴム弾性を示す材料が現れた．熱可塑性エラストマー（thermoplastic elastomer；TPE）といわれるもので，常温ではゴム弾性体であるが，高温になると可塑化されて熱可塑性樹脂用成形機で迅速に加工できる高分子材料である．この TPE は図 3.12 に示すように，弾性を示すポリブタジエンのようなゴム成分（ソフトセグメント，軟質相）と，塑性変形を防ぎ加硫点の役割を担うポリスチレンなどの結晶やガラス状態などの拘束相（ハードセグメント，硬質相）成分からなるものであり，両成分は互いに相溶せず，ミクロ相分離構造をとっている．

世界で最初の TPE は 1939 年 O. Bayer によるジイソシアナートとジオールから得られたポリウレタン系のものであった．しかし，TPE の存在をゴム工業に印象づけたのは Shell 社が開発したポリスチレン-ポリブタジエン-ポリスチレン（SBS）よりなるトリブロック型の TPE である．このものはリビングアニオン重合によりスチレンを A 成

> **エラストマー**
> 常温でゴム弾性を示す物質で，常温で伸びが 200% 以上で外力を除くと短時間に元の長さに戻る物質．

> **ミクロ相分離**
> 1本の高分子鎖が非相溶でブロック共重合体のように異なる2成分でできている場合，巨視的に2相を分離することが不可能で，分子のオーダーで非常に微細なドメインを形成して相分離することをいう．

分としブタジエンを B 成分とする ABA 型のトリブロック共重合体が合成できるようになったことから誕生した．その後，ポリオレフィン系，ポリウレタン系など多くの TPE が工業化されている．

ゴム工業の発見の中で重要なものとして，第一は C. Goodyear による加硫法であるが，これに次ぐものが充塡剤の発見である．1904 年ゴムにカーボンブラックを練りこむと非常に強靱になることが S. C. Mote と F. E. Matthews によって発見された．タイヤが真っ黒なのはカーボンブラックのせいである．カーボンブラックの発見は画期的なもので，この補強剤により今日の自動車やベルトコンベアーが優秀な機能を発揮できるようになった．ついで，1906 年に G. Oenslager が見いだしたアニリンのような加硫促進剤である．この加硫促進剤の出現により加硫時間の短縮，硫黄の添加量および加硫温度の低減が可能となった．

天然ゴムも合成ゴムも製品にいたる加工段階はほぼ同じで，素練り，混練り（配合），成形および加硫の工程よりなる．配合において加硫剤，加硫促進剤（アニリンなど），老化防止剤（アミンやフェノールなど），補強剤（カーボンフラックなど），軟化剤（植物油など），増量充塡剤（炭酸カルシウムなど）などが加えられる．

現在多くの種類の合成ゴムが製造されているが，代表的なものとその化学構造を表 3.3 に示す．この中でブタジエンゴム（BR），スチレン-ブタジエンゴム（SBR）およびエチレン-プロピレンゴム（EPR, EPDM）について説明する．

（1）ブタジエンゴム（BR） ポリブタジエンのミクロ構造は製造に用いた触媒により依存するが，工業的に重要なものはニッケル系やコバルト系触媒により製造される高シス含量（99％）のもので，通常ハイシス BR とよばれる立体規則性ゴムである．BR は単独で使用されるより，SBR やプラスチックなどとブレンドして用いられる．

（2）スチレン-ブタジエンゴム（SBR） 1933 年にドイツ IG 社はブナ S という新合成ゴムの特許をとった．このゴムが今日の世界で最も多く生産されている合成ゴムである SBR のはじまりであった．このものは，ゴムとプラスチックの性質がほどよくミックスされた良質なゴムとして振舞う．SBR はスチレンとブタジエンの共重合体であることから，その組成を変化させることでゴムの性質が変えられる．スチレンの量を少なくすればゴムの性質が強調され耐寒性がよくなる．反対にスチレン含量を増やせば硬いゴムとなり靴底などに適する．天然ゴムと同様に SBR は加硫ができるが，純ゴムとしては加硫物の引張り強さ，破断強さが弱く，そのままでは実用に耐えない．しかし，カーボンブラックのような補強剤の配合により実用的な強さをもったゴムとな

カーボンブラック
炭化水素の熱分解または不完全燃焼法で製造されるものがカーボンブラックであって，95 ％以上が無定形の炭素質からなるナノスケールの微粒子である．その表面には種種の官能基をもっている．これらの官能基もゴムの補強効果に大きな役割を果たしている．

ポリブタジエンのミクロ構造
ポリブタジエンには 1,4-シス，1,4-トランス，1,2-ビニルの 3 種のミクロ構造がある．

1,4-シス

1,4-トランス

1,2-ビニル

天然ゴム
ブラジル原産のヘビア・ブラジルエンシスというゴムの樹から出る液体を凝固・加工したもので，1,4-シス-ポリイソプレン構造をしている．

りタイヤにも使える.

　SBR はこのように汎用ゴムとして，第二次世界大戦以来製造されている歴史の長いゴムの代表的なものである．SBR のスチレン含量が23〜25％のものは，天然ゴムに比べ，耐摩耗性に優れている．スチレン含量が50〜85％のものは天然ゴムや合成ゴムの補強剤として使用される．

（3）エチレン-プロピレンゴム（EPR, EPDM）　1958年イタリア Montecatini 社は EPR の製造を発表した．EPR はエチレンとプロピレンをチーグラー-ナッタ触媒により共重合したもので，二重結合を含まないことから耐オゾン性や耐候性はよいが，硫黄を用いた加硫ができ

EPDM
EPDM の合成において加えられる第三のモノマーであるジエンには分子内に反応性の異なる二つの二重結合をもっている．重合においてはノルボルネン環の二重結合が反応する．すると残ったエチリデン基の二重結合は架橋用に使われる．EPDM は SBR，BR についで多くの生産量を誇る合成ゴムである．

表 3.3　おもな合成ゴムの種類と化学構造

分類	合成ゴム名	略称	化学構造
ジエン系ゴム	スチレン-ブタジエンゴム	SBR	$+CH_2CH=CHCH_2+_n+CH_2CH+_m$ $\quad\quad\quad\quad\quad\quad\quad\quad\quad\quad\quad\quad\quad\quad\quad C_6H_5$
	ブタジエンゴム	BR	$+CH_2CH=CHCH_2+_n$
	イソプレンゴム	IR	$+CH_2C=CHCH_2+_n$ $\quad\quad\quad CH_3$
	アクリロニトリル-ブタジエンゴム	NBR	$+CH_2CH=CHCH_2+_n+CH_2CH+_m$ $\quad\quad\quad\quad\quad\quad\quad\quad\quad\quad\quad\quad\quad\quad CN$
	クロロプレンゴム	CR	$+CH_2C=CHCH_2+_n$ $\quad\quad\quad Cl$
オレフィン系ゴム	ブチルゴム	IIR	$\quad\quad CH_3$ $+CH_2C+_n+CH_2C=CHCH_2+_m$ $\quad\quad CH_3\quad\quad CH_3$
	エチレン-プロピレンゴム	EPDM, EPR	$+CH_2CH_2+_n+CH_2CH+_m(\ )_p$ $\quad\quad\quad\quad\quad\quad\quad CH_3\quad\quad CHCH_3$ EPR : $p=0$
	アクリルゴム	ACM, ANM	$+CH_2CH+_n+CH_2CH+_m+CH_2CH+_p$ $\quad\quad CO_2R\quad OCH_2CH_2Cl\quad CN$ ACM : $p=0$, ANM : $m=0$
	クロロスルホン化ポリエチレンゴム	CSM	$[-CH_2CH_2CH_2CHCH_2CH_2CH_2-CH-]_n$ $\quad\quad\quad\quad\quad\quad Cl\quad\quad\quad\quad SO_2$ $\quad\quad\quad\quad\quad\quad\quad\quad\quad\quad\quad\quad\quad\quad Cl$
	フッ素ゴム	FKM	$+CF_2CH_2+_n+CF_2CF+_m$ $\quad\quad\quad\quad\quad\quad\quad\quad CF_3$
その他	シリコーンゴム	Q	$\quad R$ $+SiO+_n$ $\quad R$
	ウレタンゴム	AU, EU	$+R^1OCNHR^2NHCO+_n$ $\quad\quad\quad\ O\quad\quad\quad\quad O$
	多硫化ゴム	TR	$+RS_x+_n$

ず過酸化物により加硫する．これに対して，硫黄加硫を可能にするため，1961 年 Esso は第三成分としてエチリデンノルボルネンや1,4-ヘキサジエンなどの非共役ジエンを加えた EPDM を工業化した．

エチリデンノルボルネン

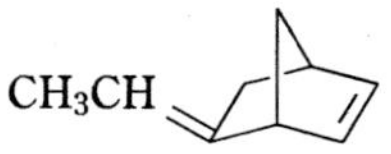

3.4 高性能高分子

a．エンジニアリングプラスチック

高分子は軽量であり，成形・加工は容易であるという長所をもつが，金属やセラミックに比べて，融点や強度などが低いことが欠点である．長所を損なわず，融点や強度の短所を克服した高分子材料を高性能高分子とよんでいる．その代表がエンジニアリングプラスチックであり，金属材料を代替しうる高強度・高弾性・耐熱性の一つあるいは一つ以上の特徴ある高性能プラスチックである．耐薬品・自己潤滑・電気絶縁性や低膨張性といった性能にも優れていることが多い．

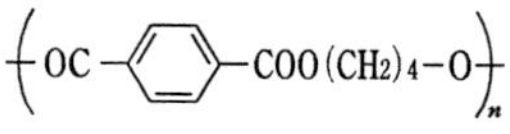

汎用のエンジニアリングプラスチックのうち，ポリアミド（ナイロン），ポリアセタール，ポリカーボネート，ポリフェニレンオキシド，ポリブチレンテレフタレートは五大エンジニアリングプラスチックとされる．

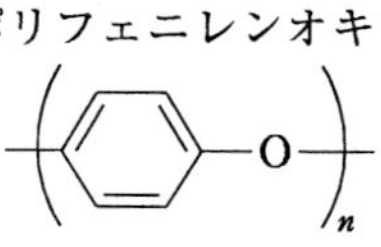

その代表であるポリカーボネートについて，W.H. Carothers はジオールと炭酸ジエチルからエステル交換で低沸点のアルコールを系外へ取り除くことでポリカーボネート類が合成できることを 1930 年に見いだしていた．彼の用いたジオールは脂肪族であったことから，生成する重合体の融点および重合度が低かった．これに対して，ドイツ Bayer 社の H. Schnel および米国 GE の D.W. Fox らはビスフェノール-A を用いると非常に融点の高い透明な樹脂が得られることを発見した．これが鋼鉄に等しい性能をもつポリカーボネートの誕生であり，1959 年から 1960 年にかけ両社で工業化された．

ポリカーボネートの製造法としては，図 3.13 に示すようにビスフェノール-A とジフェニールカーボネートの無溶媒条件下における溶融重

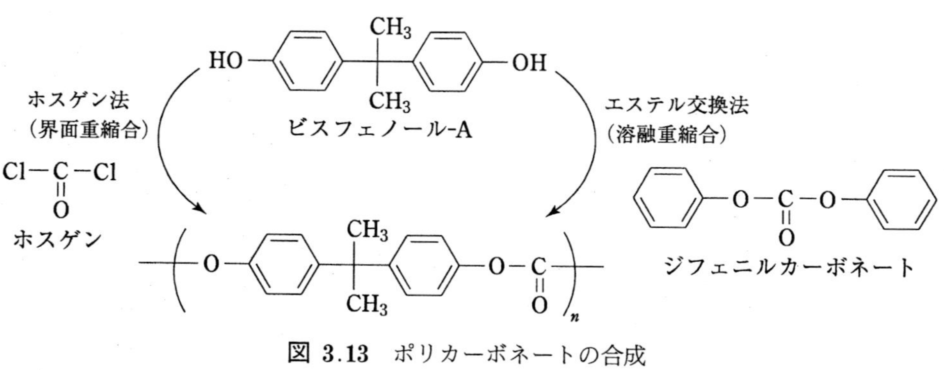

エンジニアリングプラスチックの化学構造

ポリアセタール

ポリフェニレンオキシド

ポリブチレンテレフタレート

図 3.13　ポリカーボネートの合成

ホスゲン法（界面重縮合）
ホスゲン

エステル交換法（溶融重縮合）
ジフェニルカーボネート

ビスフェノール-A

3.4 高性能高分子

縮合によるエステル交換法と，塩化メチレンなどの溶媒および脱酸剤存在下におけるビスフェノール-A とホスゲンの脱塩酸界面重縮合によるホスゲン法がある．エステル交換法は，プロセスは簡単ではあるが，高分子量のポリマーが得られにくく，着色もしやすい．しかし，ホスゲンの毒性や塩化メチレンの溶剤規制問題などからエステル交換法が見直されている．

b．耐熱性高分子

ポリイミドは有機高分子材料の中で最高の耐熱性を示す樹脂の代表的なものである．ポリイミドは DuPont 社で開発され，1965 年に Kapton の商品名で工業化された．次に示すように芳香族ジカルボン酸無水物と芳香族ジアミンの重縮合でポリアミド酸とし，閉環反応によりポリイミドが合成される．

ジアミンの種類により性質や熱安定性が変化する．耐熱性が高く，宇宙航空材料に適し，加熱収縮率が小さい（0.2～0.3）ことから寸法安定性がよく，エレクトロニクス分野のプリント基板材料などにも適している．

c．高強度高弾性高分子材料

（1）高強度炭素繊維　PAN（ポリアクリロニトリル）系炭素繊維は図 3.14 に示すような経路で生成するとされる．まず，ポリアクリロ

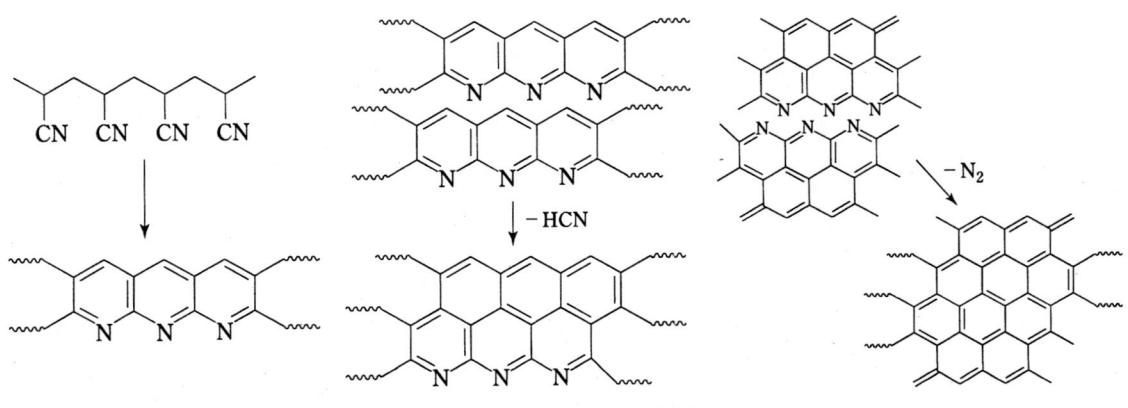

図 3.14　PAN からの炭素繊維の製造

ニトリル繊維を加熱していくと分子内で縮合反応が起こり梯子型構造が形成される．さらに，1 000〜2 000℃に加熱すると，脱シアン化水素，脱窒素反応を経て黒鉛化が起こり目的とする炭素繊維が得られる．この炭素繊維の強度は 3.5×10^9 Pa であり，弾性率も 2.3×10^{11} Pa と高く耐熱性でもあることから，複合材料として航空機に使用される．テニスのラケットやゴルフのシャフトなどのスポーツ用品にも使われている．

（2）アラミド繊維 ポリアミドの中で芳香族を主鎖に含むものはアラミドといわれる．1965年に DuPont 社の S. L. Kwolek がポリアミド生成反応の後処理中に，硫酸や無機塩の水溶液に合成したポリマーが溶けることから見いだされた．しかし，このアラミド生成の報告は信じられなかったそうである．延伸しながら糸にすると想像もしなかった強靱な繊維が出現した．硫酸中でポリマーが液晶状態をとり高分子鎖がその液晶状態のまま繊維化されたことで強度が発現したのである．そして，DuPont 社から"金属を超える奇跡の繊維"ケブラー® として発売された．

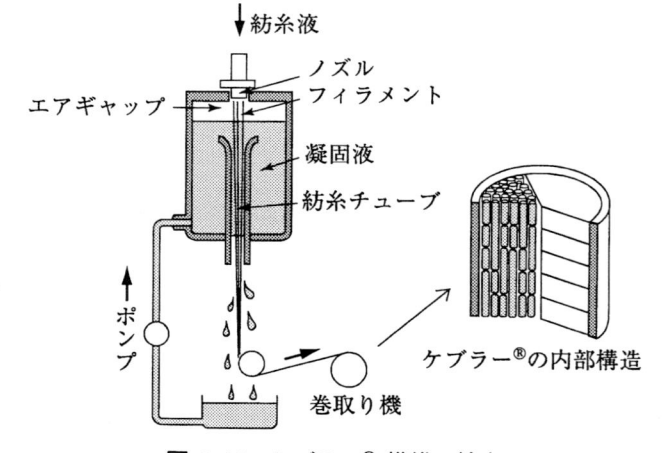

ケブラー®は p-フェニレンジアミンとテレフタル酸二塩化物から合成され，図3.15に示したような装置を用い高配向の液晶状態を保ったまま紡糸（液晶紡糸）することにより高強度，高弾性で耐熱性をもつ繊維となる．ケブラーは防弾チョッキ，タイヤコード，ロープや複合材料に使われている．

側注

複合材料
単一の材料では要求される特性に応じられず2種以上の素材を複合して物理的・化学的に異なる相をつくり，それにより要求される特性に応じる材料をいう．繊維または粒状の強化剤を母材で固めて複合化し力学的・物理的特性を向上させる方法がとられる．

S. L. Kwolek

高分子液相
高分子は単独で液晶状態になるものより溶液状態で液晶を形成するものが多く知られている．ケブラー®と硫酸もその一つである．

$$H_2N-\text{C}_6H_4-NH_2 + ClOC-\text{C}_6H_4-COCl \longrightarrow$$
$$+HN-\text{C}_6H_4-NHCO-\text{C}_6H_4-CO+_n \text{ ケブラー®}$$

図 3.15 ケブラー® 繊維の紡糸

一方，m-フェニレンジアミンとテレフタル酸二塩化物からつくられるノーメックス® は耐熱・耐炎性が良好なことから耐熱材料や防炎服に使用されている．

（3）超高強度ポリエチレン繊維　通常の高密度ポリエチレンが分子量2万から20万の範囲であるのと比べ，分子量が100万を超えるものは超高分子量ポリエチレンとされる．このものは分子鎖が長いことから耐摩耗性・耐衝撃性に優れる．このポリマーをパラフィン系溶媒に溶かして高延伸が可能な状態にし，溶液を空気中に吐き出しゲル状態にする．その後，数百本のゲル状繊維を約120℃のオーブン中で数十倍に延伸すると，溶媒が蒸発し伸び切り，鎖構造からなるポリエチレン繊維が得られる（ゲル紡糸）．このものはアラミド繊維を上回る強度と弾性に優れた材料となる．海洋関係で使うロープや釣り糸などに使用されている．

超高分子
一般に 10^7 以上の分子量をもつ高分子物質をさすが，ポリエチレンなどの高分子では 10^6 程度でもこうよばれることがある．ビニル系超高分子は特別な方法によって合成されるのがふつうである．

3.5　高機能性高分子

高分子材料は，その高機能性を発現させることを通してわれわれの日常生活に役立っている．先端材料・技術の中でも重要な位置を占めているものを中心に以下に説明する．

a．電気・電子材料

（1）封止材料　プラスチックは通常電気絶縁性に優れている．この性質を利用した高機能性材料として封止材料がある．集積回路（IC）や大規模集積回路（LSI）をそのまま使うと破壊されたり，水分や酸素による腐食を招いたりしてその機能を失うことから樹脂で封止する必

要がある．さらに，IC回路に電気を流すことにより発生する熱を効率よく除去すること，熱膨張による素子の破壊を防ぐことなども重要となる．現在ではこのような理由から前頁に示したエポキシ樹脂がおもに使われている．

（2）イオン伝導性高分子　高分子自身がイオン伝導を担い，電解質に対して一種の溶媒として働くようなものをイオン伝導性高分子という．ポリエチレンオキシドとアルカリ金属との複合体が室温でも比較的高いイオン伝導を示すことから，高分子のイオン伝導性の研究が開始された．高分子中のイオンの移動には分子量が影響する．高分子は架橋されていてもガラス転移点以上では局所ミクロブラウン運動をしており，これがイオンの移動に寄与するとされている．

（3）導電性高分子　1960年代，低分子の有機材料が半導体的な性質を有し，高い導電性を示すことが注目され，世界的に研究が繰り広げられた．その中で，1964年にW. A. Littleは室温超伝導を示すポリマーの存在を理論的に予測した．そして，1975年にペンシルベニア大学のA. G. MacDiarmidにより $-(SN)_x-$ が0.3Kと低温だがポリマーとして初めて超伝導を示した．そのころ，図3.16に示すようなグラファイトの層間化合物が銀・銅をしのぐ電導度を示すことも報告された．このような中で，1977年にポリアセチレンがドーピングにより高い導電性をもつことが白川らにより発見された．ポリアセチレンはそれまで粉末でしか得られなかったが，アセチレンのZiegler触媒による重合

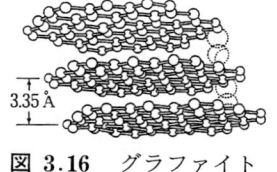

図 3.16 グラファイト層間化合物

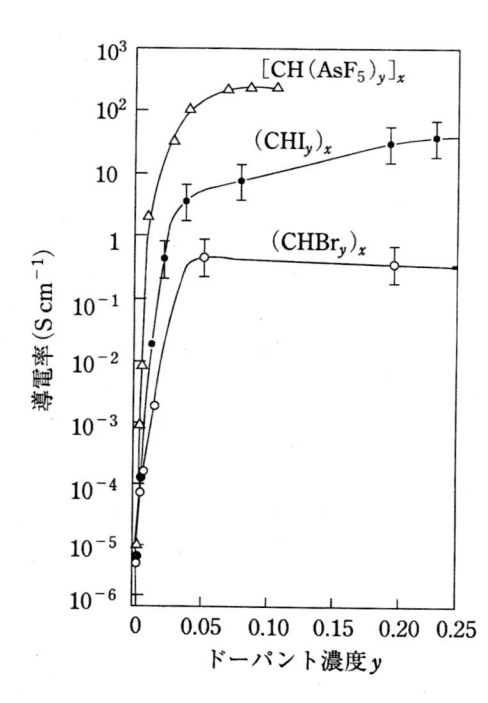

図 3.17 ドーパント濃度による導電率の変化

を高い触媒濃度で行う白川法によりポリマーが薄膜として得られた．この膜はそのままの状態では半導体程度の電気しか通さなかったが，図 3.17 に示すように AsF_5，I_2 や Br_2 などのドーパントでドーピングすることにより導電性が最高約 8 桁も増加し，金属的導電率を示した．

その後，表 3.4 に示したように多くの"合成金属"とよばれる導電性ポリマーが発見されている．導電性を示す高分子は共役二重結合を累積した構造をもつことが基本で，主鎖や側鎖の共役する位置へ，ヘテロ原子，イオンおよび不対電子などを導入すると導電性が大きくなる．さらに，ドーパントを添加すると導電性は著しく大きくなる．しかし，長い共役系からなる高分子材料は着色したり，不安定であったり，溶解性や機械的強度に欠けることもある．

ドーピング
ポリアセチレンなどの導電性高分子に，電子供与体・電子受容体を転化すると導電性が増加する．このような不純物（ドーパミン）を高分子に添加することをドーピングという．

表 3.4 代表的な導電性ポリマーと電導度

ポリマー	合成方法	ドーパント	電導度 ($S\,cm^{-1}$)	電導度測定状態
ポリアセチレン	白川法	H_2SO_4	4 000	高密度
	Naarmann 法	I_2	170 000	延伸 6 倍
ポリパラフェニレン	電解重合	AsF_6^-	100	フィルム
ポリパラフェニレンビニレン	スルホニウム塩法	H_2SO_4	5 000	延伸 15 倍
ポリピロール	電解重合	—	1 000	延伸 2.2 倍
ポリチオフェン	電解重合	ClO_4^-	200	
ポリアニリン	電解重合	HCl	5	エメラルジン塩基

電解重合
モノマーを電極表面で電気化学的に酸化あるいは還元して反応活性種を系中で発生させ，それによって高分子を生成させる重合法をいう．

エメラルジン塩基
ポリアニリンで還元体単位と酸化体（キノイド型）単位を等モル含むもの．

導電性高分子の特徴は軽量性にある．ポリアセチレンの比重は 1.16 で，グラファイトでは 2.26 である．ドーピングを施しても銅などの金属に比べて軽く，宇宙航空機用の導電材料としての利用が考えられる．この導電性材料としての応用分野には表 3.5 に示すような，エレクトロニクス分野，エネルギー分野，情報記録などでの使用が期待されている．このような導電性高分子の発見と開発に対して白川英樹，A. G. MacDiarmid，A. J. Heeger の 3 氏は 2000 年にノーベル化学賞を受賞した．

二次電池
外部電源から充電することができ，繰返し使用できる電池を二次電池という．これに対して使いきりタイプのものを一次電池という．

表 3.5 導電性ポリマーの応用分野

応用分野		具 体 例
新規導電材料		宇宙・航空用軽量導電材料，電磁波シールド用コンポジット，異方性導電体
エレクトロニクス分野	ディスクリート電子部品	電気二重層キャパシター，コンデンサー，非線形素子
	超LSI技術	超微細配線技術，電界効果型トランジスター
	情報の記録・記憶	光記録材料，複写機，表示素子
エネルギー分野		一次電池・二次電池・燃料電池 光電池・太陽電池 太陽エネルギーの変換と蓄積

（4）光導電性高分子 光照射により電子移動を生じて導電性がよくなる光導電性高分子は情報機能材料として，電子写真，プリンターなどに使用されている．電子写真用の感光材料としては図3.18に示したポリ-N-ビニルカルバゾール/トリニトロフルオレノン（TNF）系などが利用されている．電子写真の原理は図3.19に示すように，光導電体をコロナ放電によりプラスに帯電させ，ネガを上において露光させる

コロナ放電
鋭い先端をもった電極と平板からなる不平等な電界によって形成される接続放電．

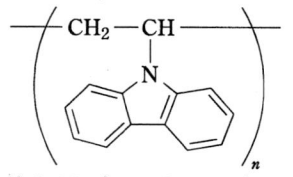

ポリ-N-ビニルカルバゾール　　2,4,7-トリニトロ-9-フルオレノン（TNF）

図 3.18 代表的な光電導性材料

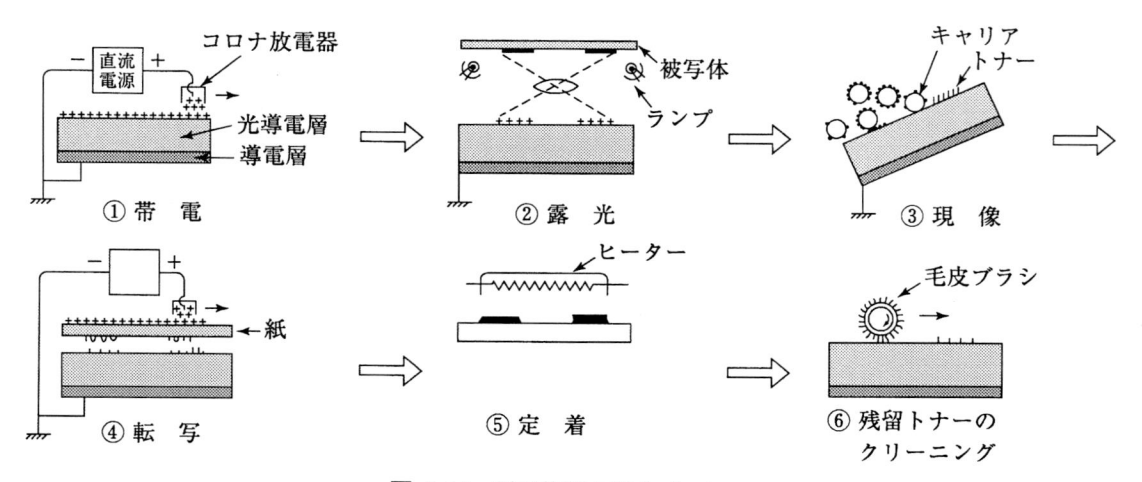

① 帯 電　　② 露 光　　③ 現 像

④ 転 写　　⑤ 定 着　　⑥ 残留トナーのクリーニング

図 3.19 電子複写の基本プロセス

と，光が当たった箇所の荷電が中和される．この光導電体上の荷電と逆符号に帯電させたカーボンブラック粉末を含むトナー（スチレンとアクリル酸ブチルの共重合体あるいはポリエステルにカーボンブラックなどを混合したものなど）によって現像し，紙に転写させ，熱を加え紙上のトナーの焼き付けを行うものである．

b. 感光性樹脂

光を照射すると架橋が起こり溶剤に不溶化する高分子材料は，感光性樹脂とよばれ，1960 年代に開発が行われた．そして，印刷工業における各種の製版材料，電子工業におけるプリント配線や精密部品などへと広く応用されてきた．

半導体工業において，IC や LSI などの半導体デバイスを製作する際の微細加工は写真製版技術（フォトリソグラフィー）を高度化したものによって行われている．この方法は，フォトレジストとよばれる感光性樹脂を保護皮膜として基板をエッチング（腐食）加工するものである．レジスト材料には，光や電子線の照射によりナフトキノンジアジド（感光剤）-ノボラック樹脂（図 3.21）のように架橋することで現像液に不溶化するネガ型と，光や電子線によってポリメタクリル酸メチルのような解重合してモノマーを再生することで現像液に可溶化するポジ型がある．このようなレジスト反応とレジスト材料の特徴を表 3.6 にまとめた．

> **ノボラック樹脂**
> 酸触媒の存在でフェノールとホルムアルデヒドより得られる有機溶媒に可溶のもので，分子量が 1000 程度である．塩基触媒ではレゾールといわれる分子量 100〜300 程度の水あめ状のものができる．

■フォトレジスト■

光に感じるレジストはフォトレジストとよぶ．この名前はコダック社で開発された感光性レジストのポリケイ皮酸エステルの下の式に示す光二量化反応をもとにした材料につけられた名前で，"Kodak Photo Resist®" という商品名に由来している．この商品名がいつのまにか Photoresist という一般名詞となり，感光性樹脂と同じ位広い意味で使われるようになった．電子線に感じるレジストは電子線レジスト，X 線に感じるレジストは X 線レジストとよばれる．このような材料を総称するとき，単にレジストともよぶ．光を用いる場合には，その波動性のため解像力は波長の 2 倍という限界があり，電子線・X 線用のレジスト開発が行われている．

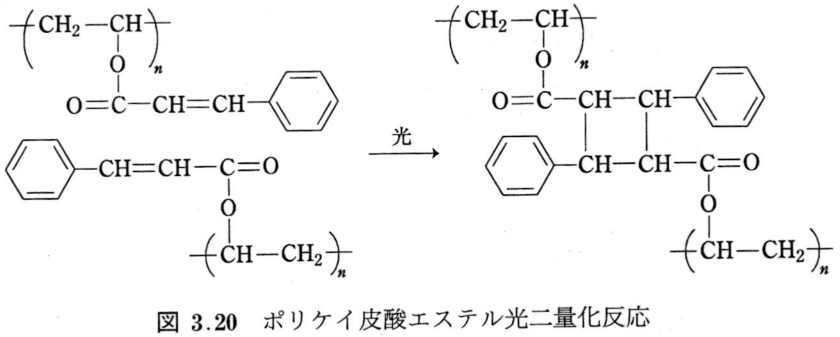

図 3.20 ポリケイ皮酸エステル光二量化反応

図 3.21 代表的なノボラック趣旨とインデンカルボン酸の光反応機構

表 3.6 レジスト材料

タイプ	反応形態	レジスト形式	代表的な感光性基
ネガ型	架橋	重合性感光性基 架橋性ポリマー 架橋剤混合型	アクリル基, メタクリル基 ケイ皮酸エステル, エポキシ基 アジド化合物, 重クロム酸塩
	極性変化	側鎖分解型	ホルミルエステル基
ポジ型	主鎖切断	崩壊型ポリマー	ポリメタクリル酸メチル
	極性変化	側鎖分解型 溶解抑制剤添加型	ニトロベンジルエステル基 ナフトキノンジアジド化合物

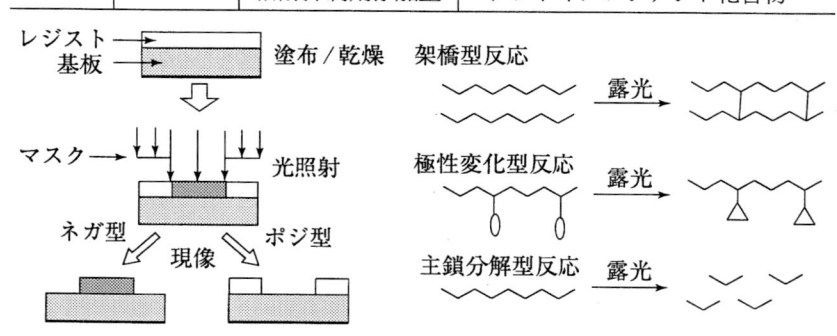

ウエハー
半導体デバイスをつくるとき, 高純度のシリコンの結晶をつくる. 通常は直径 15 cm から 30 cm の同筒形をしている. このシリコンをスライスした厚さ 0.2～0.5 mm くらいのものをウエハーとよんでいる.

半導体デバイス製作工程における酸化シリコン膜の微細加工を図 3.22 に従って説明する. 半導体デバイス製作用のシリコン基板はウエハーとよばれる形をしている. これを 1 000～1 200 ℃ に加熱して表面に酸化薄膜をつくる. このウエハーを回転塗布機に取り付け, レジスト溶液をたらし, 毎分 3 000～6 000 回転の速さで回転させる. すると, 溶液は遠心力で均一に広がり, 溶媒は蒸発してフォトレジスト膜ができる (スピンコート).

次に, フォトレジスト膜を図形状に露光する. 露光後, レジスト膜を現像する. この現像により, ネガ型レジストの場合には露光部のレジストが基板上に残り, ポジ型では未露光部が基板上に残る. 現像後, 基板

に残ったレジストを保護膜として基板のエッチングが行われる．エッチング後に用済みとなったレジスト材の除去を剥離液あるいは酸素プラズマを用いて行うと微細加工は終了する．現在量産されている64M DRAM (dynamic random access memory)までの半導体メモリの製造には，ポジ型のノボラック樹脂と感光剤であるo-ナフトキノンジアジド誘導体の組合せが最もよく使われている．

ポリメタクリル酸メチルは高い解像度を示し電子線レジストとして使える．しかし，感度が低いなどの問題があることから，ポリメチルイソプロペニルケトンがより高感度な電子線レジストとして知られている．

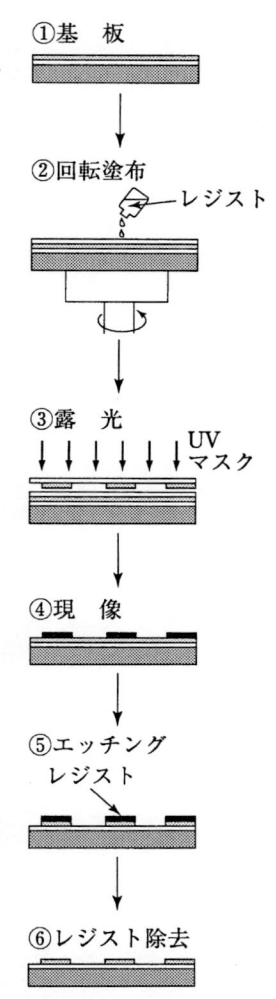

c. 光学材料

透明光学材料として求められる一般的特性として，高い透明性，大きい屈折率，加工性の容易さ，抗衝撃性・耐摩耗性などがある．高分子材料はかなりの点でこれらの要求を満たしている．ポリメタクリル酸メチルやポリカーボネートは透明性と加工性に優れ有機ガラスとして使用されている．また，電子光学用（オプトエレクトロニクス）材料としての開発も進められている．

（1）プラスチックレンズ 眼鏡レンズ用の材料としては無機ガラスがその主流を占めていたが，プラスチックレンズも，成形が容易で軽くて割れにくく，カラー化もしやすいなどの理由から広く用いられるようになった．矯正用レンズに使用されている代表的なものとして，屈折率が1.49と大きく熱硬化性タイプのカルボネート基で架橋されたアリル樹脂であるポリジエチレングリコールビスアリルカーボネート（CR 39）がある．サングラス用などに主として用いられ，ポリメタクリル酸メチルがそれに続き，耐衝撃性と耐熱性が要求される安全眼鏡にはポリカーボネートが採用されている．

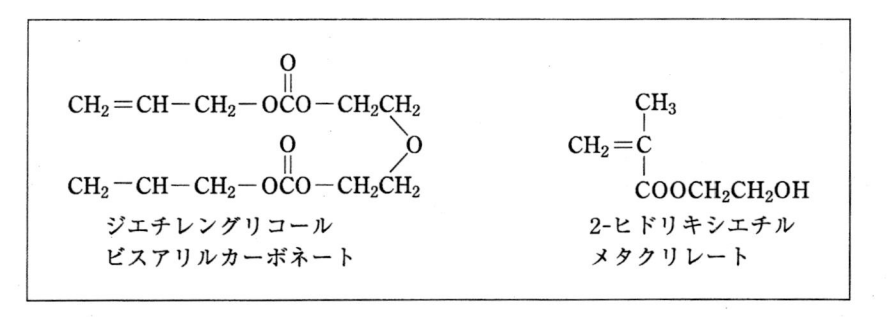

図 3.22 酸化シリコン膜の微細加工

ジエチレングリコールビスアリルカーボネート

2-ヒドロキシエチルメタクリレート

一方，コンタクトレンズ用の材料としては，親水性基をもつ透明性の高いポリ(2-ヒドロキシエチルメタクリレート)や親水性シリコン樹脂などがソフトコンタクトレンズとして使用されている．これに対して，

ポリメタクリル酸メチルやシリコン樹脂などはハードコンタクトレンズとして用いられている．

（2）光ファイバー　光ファイバーは通信情報用素材の一つとして用いられている．光は物質中を伝播するとき屈折率の大きい所を通る性質がある．そこで，屈折率の高い透明なファイバーの周囲を屈折率の低い透明材料で覆った構造にすると光は屈折率の異なった材料界面で全反射しながら進行する．この原理を基に，1964年にDuPont社が世界に先駆けてポリメタクリル酸メチルをコアー（芯）材に，フッ素系ポリマーをクラッド（鞘）材にもつプラスチック光ファイバーの開発に成功したといわれる．一方，1966年に英国C. K. Kaoが低損失の光ファイバーの可能性を示し，4年後に米国のCorning社が石英系の光ファイバーを開発した歴史がある．

石英光ファイバーは伝送損失が小さく，長距離の大容量伝送に適している．一方，プラスチック光ファイバーは，伝送損失は大きく長距離伝送には適さないが，軽量である上に材料が柔軟であることから高径化，分岐・接続が容易である．また，電磁誘導もなく，プラスチック光ファイバー間の漏話がないなどから短距離用に向いている．

（3）情報記録材料　光ディスクの原型はLPレコードにみられる．"空気の振動を溝の左右，上下動として記録／再生する"というT. Edisonの考案した"レコード"は人類が生み出した傑作の一つである．エジソンのレコードは，円筒に巻きつけたスズ箔に，上下動の音溝を刻み込んだものであった．T. Edisonの発明から10年後の1887年にはE. Berlinerが円板状に記録する方式を考案している．レコードの音溝から得られる機械的振動を直接空気に放射するのをやめて，電気的に増幅する方式をP. Goldmarkが考案し，レコードは飛躍的に発展した．このLPを大量に製造する複製技術が大衆化に大きな役割を果たした．この複製技術がコンパクトディスクなど情報記憶材料の製造手本となっている．音情報を機械的な溝形状や凹凸に置き換えることができれば，プラスチック成形品で音情報を再生できるメディアを大量に複製できる

LP
long playingを意味し，アナログ記録による1分間33⅓回転のレコード盤．

▨**光ディスク**▨

光ディスクは，高容量，非接触記録再生，長期間の保存性に優れた高密度記録媒体である．再生専用であるコンパクトディスク（CD），レーザーディスク（LD），追記型ディスク（CD-R）あるいは書き換え可能型ディスク（CD-RW）などの光ディスクも広く使用されるようになっている．このCDの300 mmディスクにはA4紙での情報量としては8万枚もファイルできることになる．

ことをLPは証明した．この技術が光ディスク製造にも生かされている．
　ディスク基盤板の製法は図3.23に示すようにスタンパー（一種の金型）を製作するマスターリング工程と，それを用いて成形加工を行う二つのプロセスに大きく分けられる．前者では，ガラス板に感光性ポリマーを塗布し，レーザーによる書き込みを行い，現像によりピットを形成する．次いで，メッキ処理した後，マスター，マザーと順次転写していき，スタンパーをつくる．後者では，出来上がったスタンパーを射出成形機につけて，透明ポリマーを成形することで光ディスク表面に微細なピット形式を転写する．形成された円板状ディスク表面に，レーザー光を反射させるアルミニウム膜を蒸着し，それを保護するためアクリル系のUV硬化樹脂を塗布後，硬化させることでディスクが製造される．このように製造されたCDは，ピットの反対側から光を当ててAl膜で反射させ，その反射光の強度から記録されている情報を読み取る．情報はディスク上の凹凸で記録されており，記憶の単位をピット（穴）とよび，デジタル記録の場合は"1"，"0"に対応する．

　光ディスク用の基板材料には純度とともに，優れた光学特性，低吸水率，耐熱性が要求される．これらの要求からポリオレフィン，ポリカーボネート，ポリメタクリル酸メチルなどが使用されている．

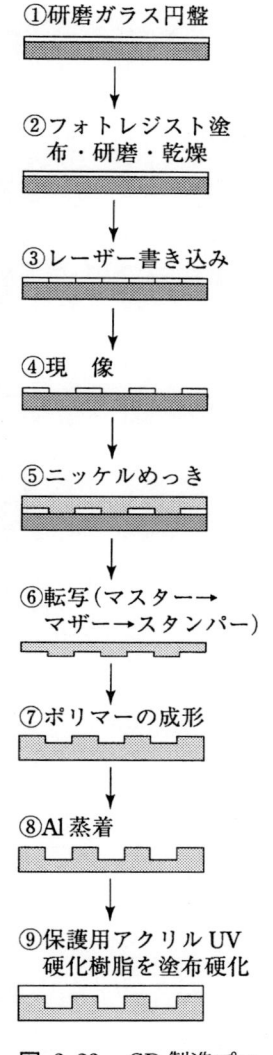

図 3.23　CD製造プロセス

① 研磨ガラス円盤
② フォトレジスト塗布・研磨・乾燥
③ レーザー書き込み
④ 現　像
⑤ ニッケルめっき
⑥ 転写（マスター→マザー→スタンパー）
⑦ ポリマーの成形
⑧ Al蒸着
⑨ 保護用アクリルUV硬化樹脂を塗布硬化

蒸　着
蒸着材料を加熱し，蒸発させ，物体表面に凝固堆積させることを蒸着という．この手法により金属や高分子などに薄膜を得ることができる．

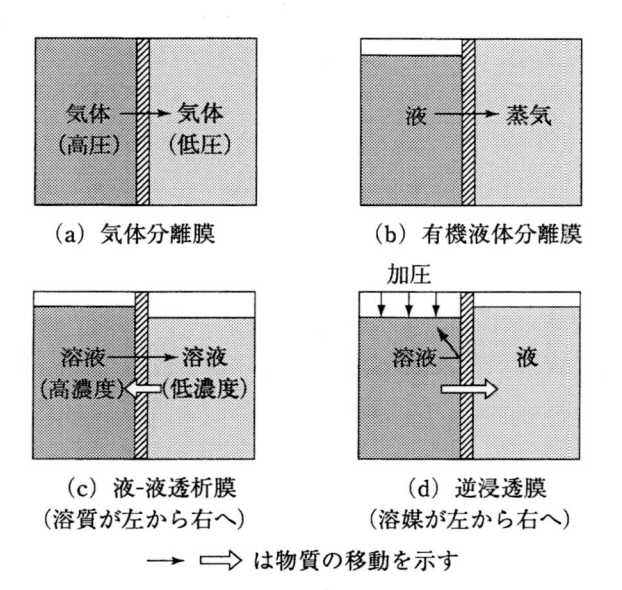

(a) 気体分離膜　気体（高圧）→気体（低圧）
(b) 有機液体分離膜　液→蒸気
(c) 液-液透析膜（溶質が左から右へ）　溶液（高濃度）→溶液（低濃度）
(d) 逆浸透膜（溶媒が左から右へ）　加圧　溶液→液

→ ⇨ は物質の移動を示す

図 3.24　濃度あるいは圧力を駆動力とする選択透過膜

d．分離機能高分子材料
（1）分離機能膜　物質を分離する高分子膜は家庭用から工業用まで広い範囲で利用され，分離されるものも多種多様である．濃度あるいは圧力を用いた選択透過膜の例を図3.24に示す．気体混合物分離膜と

ポリジメチルシロキサン

$$-\!\!\left(\!\!O\!-\!\!\underset{\underset{CH_3}{|}}{\overset{\overset{CH_3}{|}}{Si}}\!\!\right)_{\!\!n}\!\!-$$

中空繊維
繊維の長さ方向に連続あるいは不連続の空洞部を有する繊維であり，中空糸ともいわれる．

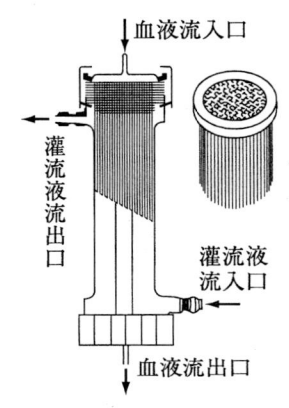

図 3.25　中空繊維型人工腎臓用透析器

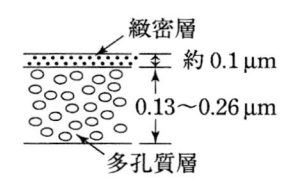

図 3.26　異方性膜の断面図

しては，酸素の富化に使われるポリジメチルシロキサンがあり，液体混合物分離用膜としてセルロース誘導体などが水とエタノールの分離に利用されている．

（i）透析膜：図 3.24（c）のように，膜の両側に溶質濃度の異なる溶液を接触させ，圧力を加えず溶質と溶媒を分離するのに用いる半透膜を透析膜という．透析膜としてはセロハンなどが古くから使われてきたが，最近ではセルロース膜や酢酸セルロース膜なども使用されている．

透析膜は血液透析器の人工腎臓用の膜として使われている．中空繊維膜を用いた人工腎臓の構造を図 3.25 に示す．中空膜の中を血液が通過していくが，その間に血液中の不要物である尿素などの低分子量のものが膜を透過できることで除去され，血液の浄化がなされる．膜の材料としては，セルロース以外にアクリロニトリル-メタクリルスルホン酸共重合体や，エチレン-ビニルアルコール共重合体などが使われている．

（ii）逆浸透膜：半透膜を隔てて溶媒と溶液を接触させると，溶媒側から溶液側へ膜を通して溶媒分子の拡散（浸透）が起こる．このとき両者の間で生じる圧力差が浸透圧である．一方，図 3.24（d）のように溶液側に圧力をかけると，逆に溶媒分子は溶液側から溶媒側へと移り，溶液側は濃縮される．この現象が逆浸透である．この原理を利用して，海水の淡水化が行われる．

逆浸透膜は，1953 年 Florida 大学の C.E. Reid が酢酸セルロース膜を逆浸透膜として用い，海水を水と塩に分離できることを示した．しかし，この膜は均質膜であったため，水の透過速度が小さく実用的でなかった．これに対して 1960 年，California 大学の S. Loeb と S. Sourirajian は，図 3.26 に示すように，酢酸セルロース膜で出来た膜の表裏面が非対称である異方性膜を開発した．この膜は表面が均一な緻密層薄膜と，これを支持する多孔質層よりなる．

このような構造体の開発により溶媒と溶質の分離に寄与する表面の緻密層が極めて薄いため水との抵抗が少なくなり，実用化が可能となった．逆浸透膜の機能として水溶液中の溶質の透過が極端に遅く，水の透過性が大きいことが基本であり，最初に用いられた酢酸セルロース以外に，ナイロン 66，芳香族ポリアミド，ポリエチレンイミン系ポリマーおよびポリエチレンオキシド系も逆浸透膜として用いられている．

逆浸透法は脱塩だけでなく，有機溶質の分離にも応用できる．たとえば，果汁飲料などの濃縮，製薬水の処理，電子工業用の超純水の製造，金属廃水処理などにも使われている．

（2）高吸水性高分子　吸水性高分子材料とは，水と接触させると短時間に吸水・膨潤して，水全体をゲル化させる性質をもつものである．この吸水性高分子は1970年ごろ，米国の農務省北部研究所で農産物の有効利用の研究から生まれたものであり，トウモロコシとアクリロニトリルのグラフト共重合体の加水分解物を主成分とするものであった．その後，ポリアクリル酸系，デンプン-アクリル酸系，架橋ポリビニルアルコールなど多くの吸水性高分子材料が開発されている．

ゲル
あらゆる溶媒に体して不溶の三次元網目構造をもつ高分子およびその膨潤体をゲルという．このように溶媒に不溶性の高分子をゲルとよぶのに対し，可溶性の高分子をゾルという．

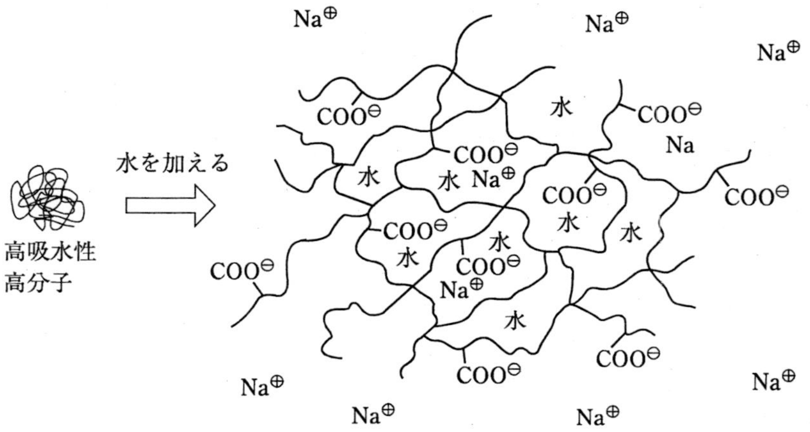

図 3.27　高吸水性高分子の吸水の摸式図

　水溶性高分子を適当に架橋して不溶化したものは，図3.27に示すように，高分子鎖間の架橋によって形成された網目の中に水分子を吸収してヒドロゲルを形成する．使用する高分子材料によっては自身の数百倍から千倍もの水を吸収して膨潤する．

　吸水性高分子は，その高い吸水力および保水力を利用して，紙おむつ，生理用品の小型化や結露防止剤，農業における土壌保水剤，結露防止剤や止水剤などにも使用されている．

ヒドロゲル
親水性ポリマー鎖間で架橋されていて，多量の水を保持し吸水性に優れた材料で，少しぐらい圧力をかけても水が抜け出さない性質をもつ．

（3）高分子凝集剤　汚水中には廃へドロやコロイド状の粒子が含まれている．その浄化に高分子凝集剤が用いられている．このようなコロイド粒子の多くは負または正に荷電している．高分子電解質であるポリアクリルアミドやポリアクリル酸ナトリウムは水中の荷電粒子と結合し，微細な粒子を塊として凝集沈殿させる．それゆえに，高分子凝集剤はできるだけ水溶性で，凝集させようとする物質と親和性をもつことが必要である．

アクリルアミド
$CH_2=CH$
　　　｜
　　　$CONH_2$

（4）分離機能樹脂　分離機能を有する樹脂にはイオン交換樹脂，キレート樹脂，クロマトグラフィ用樹脂および固定化酵素などいろいろなものがある．例を図3.28に示す．キレート樹脂は重金属イオンを捕

光学分割

光学対掌体の左右の等量混合物であるラセミ体をそれぞれの対掌体に分けることを光学分割という．対掌体のそれぞれは旋光の向きが互いに逆であること以外は物理的・化学的性質は同じであるが，他の光学活性物質との相互作用の強さが異なることを利用して分割が行われる．

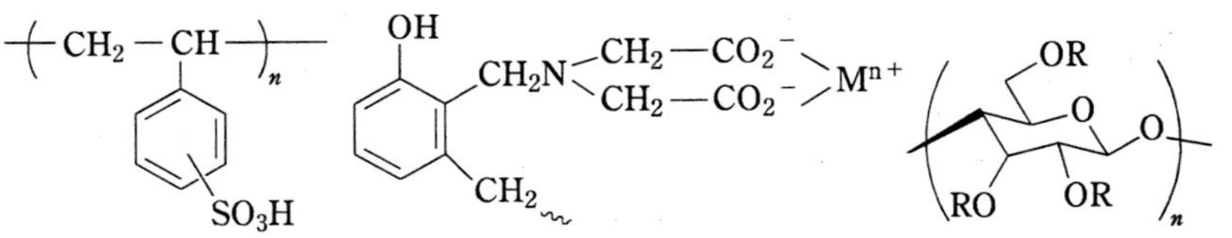

代表的イオン交換樹脂用高分子

イミノ二酢酸キレート樹脂

光学分割材料

図 3.28　分離機能材料

集するものでイミノ二酢酸含有ポリスチレンが使われている．イオン交換樹脂は水中にある金属イオンなどを除去するために使用されており，架橋パラ置換ポリスチレンなどが使用されている．クロマト用樹脂には高分子の分子量測定に使用されているポリスチレンゲルなどがある．光学分割もクロマト用樹脂を用いて行えるようになった．このような光学分割は医薬の精製にも用いられる．

e．医療用高分子材料

高分子材料は医療用材料としても広い範囲で使用されている．外科領域では人工心臓（ポリウレタン，シリコーンなど），人工血管（ポリエステル，テトラフルオロエチレンなど），縫合糸（ポリ乳酸，ポリグリコール酸など）などがあり，生体適合性，安全性などが要求される．医薬をマイクロカプセル化したものでは除放性が可能となる．

ポリ乳酸

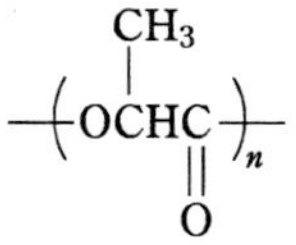

ポリグリコール酸

f．環境適応型高分子材料

合成高分子が生物により分解されるならば環境保全の観点から望ましい．このような環境適応型の高分子として生分解性高分子材料がある．生分解性とは酵素の働きにより分解する性質を示し生体適合材料とも関係していることから，今後の発展が期待される高分子材料である．

■ バイオ資源と繊維 ■

ポリエステルの原料である1,3-プロパンジオール（あるいはトリメチレングリコールともよばれる）とテレフタル酸から得られる高分子であるポリトリメチレンテレフタレートは，ポリエチレンテレフタレート（PET）やナイロンよりしなやかで伸縮性の優れた糸ができることは古くから知られていた．この1,3-プロパンジオールは，ヒドロホルミル化反応やアクロレインの水和反応で得られる．しかし，製造コストが高いのが難点であったが安価に製造できる技術がDuPont社から発表され注目されている．とうもろこしをベースにしてグルコースの発酵技術を利用する製造方法である．自然の酵母菌は糖分からグリセロールを産出することは知られている．このグリセロールを1,3-プロパンジオールに変換するバクテリア遺伝子を酵母菌に組み込み目的物を産出させるものである．DuPont社は商業生産する旨の発表を行っている．バイオマス資源は利用可能なセルロースだけでも年間100億トンに及ぶといわれており，新しい技術が生まれてくることが期待されている．

微生物にはエネルギー貯蔵源として菌体中でポリエステルをつくるものがある．そして，その分解から得られるエネルギーを生命のエネルギー源としたり，アミノ酸の合成などに用いている．生分解性高分子材料の代表的な例は，ポリ[(R)-3-ヒドロキシブチラート][P(3HB)]である．微生物が産出するポリエステルは，高分子量で立体規則性のものであるという特徴をもち，優れた生分解性高分子材料となる．生分解性は結晶性と非結晶性や高次構造と関係している．

微生物に与える炭素源を工夫すると，各種のヒドロキシアルカン酸をモノマー単位とする共重合体が合成できる．菌体を選ぶことで，表3.7 に示すような種々のヒドロキシアルカン酸を含む共重合体が合成され，透明なフィルムも得られている．

生分解性高分子
土壌中など自然界に放置するだけで分解し，自然にもどる高分子．環境に優しいとされる高分子として注目されている．

表 3.7 微生物により生成するポリエステル

基　質	ランダム共重合体
プロピオン酸 ペンタン酸	(R)-3HB / (R)-3HB
4-ヒドロキシブタン酸 γ-ブチロラクトン 1,4-ブタンジオール 1,6-ヘキサンジオール	(R)-3HB / 4HB
3-ヒドロキシプロピオン酸 1,5-ペンタンジオール 1,7-ヘプタンジオール	(R)-3HB / 3HP

3.6 これからの高分子

高分子材料は本章の初めで述べたように，天然高分子の代替として登場してきた．その後石油化学の発達により，大量生産・大量消費のもとに一方的な拡大を続け，私達の生活を豊かなものにし，優れた材料を提供してきた．一方，生産の拡大を続けてきた結果として地球温暖化，化石資源の枯渇，廃棄物の大量発生などの問題が現れてきた．合成高分子は自然に還元されにくいこと，高分子の原料資源のほとんどを石油にたよっていることから，リサイクルによる再資源化の問題もこれからの課題である．このような状況において，高分子化学工業も大量生産

大量消費の発想とは別に，製品の長寿命化とともに環境負荷を減じる製品のさらなる開発も必要となっている．

社会公共性の概念が取り入れられたポリマーのリサイクルシステムの構築，高分子材料生産におけるエネルギー効率の向上，未利用資源の活用，石油代替原料（C1化学）および再生可能資源の活用（植物廃棄物のバイオテクノロジーの活用）なども高分子工業における課題であろう．

光情報通信などの先端技術製品を支えるものとして，高機能性高分子材料の開発は今後の重要な課題である．生体適合材料・新素材の開発も重要である．

■ 演 習 問 題

(1) プラスチックの大量生産が可能となった理由にはどのような背景があるか．
(2) 高分子はゴム，繊維，プラスチックに分類できる．これらの違いと特徴をあげよ．
(3) 重縮合で高分子量のポリマーを得るためにはどのような条件が必要か．
(4) 高分子を工業的に製造するとき塊状（気相）重合がよいとされる．その理由を述べよ．
(5) ポリアミドとポリエステルの合成においてどちらが高分子化しやすいか．
(6) ナイロン6の製造で末端を安定化する必要がある．なぜこのような安定化が必要であるか．
(7) 身の周りの高機能性高分子を取り上げどのような材料でできており，高分子のどのような機能を利用しているかを述べよ．
(8) 光感光性樹脂において解像度を上げるにはポリマーをどのようにすればよいか．
(9) 導電性ポリマーをドープすると導電性が向上する．このことはどのように説明されるか．

■ 参 考 文 献

1) 大津隆行，"改訂 高分子合成の化学"，化学同人 (1988)．
2) 三枝武夫，東村敏延，大津隆行 編，"講座 重合反応論(全14巻)"，化学同人 (1977)．
3) 高分子学会編，"高分子科学の基礎"，東京化学同人 (1978)．
4) 高分子学会編，"高分子実験学 第4巻 付加重合，開環重合"，共立出版 (1983)．
5) 高分子学会編，"高分子実験学 第5巻 重縮合・重付加"，共立出版 (1983)．
6) 田中 誠，大津隆行，角岡正弘，高岸 徹，圓藤紀代司，"新版基礎高分子工業化学"，朝倉書店 (2003)．
7) 村橋俊介，藤田 博，小高忠男 編 "高分子化学 4版"，共立出版 (1993)．
8) H.F. Mark, N.B. Bikales, C.G. Overberger, G.Menges eds. "Encyclopedia of Polymer Science and Engineering", John Wiley (1990).
9) G. Ordian, "Principle of Polymerization, 3rd ed.", John Wiley (1991).
10) 東村敏延（著者代表），ほか，"新高分子化学序論"，化学同人 (1995)．
11) 井上祥平，宮田清蔵，"高分子材料の化学 第2版"，丸善 (1993)．
12) 山下雄也 監修，"高分子合成化学"，電機大学出版局 (1995)．
13) 野瀬卓平，中浜精一，宮田清蔵 編，"大学院 高分子科学"，講談社サイエンティフィク (1997)．

参 考 文 献

14) 園田 昇，亀岡 弘 編，"有機工業化学 第2版"，化学同人 (1993)．
15) 阿河利男，小川雅弥，川手昭平，北尾悌次郎，木下雅悦，黄堂慶雲，"有機工業化学 第6版"，朝倉書店 (1988)．
16) 高分子学会編，"高分子新素材便覧"，丸善 (1989)．
17) 日本化学会編，"第6版 化学便覧 応用化学編"，丸善 (2003)．
18) 高分子学会編，"高分子新素材 One Point シリーズ(全20巻)"，共立出版 (1989)．
19) 高松秀機，"研究開発物語－創造は天才だけのものか"，化学同人 (1992)．
20) 佐伯康治，尾見信三 編著，"新ポリマー製造プロセス"，工業調査会 (1994)．

4 生活環境化学

　人が健康で文化的な生活をする上で，清潔で心豊かになれる環境は必須の条件であると思われる．そのために，身体や生活用具などをきれいにする石けん洗剤の果たしてきた役割は大きい．また，食品は活動を支えるエネルギー源としてはもちろん，健康を維持する上でも欠かすことのできないものである．さらに化粧品や香料は生活をより豊かに，うるおいのあるものにするとともに，近年は心のやすらぎをもたらす健康面での機能も見直されてきている．

　石けんを含めた界面活性剤は，文章で述べるように水と油のように互いに混じり合わない物質を混じり合うようにできる機能をもっていることから，豊かな生活環境をつくり出す重要な機能物質である．たとえば油汚れを除く洗剤の主成分となり，食品をおいしく仕上げる油脂を水と分離させず混合し，また皮膚に不可欠な油分と水分を補給する化粧品の仕上げに役立っている．

4.1　石けん洗剤と界面活性剤

a. 石けん洗剤の歴史

　石けんは脂肪酸をナトリウムやカリウムの水酸化物あるいは炭酸塩などで中和したものであるが，紀元前3000年ごろの古代ローマ時代にすでにその原型があったといわれ，それは木灰の炭酸カリウムと獣脂からできたものと考えられている．記録としては古代メソポタミア（紀元前2000年ごろ）のものが残っている．中世には原料油脂として地中海地域でとれるオリーブ油が使われるようになった（マルセル石けん）．また15世紀ごろに繊維に付着している樹脂，脂肪，ろう，土砂などを除く精錬の用途に石けんが使われるようになって進歩し，その後ヒマシ油を硫酸化したロート油が開発されて同用途に使用され，繊維工業での界面活性剤の重要性がさらに増大した．石けんはわが国へは16世紀の織田・豊臣時代に，キリスト教の宣教師によって紹介されたが，生産が始まったのは1873年（明治6年）のことで，1877年（明治10年）には全国で13の石けん工場ができたといわれる．

マルセル石けん
中世（12世紀ごろ）にオリーブ油から良質の石けんがつくられ，とくにフランスのマルセイユが石けん工業の中心地であったことから，この名前がある．

ヒマシ油
トウゴマの種子から得られる油で，下剤として使われることもある．その主要な構成脂肪酸は水酸基をもつリシノール酸（12-ヒドロキシ-cis-9-オクタデセン酸）である．

油脂は脂肪酸とグリセロールとのトリエステルであり，水酸化ナトリウムや水酸化カリウムなどのアルカリで加水分解すると下式のようにセッケンとグリセロールが生成する．この反応をけん化という．グリセロールがダイナマイトの原料でもあったことから，19世紀から20世紀にかけて石けんは急速に普及していった．

石けんとセッケン
学術用語的には，製品の"石けん"と，化合物としての名称"セッケン"と使い分けている．

$$\begin{array}{c} CH_2OOCR^1 \\ | \\ CHOOCR^2 \\ | \\ CH_2OOCR^3 \end{array} + NaOH \longrightarrow \begin{array}{c} CH_2OH \\ | \\ CHOH \\ | \\ CH_2OH \end{array} + \begin{pmatrix} R^1COONa \\ + \\ R^2COONa \\ + \\ R^3COONa \end{pmatrix}$$

油脂　　　　　　　　　　　グリセロール　　　セッケン

しかし，第一次世界大戦時，食用の動植物油脂が不足すると，石けんへの使用が制約され，代わりに石炭タール油を原料としてアルキルナフタレンスルホン酸塩がつくられた．これが最初の合成界面活性剤である．大戦後の1930年ごろに，各種のスルホン酸塩や硫酸エステル塩などが多く開発された．これらは石けんの最大の欠点である"水中のカルシウムイオンなどの硬度成分と結合してセッケンカスとなって性能を失う"ことが少なく，また洗濯液の酸性度による性能低下も小さいことから普及していった．その一つがわが国でも重宝されたアルキル硫酸エステル塩（AS）である．原料は動植物油脂から得られる長鎖アルコールであり，当初わが国ではマッコウ鯨油（長鎖アルコールと長鎖脂肪酸のエステルであるロウエステルが主成分）のけん化で得ていた．のちには，脂肪酸エステルの高圧水素添加や石油原料からのオキソ法やパラフィン酸化法などによって得たアルコールを硫酸化してASを合成するようになった．

スルホン酸塩と硫酸エステル塩
有機化合物の水素をスルホン酸基-SO_3Hに置換して得たRSO_3Hを中和した塩をスルホン酸塩という．アルコールなどに硫酸やクロロスルホン酸を反応させて得た$ROSO_3H$を中和させた塩を硫酸エステル塩という．

$$CH_3(CH_2)_7CH=CH(CH_2)_7COO(CH_2)_8CH=CH(CH_2)_7CH_3$$
マッコウ鯨油の代表的成分

$$\xrightarrow{NaOH} C_{17}H_{33}COONa + C_{18}H_{35}OH$$

$$ROH + H_2SO_4 \xrightarrow{-H_2O} ROSO_3H \xrightarrow{NaOH} ROSO_3Na$$

長鎖アルコール　　　　　　　　　　　　アルキル硫酸エステル塩（AS）

第二次世界大戦中の1936年に米国で，分岐鎖アルキルベンゼンスルホン酸塩（ABS）が開発され，石油化学の進歩によってプロピレンとベンゼンから安価に，かつ大量にABSが生産されるようになった．また，トリポリリン酸ナトリウム（$Na_5P_3O_{10}$）との組合せにより，優れた洗浄力

と大きい水溶性をもち，使いやすい合成洗剤ができ，さらに同じころに電気洗濯機が普及したこともあって合成洗剤は急速に普及していった．しかし，ABSはアルキル鎖がプロピレンの四量体で分岐した構造をもっていたため，微生物による分解（いわゆる生分解）が遅く，長く残って河川の泡立ちの原因となった．微生物によるアルキル鎖の生分解は酸化によって進み，メチル分岐があればその部分で分解が遅れる．そこで，直鎖アルキル鎖をもつアルキルベンゼンスルホン酸塩（LAS）が開発され，英国では1958年から導入が始まり，わが国でも1965年から生分解性合成洗剤として登場し，順次転換された（合成洗剤のソフト化）．

合成洗剤には洗浄力増強効果や粉末の流動性を保持するためにビルダーといわれる助剤が配合される．その中でとくに大きな洗浄力向上効果を発揮するものがトリポリリン酸塩であるが，内海や湖沼などの閉鎖水域に流れ込み，生物が過度に繁殖する富栄養化現象を引き起こす原因となった．米国では，五大湖の一つミシガン湖に接するシカゴ市がリン酸塩を含む合成洗剤の販売を1972年から禁止する条例を制定した．わが国では，琵琶湖を抱く滋賀県が1980年に琵琶湖富栄養化防止条例を制定施行し，その使用を禁止した．

このような状況を受けて，リン酸塩に代わるビルダー成分が検討され，水中のカルシウムイオンをイオン交換する能力のあるゼオライト（アルミノケイ酸塩）を配合した無リン洗剤が開発され，市販されるようになった．ゼオライトの欠点は水に溶けないことであり，初期には粒径の大きいゼオライト粒子が混入し洗濯後の衣類に粉残りが見られるものもあった．単にリン酸塩をゼオライトに置き換えるだけでは洗剤の性能を十分に発揮できないので，配合する界面活性剤の再検討，酵素や漂白剤の添加などがなされた．

洗濯した後の衣類に柔軟性や帯電防止性を付与するため仕上げ剤が使用される．この仕上げ剤には，カチオン界面活性剤が配合される．水素化牛脂からのアミンを原料としてつくられるジアルキルジメチルアンモニウムクロリドが1950年代に開発されたが，その主成分は，ジオクタデシルジメチルアンモニウムクロリド（DODMAC）である．

$$CH_3(CH_2)_{16}CH_2 \diagdown \quad \diagup CH_3$$
$$\quad\quad\quad\quad\quad\quad\quad N^+ \quad Cl^-$$
$$CH_3(CH_2)_{16}CH_2 \diagup \quad \diagdown CH_3$$
DODMAC

木綿は水中で負に帯電するので，柔軟剤はその長鎖アルキル基を繊維の外に向けた形で吸着して繊維間の摩擦力を低減し，良好な柔軟性

合成洗剤のソフト化
合成洗剤の主成分であった分岐鎖アルキルベンゼンスルホン酸塩（ABS）は生分解性が悪いので，生分解性のよい直鎖アルキルベンゼンスルホン酸塩（Linear alkylbenzene Sulfonate：LAS）に転換された．これを合成洗剤のソフト化という．わが国ではソフト化は1960年に始まり1971年にほぼ完了した．

ゼオライト
一般式 $M_{2/n}O・Al_2O_3・xSiO_2・yH_2O$（$M=Na, K, Ca, Ba$，$n$は価数，$x=2～10$，$y=2～7$）で表わされるアルミノケイ酸塩で，陽イオン交換能をもつ．熱を加えると水は可逆的に除かれる．脱水した結晶性ゼオライトは分子ふるい効果を示す．ゼオライト結晶の空孔の大きさや形によっていくつかの型があり，無リン合成洗剤にリン酸塩の代わりとして使われるのはA型ゼオライトである．

牛 脂
牛の脂肉から得られる脂肪で，構成脂肪酸としてはオレイン酸がもっとも多く，パルミチン酸，スチアリン酸と続く．この三者でほぼ85％にもなり，水素化すれば60％近くがスチアリン酸になる．

を付与する．しかし，生分解性が非常に小さい欠点を有する．柔軟性能と生分解性を併せもつものとして，アミド結合やエステル結合をもつカチオン界面活性剤などが開発されている．

b. 界面活性剤の化学構造

界面活性剤（surface active agent あるいは略して surfactant）は，気体/液体，液体（油）/液体（水），固体/液体などの界面に吸着して張力などの界面物性を大きく変える物質であり，特異的な化学構造をもち，少量の添加で，洗浄・乳化・分散・湿潤・可溶化・起泡などの作用を示す．

界面活性剤の分子は油に溶ける親油性部分（親油基あるいは疎水基）と水に溶ける親水性部分（親水基）とを併せもつ構造をしており，水と

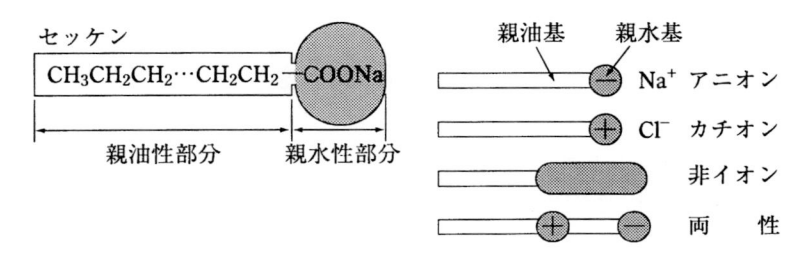

図 4.1 界面活性剤のイメージ図

表 4.1 界面活性剤を構成する官能基

		官 能 基
親油基		アルキル鎖(C_nH_{2n+1}, C_nH_{2n-1})
		アルキルベンゼン($C_nH_{2n+1}C_6H_4$)
		アルキルナフタレン
		ポリオキシプロピレン($H[OCH(CH_3)CH_2]_nOH$)
		ペルフルオロアルキル(C_nF_{2n+1}, C_nF_{2n-1})
		ポリシロキサン($H[OSi(CH_3)_2]_nOH$)
親水基	アニオン型	カルボン酸塩(COO^-)
		硫酸エステル塩(OSO_3^-)，スルホン酸塩(SO_3^-)
		エトキシ硫酸エステル塩($O(C_2H_4O)_nSO_3$)
		リン酸エステル塩($OP(O)(O^-)_2$)
	カチオン型	アミン塩($NH_3^+X^-$)，
		第四級アンモニウム塩($N(CH_3)_3^+X^-$)
	非イオン型	ポリオキシエチレン誘導体($O(C_2H_4O)_nH$,
		$COO(C_2H_4O)_nH, N(C_2H_4O)_nH$)，
		アルキロールアミド($CON(C_2H_4OH)_2$)，
		アミンオキシド($N(CH_3)_2 \to O$)，
		多価アルコール誘導体($COOCH_2CH(OH)CH_2OH$,
		$COOCH_2(CH_2OH)_3, COO(糖), O(糖)$)
	両性型	アミノ酸塩($NHC_nH_{2n}COOH$ など)
		ベタイン($N^+(CH_3)_2CH_2COO^-$,
		$CONHC_3H_6N^+(CH_3)_2CH_2COO^-$)
		レシチン

油の界面に吸着することができる．

界面活性剤は，親水基の電荷によって4種に分類される．陰イオン（アニオン）界面活性剤，陽イオン（カチオン）界面活性剤はそれぞれ，負と正の電荷の親水基をもつ．非イオン界面活性剤は電荷のない親水基をもち，両性界面活性剤は正と負の両方の電荷を含む親水基をもつ（図4.1）．

表4.1に代表的な親油基と親水基の例を示してある．親油基としては炭素数10〜18のアルキル鎖，炭素数10〜15個のアルキル鎖をもつアルキルベンゼンやアルキルナフタレンなどがある．また，ポリオキシプロピレン鎖も親油基として作用する．これらの炭化水素鎖以外に，フルオロカーボン鎖やジメチルポリシロキサン鎖などの親油基もある．親水基はカルボキシル基，アンモニウム基，水酸基，エーテル結合などである．

表 4.2 HLBと界面活性剤の用途

HLB	用途
1〜3	消泡剤
3〜6	w/o 型乳化剤
7〜9	湿潤剤
8〜18	o/w 型乳化剤
13〜15	洗浄剤
15〜18	可溶化剤

界面活性剤が水と油の界面に作用する場合を考えると，水溶性と油溶性のバランスが重要になる．そこで，界面活性剤の水への溶解性を数字で示すものとして，界面活性剤の分子の親水基と親油基の大きさの比率，すなわち親水基と親油基のバランス（hydrophilic lipophilic balance; HLB）を用いる．このHLBの値によって界面活性剤のだいたいの性質がわかり，その用途も表4.2のように推定できる．Griffinはポリオキシエチレン型や多価アルコール型非イオン界面活性剤に対して，親水基の重量％を5で割った値を提案し，したがってパラフィンのように親水性のないものは0となり，ポリエチレングリコールのような親水基だけのものは20の値とした．最良の乳化状態の得られる界面活性剤のHLBは乳化実験などによっても求められる．二種以上の界面活性剤を混合した系のHLBは加成性をもとに個々の界面活性剤の値から計算できる．

たとえば，$C_{12}H_{25}(OCH_2CH_2)_6OH$ と $C_{12}H_{25}(OCH_2CH_2)_{10}OH$ の40％，60％の混合物のHLBは，親水基 $(OCH_2CH_2)_6$ と $(OCH_2CH_2)_{10}$ の質量264と440をもとに，前者は $(264/450)\times(100/5)=11.7$, 後者は $(440/609)\times(100/5)=14.4$ となり，混合系のHLBは $11.7\times0.4+14.4\times0.6=13.3$ と求められる．

（1）陰イオン界面活性剤　代表的な陰イオン界面活性剤は，セッケン，アルキル硫酸エステル塩（AS），アルキルベンゼンスルホン酸塩であり，衣料用および台所用石けんあるいは合成洗剤に多く使用される．セッケンは油脂あるいは脂肪酸メチルをアルカリでけん化，あるいは油脂を加水分解して得た脂肪酸をアルカリで中和する方法のいずれかで合成される．ASは，長鎖アルコールを，硫酸，無水硫酸（SO_3），クロロスルホン酸やスルファミン酸などで硫酸エステル化した後に中

和して得られる.

　長鎖アルコールには油脂を原料として得る天然アルコールと，石油を原料として得る合成アルコールがある．天然アルコールのうちの直鎖第一級アルコールは，ろうエステルのけん化，あるいは油脂から得た脂肪酸メチルを Cu-Cr-O 系などの触媒存在下で水素還元することによって得られる．不飽和脂肪酸エステルからの不飽和長鎖アルコールの合成は，金属ナトリウムを用いるナトリウム還元（ブーボ-ブラン Bouveault-Blanc）還元）か，Zn-Cr-O 系などの触媒を用いた水素還元によって行われ，大量合成には後者が適している．

　合成アルコールは，n-オレフィンか α-オレフィンの一酸化炭素と水素によるオキソ法（ヒドロホルミル化），エチレンの重合と酸化の後，加水分解するチーグラー法，あるいは n-パラフィンを酸化する方法によって合成される．チーグラーアルコールは直鎖アルキルの第一級アルコールであり，パラフィン酸化によるアルコールは直鎖アルキルの第二級アルコールである．オキソアルコールは下記のようなアルキル鎖が直鎖と分岐鎖の第一級アルコール混合物であり，直鎖アルキル誘導体の比率（直鎖率）は触媒に依存しており 50〜85% である．

ろうエステル
長鎖脂肪酸と長鎖アルコールからなるエステルで，代表的なものに鯨ろうやカルナバろうがある．

[オキソ法]
$$RCH=CH_2 + CO + H_2 \longrightarrow RCH_2CH_2CHO + RCH(CH_3)CHO$$
$$\longrightarrow RCH_2CH_2CH_2OH + RCH(CH_3)CH_2OH$$

[チーグラー法]
$$Al(C_2H_5)_3 + CH_2=CH_2 \longrightarrow Al[(C_2H_4)_nC_2H_5]_3 \xrightarrow{H_2SO_4 \text{で加水分解}}$$
$$Al[O(C_2H_4)_nC_2H_5]_3 \longrightarrow HO(C_2H_4)_nC_2H_5 + Al_2(SO_4)_3$$

[パラフィン法]
$$RH + O_2 \longrightarrow ROOH \xrightarrow{HO-B=O} (RO)_3B \longrightarrow ROH$$

　直鎖アルキルベンゼンスルホン酸塩 (LAS) は，α-オレフィンあるいはクロロパラフィンとベンゼンとから塩化アルミニウム，フッ化水素あるいはアルミノケイ酸塩などの触媒の存在下での反応で得た直鎖アルキルベンゼンをスルホン化した後，中和して合成される．

$$RCH=CH_2 + \text{C}_6\text{H}_6 \xrightarrow{AlCl_3} \text{C}_6\text{H}_5\text{-CH(R)CH}_3 \xrightarrow{SO_3/NaOH} \text{(4-SO}_3\text{Na)C}_6\text{H}_4\text{-CH(R)CH}_3$$

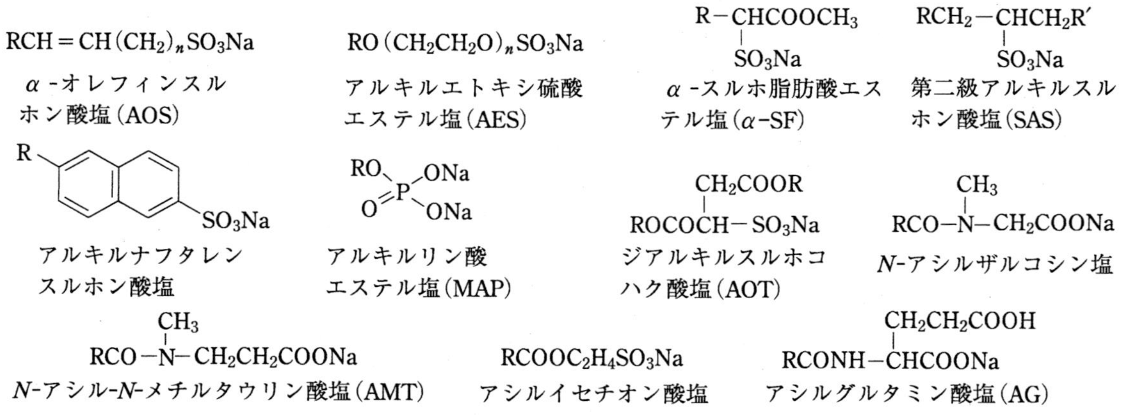

$RCH=CH(CH_2)_nSO_3Na$
α-オレフィンスルホン酸塩(AOS)

$RO(CH_2CH_2O)_nSO_3Na$
アルキルエトキシ硫酸エステル塩(AES)

$\underset{SO_3Na}{R-CHCOOCH_3}$
α-スルホ脂肪酸エステル塩(α-SF)

$\underset{SO_3Na}{RCH_2-CHCH_2R'}$
第二級アルキルスルホン酸塩(SAS)

R-ナフタレン-SO_3Na
アルキルナフタレンスルホン酸塩

$\underset{ONa}{\overset{RO}{\underset{\parallel}{P}}}\underset{ONa}{\overset{}{O}}$
アルキルリン酸エステル塩(MAP)

$\underset{ROCOCH-SO_3Na}{CH_2COOR}$
ジアルキルスルホコハク酸塩(AOT)

$\underset{RCO-N-CH_2COONa}{CH_3}$
N-アシルザルコシン塩

$RCO-\underset{CH_3}{N}-CH_2CH_2COONa$
N-アシル-N-メチルタウリン酸塩(AMT)

$RCOOC_2H_4SO_3Na$
アシルイセチオン酸塩

$\underset{RCONH-CHCOONa}{CH_2CH_2COOH}$
アシルグルタミン酸塩(AG)

図 4.2 陰イオン界面活性剤

このほかの陰イオン界面活性剤としては，図4.2に示すようなものがある．

α-スルホ脂肪酸エステル塩（α-SF）は油脂を原料とする生分解性の良い界面活性剤として衣料用合成洗剤に配合され，アルキルエトキシ硫酸エステル塩（AES）は台所用合成洗剤やシャンプーなどに使用されている．ジアルキルスルホコハク酸塩（AOT）の一つであるジ2-エチルヘキシルエステル塩は大きい浸透力を示し，油にも水にも溶けるという特徴をもっている．N-アシル-N-メチルタウリン塩（AMT）などのアミノ酸系界面活性剤は低刺激性であることからシャンプーなどに使用され，アシルグルタミン酸塩（AG）は弱酸性界面活性剤として皮膚用洗浄剤などに使用される．

長鎖アルコール
炭素数が6以上のアルコールをいい，高級アルコールともいわれる．プラスチックの可塑剤の用途には炭素数6〜11がおもに使われ，それ以上の炭素数のものは界面活性剤用途に使われる．

（2）非イオン界面活性剤 非イオン界面活性剤には，長鎖のアルコールやアルキルアミンおよび脂肪酸のポリオキシエチレン誘導体と，長鎖のアルコールや脂肪酸の多価アルコール誘導体などがある．

$$RXH + H_2C\overset{}{\underset{O}{-}}CH_2 \longrightarrow RX(CH_2CH_2O)_nH$$
$$X = O, NH, COO, CONH$$

アルキルポリオキシエチレンエーテル（AE）は，長鎖アルコールとエチレンオキシド（EO）との付加反応により得られる．近年開発されたマグネシウム，カルシウムやアルミニウムなどの金属の酸化物触媒を使用すると，図4.3のグラフにみられるように，従来のAE(BRE)よりポリオキシエチレン鎖分布が狭いAE(NRE)が得られ，またポリエチレングリコールやジオキサンなどの副生成物も少ない．さらに，未反応の原料アルコールが非常に少ないため，アルコール臭が少ない，水

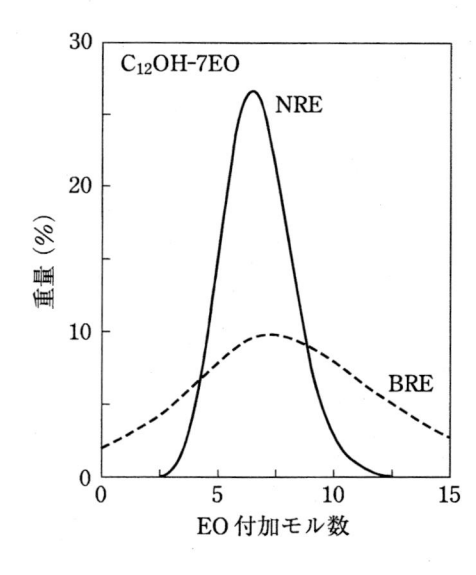

図 4.3 アルキルポリオキシエチレンエーテル(AE)のオキシエチレン鎖分布

溶性が高い，洗浄力が大きいなどの利点をもっている．

ポリオキシエチレンアルキルフェニルエーテルは工業用洗浄剤などに使用されているが，内分泌撹乱作用があるとされ，使用自粛の動きが出ている．

ポリオキシエチレンとポリオキシプロピレンのブロックポリマーは低泡性の界面活性剤として工業用に使用される．

脂肪酸ジエタノールアミドは脂肪酸またはそのメチルエステルとジエタノールアミンを反応させて得られ，起泡力向上効果がある．またアルキルアミンオキシドは中性やアルカリ性で非イオン界面活性剤としての性質を示す．アルキルアミンの過酸化水素酸化で得られ，陰イオン界面活性剤に混合することによって皮膚への低刺激化に効果がある．これらは台所用合成洗剤にしばしば使用される．

内分泌撹乱作用
正常なホルモンの働きを混乱させる作用で，外因性内分泌撹乱作用を示す環境汚染化学物質は環境ホルモンともいわれ，環境中に存在して動物の体内に入るとホルモンに似た効果を示す．

$$RCOOH + 2HN\begin{matrix}CH_2CH_2OH\\CH_2CH_2OH\end{matrix}$$

$$\longrightarrow RCON\begin{matrix}CH_2CH_2OH\\CH_2CH_2OH\end{matrix} \cdot NH(CH_2CH_2OH)_2$$

1:2型脂肪酸アルカノールアミド

$$RN(CH_3)_2 + H_2O_2 \longrightarrow RN\begin{matrix}CH_3\\\rightarrow O\\CH_3\end{matrix}$$

アルキルアミンオキシド

脂肪酸とグリセロール，ソルビタン，ショ糖，ポリグリセロールなどとのエステルは安全性の高い界面活性剤で，食品添加物として認めら

れている．硬化ひまし油のポリオキシエチレン誘導体 (HCO) は油性薬を水に可溶化した注射薬に使用される．

長鎖アルコールとでんぷん分解物から得られるアルキルポリグリコシド (APG)，およびグルコースから得られるアルカノイル-N-メチルグルカミド (GA) は，ともに糖から誘導された界面活性剤であり，優れた生分解性と高い安全性や皮膚に対する低刺激性を有する．

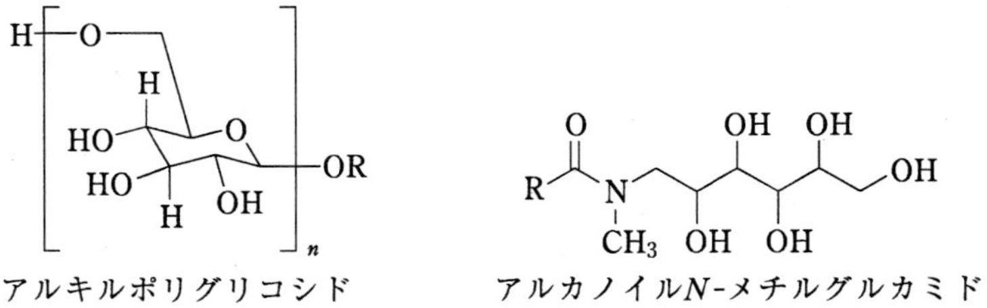

アルキルポリグリコシド
(APG)

アルカノイルN-メチルグルカミド
(GA)

図 4.4　低刺激性界面活性剤

毛髪
皮膚表面に出ている毛幹と皮膚内部の毛根に分けられる．毛幹の一番外はキューティクルといわれ，根元から毛先に向って鱗片状に重なり，内側のコルテックスを保護している．コルテックスは毛髪の 80〜90％を占めるケラチン質で，メラニン色素を含む．

（3）カチオン界面活性剤　カチオン界面活性剤には，アルキルアミンの塩と第四級アンモニウム塩がある．これらは衣類や毛髪の柔軟仕上げ剤として使われる．生分解性柔軟剤としてエステル基やアミド基を分子内に導入したカチオン界面活性剤が開発された．エステル基の導入によって生分解性は向上するが，柔軟性能が低下する場合がある．アミド基を導入すると柔軟性能が向上する．これはアミド基に基づく水素結合によって繊維上へ密に配向して吸着し，繊維間の摩擦力を低減する効果によるものと考えられる．生分解性を特徴とする新しいカチオン系柔軟剤を図 4.5 に示す．

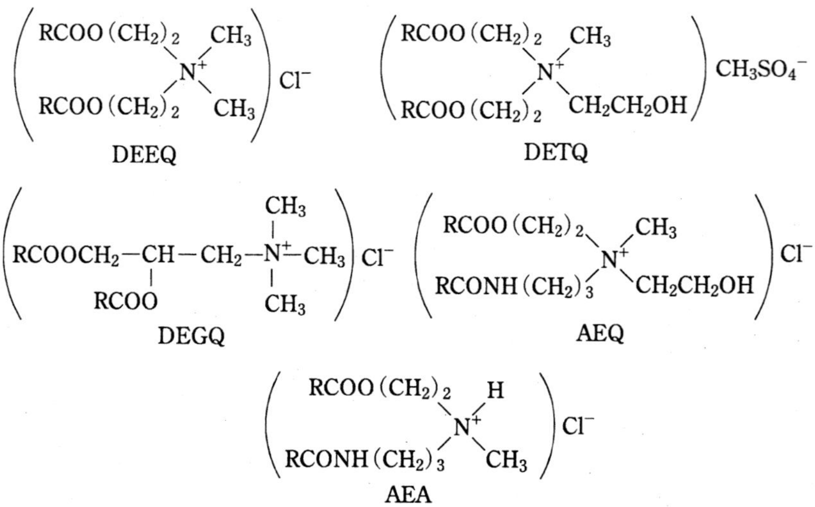

DEEQ

DETQ

DEGQ

AEQ

AEA

図 4.5　生分解性柔軟剤

図4.6に示すようなアンモニウム塩の界面活性剤は抗菌性を示し，殺菌剤などとして使用される．

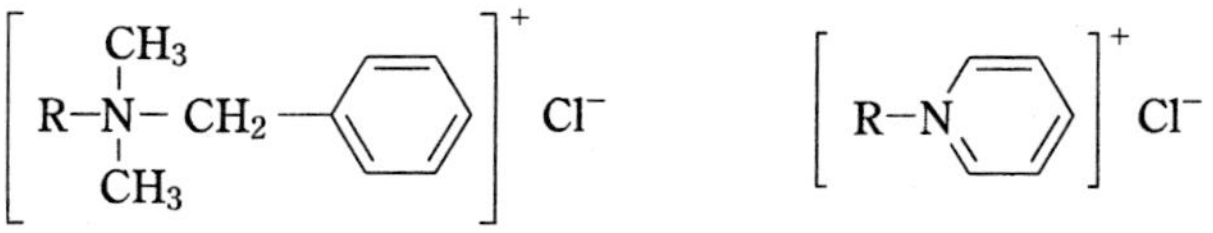

$$\left[\begin{array}{c} \mathrm{CH_3} \\ \mathrm{R-N-CH_2-} \\ \mathrm{CH_3} \end{array} \hspace{-0.5em} \bigcirc \right]^+ \mathrm{Cl}^- \qquad \left[\mathrm{R-N} \hspace{-0.5em} \bigcirc \right]^+ \mathrm{Cl}^-$$

　　塩化ベンザルコニウム塩　　　　アルキルピリジニウム塩

図4.6

（4）両性界面活性剤　両性界面活性剤には，図4.7に示したようにアミノカルボン酸，アミノスルホン酸，アミノサルフェート誘導体などがある．ベタイン構造（アニオンとカチオンが分子内で離れた位置にある）をもつこれらの両性界面活性剤は，酸性ではアニオンが中和されてカチオン的になり，アルカリ性では逆にアニオン的になる．基本的にほかのタイプの界面活性剤と併用できるが，使用条件によっては反対荷電の界面活性剤との混合で沈殿を生じる場合がある．また分子内の正と負の両イオンの解離度が等しくなると（等電点），分子の電荷がゼロになり，分子内塩を形成し沈殿する場合もある．等電点は必ずしも中性でなく，たとえばアルキルアミノプロピオン酸塩の等電点はpH 4以下である．一般に両性界面活性剤は低刺激性で，シャンプーなどに使用される．

ベタイン
もともとは，$(CH_3)_3N^+CH_2COO^-$の構造をもつグリシンベタインをいう．両性界面活性剤としてカルボキシベタイン $RN^+(CH_3)_2CH_2COO^-$ やスルホベタイン $RN^+(CH_3)_2(CH_2)_nSO_3^-$ がある．

$$RN^+(CH_3)_2CH_2CH(OH)CH_2SO_3^- \qquad RCONH(CH_2)_3N^+(CH_3)_2CH_2COO^-$$

$$\left\{ \begin{array}{c} RCONHCH_2CH_2N(CH_2CH_2OH)CH_2COONa \\ + \\ RCON(CH_2CH_2OH)CH_2CH_2N(CH_2COONa)_2 \end{array} \right\}$$

図4.7　両性界面活性剤

c．界面活性剤の物性

（1）水溶性　イオン性界面活性剤の水溶性は図4.8に示したように，クラフト点（Krafft point：Kp）とよばれる温度以上で著しく増大する．したがって使用するときはクラフト点以上の温度がよい．クラフト点は水和した固体の界面活性剤の融点とみなされ，溶解度曲線より低温側領域では溶解度を越える量の界面活性剤が水和されて析出する．この固体状の界面活性剤はクラフト点に到達して融解すると液体となり，濃度が上がると後述のミセルとなって分散溶解するので溶解度が急激に増す．臨界ミセル濃度（cmc）は後述するようにミセルを形成する最低濃度であり，図4.8からもわかるように陰イオン界面活性剤では温度の影響をほとんど受けない．溶解度曲線およびcmc曲線よ

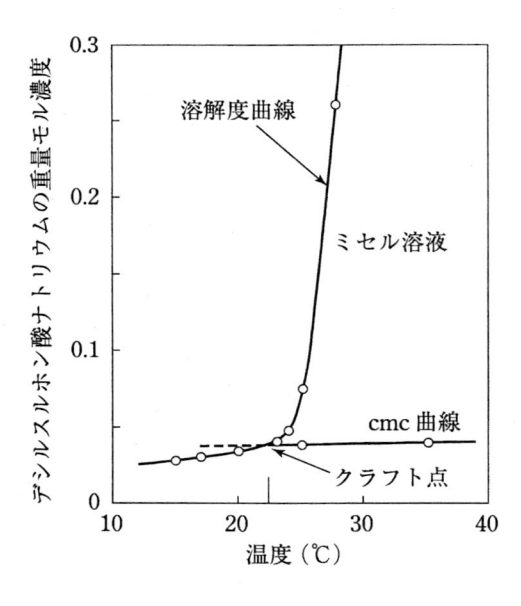

図 4.8 デシルスルホン酸ナトリウムの水の溶解性
[篠田耕三,"改訂増補 溶液と溶解度",丸善 (1974), p. 189]

り低濃度領域で界面活性剤は分子状(モノマー状)で溶解している.クラフト点は,単一の界面活性剤よりも同族体混合物の方が低く,また長鎖アルコールの添加による混合ミセルの形成によっても低下する.逆に塩類の添加によってクラフト点は上昇する.

非イオン界面活性剤のクラフト点は通常観測されないほど低い.しかし,非イオン界面活性剤はイオン性界面活性剤と異なり,系の温度が高くなると濁りを生じるようになる.この温度を曇点(cloud point)といい,使用可能な上限温度といえる.これは温度が高くなると水と水酸基やエーテル酸素などの親水基との親和力が減少し,界面活性剤が分離するためである.曇点は一般に疎水性の化合物や無機塩類の添加によって下がる.逆にイオン性界面活性剤の添加は曇点を上げる.

(2) 界面活性 界面活性剤は混じり合わない物質間の界面に吸着して熱力学的に安定な系を形成する.たとえば水と空気の界面(表面)では,界面活性剤は親油基を空気の方に向けて配向して吸着し,表面張力を下げる.液体の単位面積の表面をつくるのに要するエネルギー(表面張力)を γ とすると,界面活性剤の水溶液の場合,溶質である界面活性剤の表面における吸着量 Γ は

$$\Gamma = -\frac{1}{RT}\frac{d\gamma}{d\ln a_2}$$

というギブスの吸着式に従う.ここで R は気体定数,a_2 は溶質の活量である.n 個にイオン解離するイオン性界面活性剤の表面吸着に際しては上式をそのまま適用できない.正負両イオンが $d\gamma$ に寄与することを考慮すれば,上式は,塩のない希薄溶液の場合,活量 a_2 の代わりに濃度

気体定数(gas constant) 理想気体は $pV = nRT$ (p, V, T はそれぞれ n モルの気体の圧力・体積・絶対温度)に従う.この式の R が気体定数で,気体の種類によらない普遍定数である.SI 単位で $8.31\,\mathrm{JK^{-1}mol^{-1}}$ である.

c を用いて，

$$\Gamma = -\frac{1}{nRT}\frac{d\gamma}{d\ln c}$$

で表されるので，イオン性界面活性剤はこの式を適用する．

表面で吸着分子1個あたりの占める面積 A は，

$$A = \frac{1}{Na\Gamma}$$

で与えられる．ここで，Na はアボガドロ数である．

界面活性剤の表面張力低下能は，同族列に対しては親油基のアルキル鎖長の増加とともに増大し，親油基が同一のとき，親水基の比率が増大するとともに減少する（トラウベ（Traube）則）．また，親油基の分岐度が増大するとともに到達表面張力が小さくなる（ハートレー（Hartley）則）．

界面活性剤の表面への配向吸着が飽和に達すると，親油基が水から排除され系を安定にするために，数十個以上の界面活性剤が親水基を外側に向け，親油基を内側に向けて集合し，ミセルと言われる会合体を水中に形成する．このミセルを形成する最低濃度領域を臨界ミセル濃度（critical micelle concentration；cmc）といい，この濃度以下ではミセルは形成されない．

表4.3に代表的な界面活性剤の水溶性（クラフト点，曇点）とcmc値を示す．

アボガドロ数
1モルの純物質中に存在する分子の数．6.02×10^{23}．

吸着（adsorption）
二つの相が接する場合，両相中の物質がその界面に集まったり，界面から離れたりして平衡に達する現象をいう．前者を正の吸着，後者を負の吸着という．

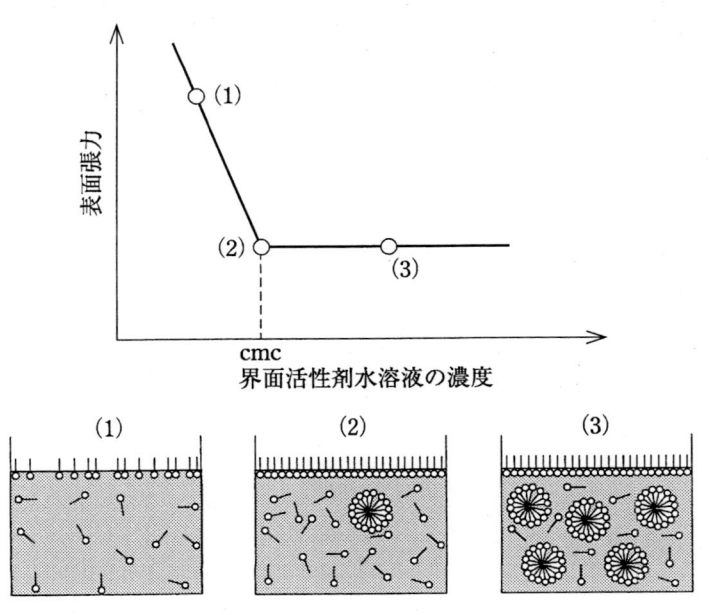

図 4.9 界面活性剤水溶液の表面張力濃度曲線

表 4.3 界面活性剤の水溶性と cmc 値

界面活性剤	クラフト点(°C)	cmc(10^{-3}mol L^{-1})
$C_{11}H_{23}COONa$	19	25.2
$C_{12}H_{25}OSO_3Na$	15	8.1
$C_{12}H_{25}SO_3Na$	37	9.8
$C_{14}H_{29}CH(SO_3Na)COOCH_3$	29	0.37
$C_{12}H_{25}C_6H_4SO_3Na$		1.6
$C_{12}H_{25}N^+(CH_3)_3Cl^-$	3	15
$C_{12}H_{25}O(C_2H_4O)_8H$	68.0*(7.3 EO)	0.11
$C_{16}H_{33}N^+(CH_3)_2CH_2COO^-$	12	

* 曇点

　同族列の界面活性剤水溶液の場合，界面活性剤のアルキル基の炭素数 N と cmc の間には次式が成立し，アルキル鎖長の増大とともに cmc は減少する．

$$\log(\mathrm{cmc}) = -aN + b$$

ここで，a, b は界面活性剤の種類に固有の定数であり，また炭素数は偶数と奇数で別々の系列とする．イオン性界面活性剤水溶液の cmc は塩の添加によって減少し，温度の上昇とともにやや増大する．

　ミセルをつくる界面活性剤の会合数は，同族列の界面活性剤で直鎖の親油基の場合，その鎖長の増加とともに増大する．フルオロアルキル

■ミセルの形成とその形■

　界面活性剤の会合体であるミセルは長鎖アルキル鎖間に働く疎水性相互作用の寄与と親水基同士の静電反発力の寄与の大きさによってその構造が決まる．疎水性物質と水との間に反発性の相互作用が働くため，疎水性物質は水中で集合する傾向をもつ．この傾向を疎水性相互作用とよぶ．したがって，疎水性物質は水との界面をできるだけ小さくするように挙動する．界面活性剤は，その結果ミセルとよばれる会合体を形成する．イオン性界面活性剤では，ミセル表面で親水基が電離しており，そのイオンが互いに反発するため，非イオン界面活性剤に比べてミセルを形成しにくい．ミセルの形は球状，層状，棒状など種々のものが知られているが，一般に cmc より少し高い濃度では球状ミセル，濃度が上がると棒状ミセルになり，さらに濃度が上がるとミセルが規則的に配向した液晶になる．

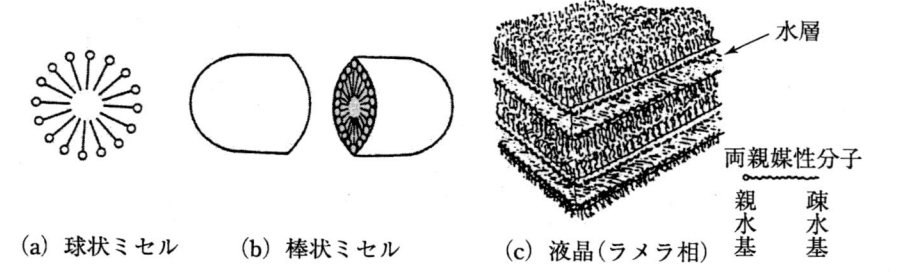

(a) 球状ミセル　　(b) 棒状ミセル　　(c) 液晶(ラメラ相)

図 4.10　界面活性剤の集合状態

基を親油基とする界面活性剤は，親油基の分子間力が弱く極めて小さな表面自由エネルギーをもつ表面を形成するため非常に大きい表面張力低下能と非常に小さい臨界表面張力を示す．

非イオン界面活性剤は親水基同士の反発がないため低濃度からミセルを形成し，また非常に大きいミセルをつくり，多くの油を可溶化できる．油を非イオン界面活性剤で可溶化あるいは分散させる場合，温度上昇とともにミセルの会合数は増大し油の可溶化量も増大する．ある温度以上で二相に分離し，さらに温度を上げると油相に非イオン界面活性剤が溶け逆ミセルを形成する．この温度，すなわち非イオン界面活性剤が親水性から親油性に変わる温度を PIT 温度（phase inversion temperature）あるいは HLB 温度（hydrophlic lipophlic balance temperature）といい，この付近で乳化を行うと微細なエマルションが得られる．

d. 界面活性剤の応用機能

界面活性剤はその界面張力低下能とミセル形成能によって，油を可溶化あるいは乳化し，また固体粒子を分散させることにより各種の汚れを洗浄する能力を示す．

可溶化は，ある溶媒に不溶性あるいは難溶性の物質が界面活性剤を添加することによって溶解することと定義される．界面活性剤により可溶化して透明にした製品として，化粧品や医薬品がある．いずれも安全性が重要であるが，とくに，医薬品にはグリセロール脂肪酸エステル，ソルビタン脂肪酸エステル，ポリオキシエチレンソルビタンオレイン酸エステル，ポリオキシエチレン硬化ヒマシ油などの安全性の高い界面活性剤が使用される．

■会 合 数■

界面活性剤は水中，ある濃度以上でミセルといわれる会合体を形成するが，球状ミセルの会合数は 50〜100 程度であり，会合体の大きさは半径数 nm である．会合数は界面活性剤分子の疎水鎖長の増大，オキシエチレン型非イオン界面活性剤ではオキシエチレン鎖の減少，イオン性ミセルへの対イオンの結合度の増加とともに増加する．一方，親水基のかさ高さの増大とともに会合数は減少する．

界面活性体　$C_{12}H_{25}OSO_3Na$　　　　　　会合数　64（20℃）
　　　　　　$C_{12}H_{25}O(CH_2CH_2)_{12}H$　　　　　　　81（25℃）
　　　　　　$C_{12}H_{25}O(CH_2CH_2)_6H$　　　　　　　400（25℃）
　　　　　　$C_{12}H_{25}O(CH_2CH_2)_6H$　　　　　　4 000（45℃）
　　　　　　$C_{16}H_{33}O(CH_2CH_2)_6H$　　　　　　2 430（25℃）

ミセルが一定濃度以上になると規則的に配列した液晶となる．界面活性剤の種類によっては，ラメラ液晶が閉じた構造をもつベシクルとなる．

乳化は互いに混じり合わない二つの液体の一方を他方の中に安定に分散させることをいい，得られたものをエマルションという．水と油の場合，このいずれかあるいは両方に界面活性剤を添加して，その界面張力を下げると界面が広がりやすくなり，撹拌することによって小さい粒子に分散できる．界面張力が小さいほど生成するエマルション粒子も小さくなる．

分散系には混じり合わない液体が液体に分散したエマルションに加えて，固体粒子を液体中に分散させたサスペンションや，気体が液体あるいは固体中に分散したエアロゾルなどがある．サスペンションをつくるためには，まず固体粒子が分散媒である液体でよくぬれなければならない．表面張力 γ_{SV} の固体表面に表面張力 γ_{LV} の液体を滴下してぬれる場合，図4.11のように新たに固体-液体界面が形成される．固体表面上の液体がつくる接触角を θ，固体-液体の界面張力を γ_{SL} とすると，次のヤング（Young）式が成り立つ．

$$\gamma_{SV} = \gamma_{SL} + \gamma_{LV} \cos\theta$$

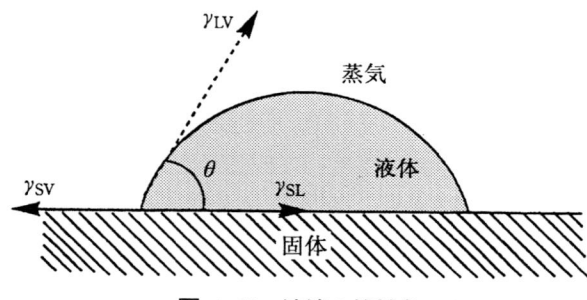

図 4.11 液滴の接触角

この式から，固体がよくぬれるためには，θ が小さいほどよく，そのためには界面張力を低下させる界面活性剤の添加が効果的である．そして機械的な作用などによって凝集状態にある固体粒子をばらばらにする（これを一次粒子化という）．固体粒子を液体中で安定に分散させるには，この一次粒子の再凝集を防ぐ必要がある．粒子に電荷をもたせ，粒子間の反発力を強め，ロンドン-ファン・デル・ワールス（London-van der Waals）力を下げることが効果的である．

上記のような界面活性剤の特性を利用して，界面活性剤は家庭用洗浄剤をはじめ，工業用洗浄剤，食品用乳化剤，繊維油剤，プラスチックや繊維の帯電防止剤などの用途に使用される．

e. 合 成 洗 剤

合成洗剤は，界面活性剤とビルダーといわれる助剤から構成されている．合成洗剤のコンパクト化（濃縮化）に伴って，その組成も変化してきた．

ロンドン-ファン・デル・ワールス力
双極子モーメントをもたない分子間において，分子内電子の運動で生じる瞬間的な双極子モーメントが互いに他を分極させて引力を生じる．この引力をいう．

界面活性剤としては陰イオン界面活性剤であるアルキルベンゼンスルホン酸塩（LAS）が依然として主流を占めているものの，非イオン界面活性剤やセッケンの配合も増え，非イオン界面活性剤中心の製品もある．また，生分解性がセッケンと同等に近い優れた α-SF や，糖から誘導されるグルカミド，アルキルグリコシドの合成洗剤への応用もなされている．図 4.12 にこれらの生分解性を示す．

ビルダーとして，以前はリン酸塩を主とし，硫酸塩，炭酸塩，ケイ酸

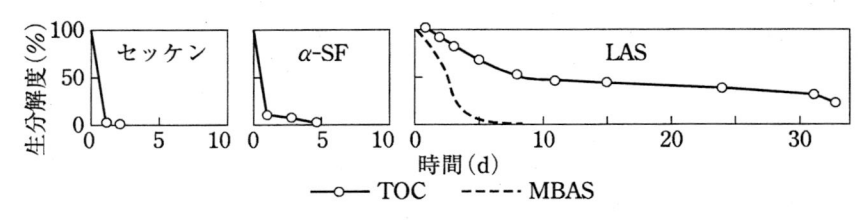

図 4.12 界面活性剤の生分解性

TOC（全有機炭素：total organic carbon）水中に存在する有機物に含まれる炭素の総量をいう．

MBAS（メチレンブルー活性物質：methylene blue active substance）メチレンブルーと反応してクロロホルムに可溶な錯化合物を形成する物質．おもに陰イオン界面活性剤をいい，そのアルキル鎖が短鎖化したり，スルホン酸基が脱離すれば MBAS でなくなる．

塩などが使用されていた．その作用は，界面活性剤と結合して性能を低下させるカルシウムイオンやマグネシウムイオンを封鎖する，泥などの固体粒子汚れを分散する，アルカリ性を保持する（アルカリ緩衝能）ことなどである．近年はリン酸塩の代わりにゼオライトが使用されるようになったが，性能を確保するために，混合界面活性剤系の採用や，各種の酵素，酸化剤の配合などが必要である．また，ゼオライトの欠点である水に溶けないことを改善し，かつカルシウムイオンを交換できる層状ケイ酸塩も開発されている．

羊毛や絹などにはアルカリビルダーを含まない合成洗剤が使われる．工業用洗剤にはしばしばキレート剤が配合される．エチレンジアミン四酢酸塩（EDTA）は非常に大きいキレート能を示すが，生分解性がほとんどないため，新たなキレート剤が開発された．表 4.4 に生分解性をもつ代表的なキレート剤のカルシウムイオン解離定数と結合力を示す．カルシウムイオン結合力では EDTA 以上の性能を示す．

■ **フロン代替洗浄剤** ■

フロン（クロロフルオロカーボン）による成層圏オゾン層の破壊が言われ，特定フロンについては 1995 年末で製造中止となり，代替フロンであるハイドロクロロフルオロカーボン（HCFC）についても 2030 年には製造中止と国際的に規定された．わが国では特定フロンのうちほぼ半数を占めていた CFC 113 が洗浄に使われていたため，その代替洗浄剤として HCFC が使われているが，その他炭化水素，塩化メチレン，乳酸エステルや N,N-ジメチルホルムアミド（DMF）などの極性溶媒に加えて界面活性剤を主成分とする水系洗浄剤が開発され，使用されている．

表 4.4　おもな生分解性キレート剤

キレート剤	分子構造	$\log K (Ca^{2+})$	カルシウムイオン結合力 (mgCaCO₃/g)
β-アラニン二酢酸 (β-ADA)	HOOC−CH₂＼N−CH₂−CH₂−COOH／HOOC−CH₂	5.0	370 (pH 11)
セリン二酢酸 (SDA)	HOOC−CH₂＼N−CH−CH₂−OH／HOOC−CH₂　COOH	5.84	350 (pH 11)
アスパラギン酸二酢酸 (ASDA)	HOOC−CH₂＼N−CH−CH₂−COOH／HOOC−CH₂　COOH	5.81	300 (pH 11)
メチルグリシン二酢酸 (MGDA)	HOOC−CH₂＼N−CH−COOH／HOOC−CH₂　CH₃	6.97	370 (pH 11)
グルタミン酸二酢酸 (GLDA)	HOOC−CH₂＼N−CH−COOH／HOOC−CH₂　CH₂−CH₂−COOH	5.0	―
ニトリロ三酢酸 (NTA)	HOOC−CH₂＼N−CH₂−COOH／HOOC−CH₂	6.4	350 (pH 11)
クエン酸	CH₂−COOH｜HO−CH−COOH｜CH₂−COOH	3.2	94 (pH 10)
エチレンジアミン四酢酸 (EDTA)	HOOC−CH₂＼　　　／CH₂−COOH　　　N−CH₂−CH₂−N／　　　＼HOOC−CH₂　　　　CH₂−COOH	10.6	275 (pH 11)

B. Potthoff-Karl, *SÖFW-J.* 120 (2/3), 104 (1994).

f．その他の用途

（1）乳化剤　乳化剤は化粧品や食品の製造に使われる．天然のリン脂質（レシチン）のほか，グリセロール脂肪酸エステル，ポリグリセロール脂肪酸エステル，プロピレングリコール脂肪酸エステル，ソルビタン脂肪酸エステルやショ糖脂肪酸エステルが食品添加物として使用が認められている．

水に油を乳化したものをo/w型エマルションといい，その例としてマヨネーズがあるが，これには卵黄中のリポタンパク質が乳化剤として作用しているといわれている．植物油脂65％以上，水分30％以下の組成で，卵黄と卵白，食酢，食塩，調味料などを含む．

油に水を乳化したものをw/o型エマルションといい，その例として

リポたんぱく質
たんぱく質と脂質が結合した複合たんぱく質の一つである．卵黄などに含まれる水溶性のものはβ-リポたんぱく質で，分子量が130万で，たんぱく質，リン脂質，コレステロールエステルなどからなる．

マーガリンがあるが，これにはモノアシルグリセロールや大豆レシチン（ホスファチジルコリン）などの界面活性剤が使われる．w/o 型エマルションをさらに界面活性剤を含む水中に分散させると，w/o/w 型多相エマルションが得られる（図 4.13）．

> **レシチン**
> ファオスファチジルコリンをいい，主要なリン脂質である．大豆や卵黄に含まれ，生体膜の成分である．両性電解質の性質をもち，あらゆる pH 領域で両イオンとして存在する．
> $$\begin{array}{l} CH_2OR \\ R'O-C-H \\ CH_2OP(O)OCH_2CH_2N^+(CH_3)_2 \\ O^- \end{array}$$

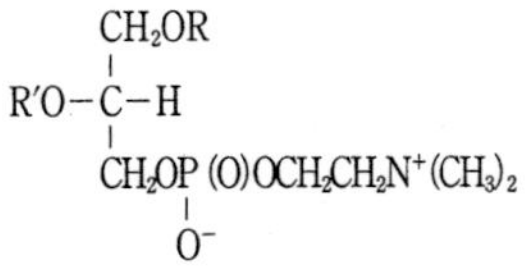

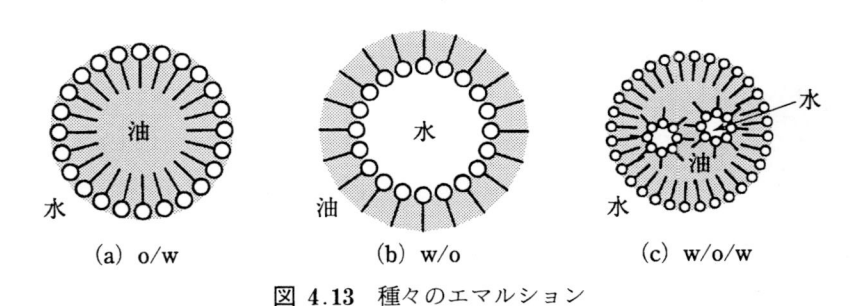

図 4.13 種々のエマルション
(a) o/w　(b) w/o　(c) w/o/w

　乳化の安定化には，粒子径を 0.1 μm 以下にする，分散質と分散媒の密度差を小さくする，分散媒の粘度を大きくすることなどによるクリーミング防止が効果的である．クリーミングはエマルション粒子が分散媒との比重差によって沈降や浮上して濃度差が起こる現象である．エマルション粒子は帯電している場合が多いので，その静電的反発を増大させたり，粒子の合一の原因となる界面膜の破壊を防ぐため膜強度を高めたりすることも乳化の安定化に効果がある．エマルションは食品や化粧品以外に，溶剤による大気汚染や作業環境の悪下を防ぐために増えつつある水系塗料や水系接着剤にも応用されている．また，乳化重合による高分子の合成において，脂肪酸塩，スルホン酸塩や非イオン界面活性剤がモノマーや反応剤などの乳化安定化に使用される．

（2）凝集剤　凝集は分散安定化の逆の過程と見ることができ，電荷の反発によって安定化している粒子に反対電荷の界面活性剤あるいは高分子電解質を添加すれば凝集しやすくなる．また，吸着層の重なりを引き起こす水溶性高分子の添加によって凝集が促進される場合がある．硫酸アルミニウム（硫酸バンド）やポリ塩化アルミニウムは無機系凝集剤として古くから懸濁物質の凝集除去に使用されてきたが，高分子量のアクリルアミド系ポリマーなどの高分子凝集剤がその大きい

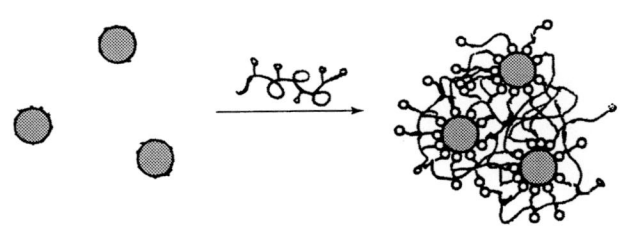

図 4.14 凝集モデル

凝集効果から多用されるようになり，排水処理などにも利用されている．凝集作用は，粒子の表面電荷を減らし，粒子間の電気的反発を減らす効果と，架橋吸着の効果によっている．高分子凝集剤は図4.14に示すように主に後者の効果をねらったものである．しゅんせつや埋め立て工事において歩どまり向上に微細な土砂の凝集が欠かせないが，このためにも高分子凝集剤が利用される．

（3）セメント混和剤 セメント粒子の水和物結晶が砂や砕石の間隙をうめることによって骨材同士を結合させ，コンクリートの強度をもたらす．余分な水の乾燥蒸発がつくる間隙を少なくすればコンクリート強度も向上する．そのためには水が少ない方が望ましいが，一方で流動性の低下をもたらし使用性能が悪くなる．セメントに混ぜる水の量を減らしながら流動性を高めるのがコンクリート減水剤である．ナフタレンスルホン酸とホルマリンの縮合物，ポリカルボン酸系，リグニンスルホン酸塩，ポリエーテル系などが減水剤として使用される．これらはセメント粒子に吸着して凝集を防ぎ，高分散性を発揮することにより流動性を高めている．

コンクリート混合時に微細な気泡を均一に生じさせ，作業性を向上させるものを空気連行剤（AE剤）という．コンクリートに対する空気量の比率が3〜6％付近で耐久性が大きくなるが，これは気泡がコンクリートの凍結時の膨張圧力を吸収するためである．AE剤として，樹脂酸塩，リグニンスルホン酸塩，アルカンスルホン酸塩などが使われる．

（4）脱 墨 剤 紙のリサイクルのために重要な古紙の脱インキに使用されるのが脱墨剤である．脱墨に主に使用されるフローテイション法は，セルロースからインキを剥離する工程と，気泡を注入してインキを気泡に吸着させ液面上に濃縮させた後系外に除去する工程からなる．脱墨剤としては，脂肪酸や長鎖アルコールのアルキレンオキシド付加体などのエーテル型非イオン界面活性剤が多く使用される．パルプスラリーを水に希釈し，ろ過脱水する操作を繰り返してインキを系外に出す洗浄法もある．

セメント
結合材として使用される多種の物質をいうが，とくにポルトランドセメントのような無機水硬性セメントを指す場合が多い．これは主としてケイ酸三カルシウムとケイ酸二カルシウムからなっている．通常，石灰石などのカルシウムに富む原料と粘土などのシリカに富む原料からつくられる．

4.2 化粧品・香料

a. 化 粧 品

化粧品は，人の体を清潔にし，美しくし，容貌を変え，または皮膚や毛髪をすこやかに保つために塗布や散布して使用する．

（1）基礎化粧品 基礎化粧品は，皮膚の保護と皮膚に水分，油分，アミノ酸，ビタミン類などを補給し，皮膚が本来もっている機能を正常

に発揮させる効果をもつ．そのため，保湿，しわ・しみの改善，新陳代謝の促進，血行促進や，紫外線防御などに効果のある成分が配合される．基礎化粧品としては，各種クリーム，乳液，化粧水，パックなどがあり，主としてスキンケアを目的としている．

皮膚は外側から表皮，真皮，皮下組織に分けられ，表皮はさらに角質層，顆粒層，有棘層，基底層に分けられる．角質層には脂質多重層が形成されており，水分や自然保湿因子（natural moisturizing factor；NMF）成分流出のバリアーとなっている．角質層の再生期間は14日程度である．皮膚の大部分を占める真皮は繊維芽細胞などの細胞とコラーゲンなどの細胞間物質から構成されている．シワやたるみなどの皮膚の老化は真皮内の変化と考えられている．

自然保湿因子（NMF）
皮膚角質層に存在し，皮膚の保湿機能に重要な作用をしている水溶性物質．アミノ酸，乳酸塩，ミネラルなどが含まれる．

皮膚清浄の目的には化粧石けんに加えて，界面活性作用を主とするクレンジングフォームなどと，オイルや溶剤による溶解作用を主とするクレンジングクリームなどが使われる．クレンジングフォームには界面活性剤に加えて，長鎖アルコール，ラノリン誘導体や油分などのエモリエント剤，多価アルコールや糖類などの保湿剤も配合される．クレンジングクリームは使用後ふき取って洗い流すタイプが多く，プロピレングリコールなどの保湿剤，脂肪酸，長鎖アルコール，ワセリン，流動パラフィン，エステルなどの油分を界面活性剤で乳化したものや水を使用しない油性クリームがある．

保湿を主目的とする製品には化粧水，乳液，クリームがある．皮膚は水分が10％以下になると弾力性や柔軟性が失われる．化粧水は角質層に十分な保湿性を与えるため，精製水にエタノール，多価アルコールやヒアルロン酸などの保湿剤やNMF成分を加えている．クエン酸やパラフェノールスルホン酸亜鉛などが過剰な皮脂の分泌を抑え皮膚を引き締める（収れん性）ことにより化粧くずれを防ぎ，さっぱり感を出す．乳液は量を抑えた油性成分に保湿剤を加え，使用後べたつかずしっとり感を与える．クリームは皮膚に水分，油分，保湿剤を与えるため，これらをo/w型あるいはw/o型の半固形状の製品にしている．

バニシングクリームは油分を10～20％に抑えたo/w型クリームであり，エモリエントクリーム（栄養クリームなど）は30～50％の油分を含み，o/w型とw/o型がある．コールドクリームは蜜ろうやパラフィンなどの油分を50％以上含む油性クリームで，皮膚の血行をよくし，皮膚賦活効果をもつマッサージクリームもこれに入る．その他，紫外線を防ぐためのサンスクリーンクリームやサンタンローションなどがある．

（2）仕上げ化粧品　　仕上げ化粧品（メークアップ化粧品）は，人を

美しく装うもので，汗や皮脂などで化粧品崩れが起こらず，肌の凹凸を少なくみせ，しみやそばかすを隠すなどの機能をもっている．ベースメイクのファンデーションや白粉（おしろい），ポイントメイクの口紅，ほほ紅，アイシャドー，アイライン，マスカラなどに加えて，爪を美化するネイルエナメルや除光液も含まれる．

ファンデーションには，粉末固形，油性，乳化型などがある．固形はタルク（含水ケイ酸マグネシウムを主成分とする粉末）やマイカ（天然の含水ケイ酸アルミニウムカリウム）などの体質顔料に白色や着色顔料などを分散させている．油性ファンデーションはワックスや蜜ろうなどの油性基剤に粉体を分散させている．乳化型は水相に油分と粉体を乳化分散させたo/w乳化型とシリコーン油などの油分に粉体を分散させたw/o乳化型がある．白粉にはタルクやマイカが使用され，吸油量の大きい球状セルロースパウダーや多孔性球状シリカなども配合される．

近年，紫外線防御機能が特に求められるようになり，酸化亜鉛や酸化チタンなどの微粒子粉体が加えられる．ポイントメイクのアイシャドーには，無機顔料・有機顔料やパール顔料などが使われ，パール顔料としては雲母チタンやその修飾体が使われる．アイライナーには酸化鉄のような無機顔料が主として使われ，目の輪郭をはっきりさせる効果がある．マスカラは，まつ毛を太く，長くあるいはカールして目元を魅力的にするためワックスや高分子が配合される．

（3）**ボディ化粧品**　ボディ化粧品としては，ボディシャンプー，日焼けを防ぐサンスクリーンクリーム，制汗・防臭のためのデオドラント製品，脱色・除毛のためのクリームなどがある．ボディシャンプーに

体質顔料
化粧品，塗料や絵の具などに配合される無彩色顔料の総称．ほとんどが無機顔料で，顔料粒子の微粒化や粉砕を助けるためにも使用する．

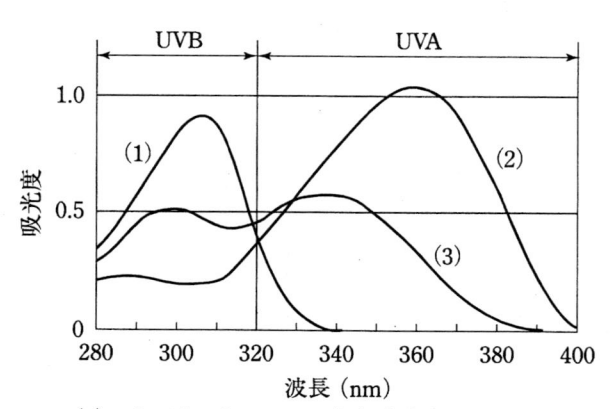

(1) パラジメチルアミノ安息香酸2-エチルヘキシル
(2) 4-*tert*-ブチル-4′-メトキシベンゾイルメタン
(3) 2-(2′-ヒドロキシ-5′-メチルフェニルベンゾトリアゾール)

図 4.15　紫外線吸収剤の吸収スペクトル

は皮膚に温和な界面活性剤が配合されるが，セッケンを主成分とするタイプが多い．サンタン化粧品はw/o型乳化タイプが多く，UVB（280～320 nm）をカットし，サンスクリーン化粧品はUVA（320～400 nm）とUVBをカットし，また汗や水で落ちない耐水性や使用感の向上のためシリコーンオイルが配合される．SPF（sun protection factor）はUVB防御効果を示す指標である．UVA吸収剤として，4-*tert*-ブチル-4′-メトキシベンゾイルメタンやベンゾトリアゾール系などがあり，UVB吸収剤としてパラジメチルアミノ安息香酸2-エチルヘキシルなどがある．

アフターサンケア化粧品には亜鉛華などの抗炎症剤や，アスコルビン酸およびその誘導体，アルブチンやコウジ酸なども日焼けによる色素沈着の回復のために配合される．

SPF（sun protection factor）
日焼け防止用化粧品のUVBの防御効果を表す数値で，数値が大きいほどその効果も大きい．日焼け防止用化粧品を塗布した皮膚と，何も塗布しない皮膚について，皮膚がわずかに赤くなる紫外線量を比較して得る．

（4）頭髪用化粧品　頭髪用化粧品にはシャンプー，リンス，ヘアートリートメントと，化学的に処理して髪の形をつくるパーマネントウエーブ用剤やヘアーブリーチ，ヘアーカラー（染毛剤）などがある．

シャンプーには陰イオン界面活性剤や，アミノ酸系などの両性界面活性剤が使われる．両者の組合せやさらに非イオン界面活性剤を加え皮膚への刺激の弱い製品になってきている．リンスに使用されるカチオン界面活性剤は図4.16に示すように親油基を外側に向けて毛髪に吸着し，毛髪表面の摩擦を低下させ，くし通りをよくする．

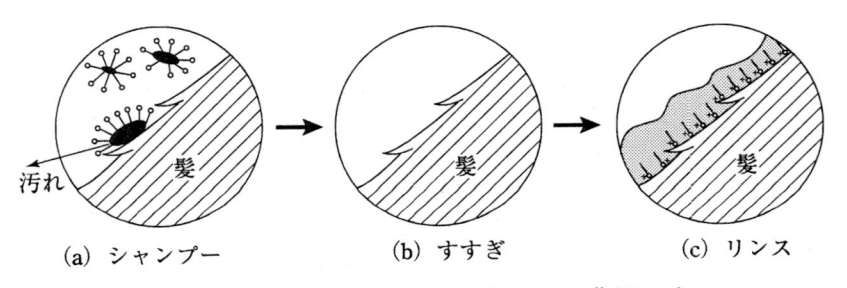

図 4.16　ヘアーシャンプーおよびリンスの作用モデル

ヘアートリートメントには油脂，炭化水素，脂肪酸およびエステル，長鎖アルコール，シリコーン油や保湿剤が配合される．シャンプーとリンスを一体化したリンスインシャンプーもある．これは主基剤に陰イオン系または両性界面活性剤を使用し，シリコーン油，カチオン界面活性剤あるいは油分などをリンス剤として配合している．

パーマネントウエーブ用剤には毛髪のジスルフィド結合を切断する還元剤としてチオグリコール酸またはその塩，あるいはシステインが使用される．システインの方が毛髪を損傷しないが，ウエーブ力は弱い．ジスルフィド結合を再度生成するための酸化剤を含む第2液には臭素酸塩や過酸化水素水が配合される．

システイン
ケラチン分解物から得られたシスチンをスズと塩酸で還元して得る．システインはアルカリ性で，鉄や銅イオンの存在下，酸素によってシスチンに酸化される．

$$\text{ケラチン-S-S-ケラチン} \xrightleftharpoons[\text{酸化剤}]{\text{還元剤}} \text{ケラチン-SH} + \text{HS-ケラチン}$$

過酸化水素(H_2O_2)
弱酸性の無色透明な溶液で，漂白などに使用される．おもにアントラキノンの自動酸化法でつくられる．また，3％の水溶液は消毒剤として使用される．

染毛剤には，一時染毛剤と永久染毛剤がある．永久染毛剤は，通常パラフェニレンジアミンなどの芳香族アミノ化合物からなる酸化染料あるいは鉄塩/タンニン酸と，過酸化水素水（6％以下）などの酸化剤の二剤型が多く，使用時に混合して毛髪に塗布後，しばらくして水洗する．

（5）口腔用化粧品 歯磨き剤やマウスウォッシュ（洗口液）が口腔用化粧品である．薬用歯磨き剤には虫歯予防のためグルコン酸クロルヘキシジンやイソプロピルメチルフェノールなどの殺菌剤，歯肉の炎症を予防するヒノキチオール，アラントインやグリチルリチン酸またはその塩などの抗炎症剤が配合される（図 4.17）．

また，研磨剤としてリン酸カルシウム，炭酸カルシウム，水酸化アル

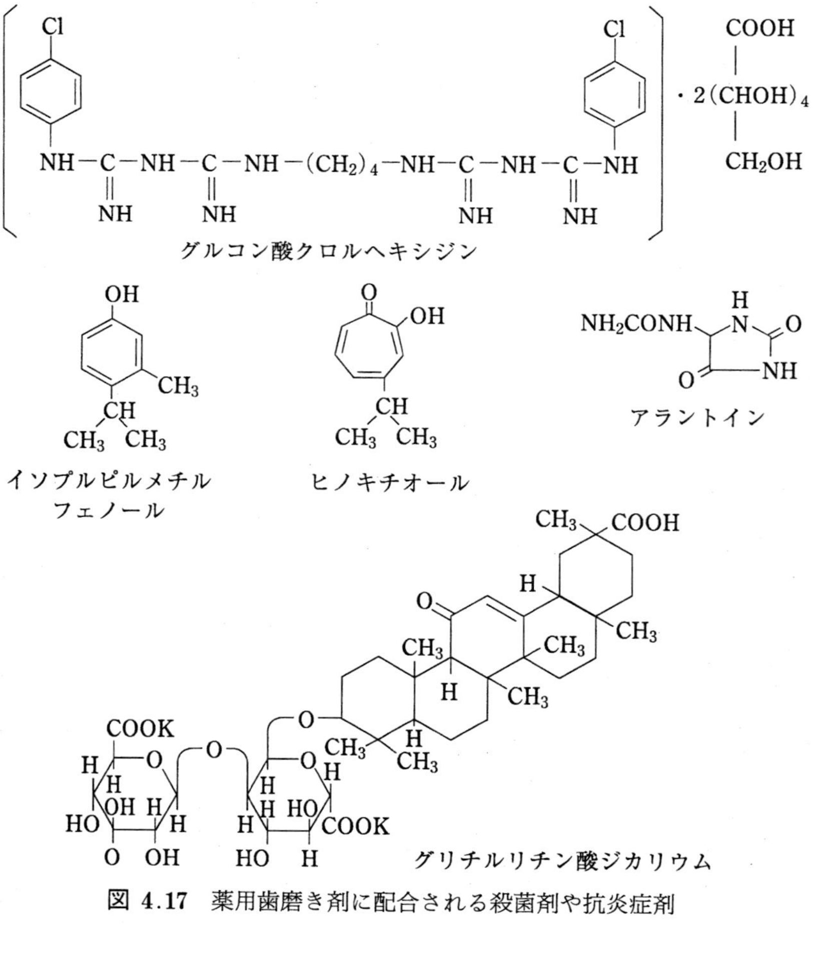

図 4.17 薬用歯磨き剤に配合される殺菌剤や抗炎症剤

ミニウムなど，湿潤剤としてグリセロール，プロピレングリコール，ソルビットなど，結合剤としてカルボキシメチルセルロースやメチルセルロース，アルギン酸ナトリウムなど，発泡剤としてラウリル硫酸ナトリウムなどが配合される．

マウスウォッシュには塩化セチルピリジニウムやアラントインクロロヒドロキシアルミニウムなどの殺菌剤や口臭防止効果のある銅クロロフィンナトリウムなどが配合される．さらに湿潤剤としてグリセロールやソルビトール，可溶化剤としてポリオキシエチレン硬化ヒマシ油やラウリル硫酸ナトリウムなどが配合されている．

b. 香　料

香料は5 000種類もあるといわれるが，実際に使われるのは1 500種類程度の天然香料と合成香料である．

（1）天然香料　　天然香料には植物性と動物性があり，前者は植物の花，果実，材，種子，枝葉，樹皮，根茎などから水蒸気蒸留や溶剤によって抽出し，後者は動物の分泌腺などから採取する．

植物性香料としては，バラ油，ジャスミン油，ラベンダー油，ペパーミント油，シンナモン油，ペパー油，柑橘系油などがある．そこに含まれる化学的成分は非常に多岐にわたるが，たとえばバラから得られる油の主成分は，シトロネロール，ゲラニオール，ネロール，リナロール，ファルネソール，シトラール，フェネチルアルコール，ノニルアルデヒドなどである．また，柑橘系油には，リモネン，シトラール，テルピネン，リナロールなどが含まれる．熱に強い精油などは水蒸気蒸留で採取し，熱に弱い精油や高沸点成分の多い香料はヘキサンやエタノールなどの揮発性溶剤で抽出する．プロピレングリコールやグリセリンで抽出する場合もある．柑橘系香料は搾汁器による圧搾によって得られ，この柑橘系精油は熱に不安定である．

動物性香料としては，ムスク（じゃこう），シベット，カストリウム，アンバーグリスの4種類がある．ムスクはじゃこう鹿から，シベットはじゃこう猫からとれ，それぞれの香気成分はムスコンおよびシベトンである（図4.18）．

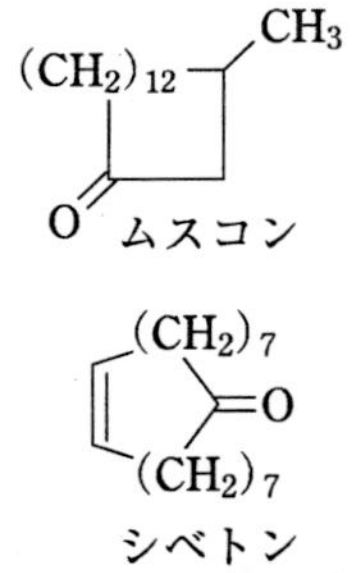

またカストリウムはビーバーから，アンバーグリスはマッコウクジラから採れる．近年絶滅のおそれのある野生動植物の種の保護を取り決めたワシントン条約によって，ムスクやアンバーグリスは入手しにくくなっている．

（2）合成香料　　19世紀半ばに合成香料が開発され始め，20世紀に香料の需要の増加に天然香料が価格や量的な面から対応できなくなったことから，安定供給できる合成香料が多く現れた．

水蒸気蒸留
水蒸気と共存させることにより，沸点の高い液体をその沸点よりかなり低い温度で留出させる蒸留法．

図 4.18　動物由来の香気成分

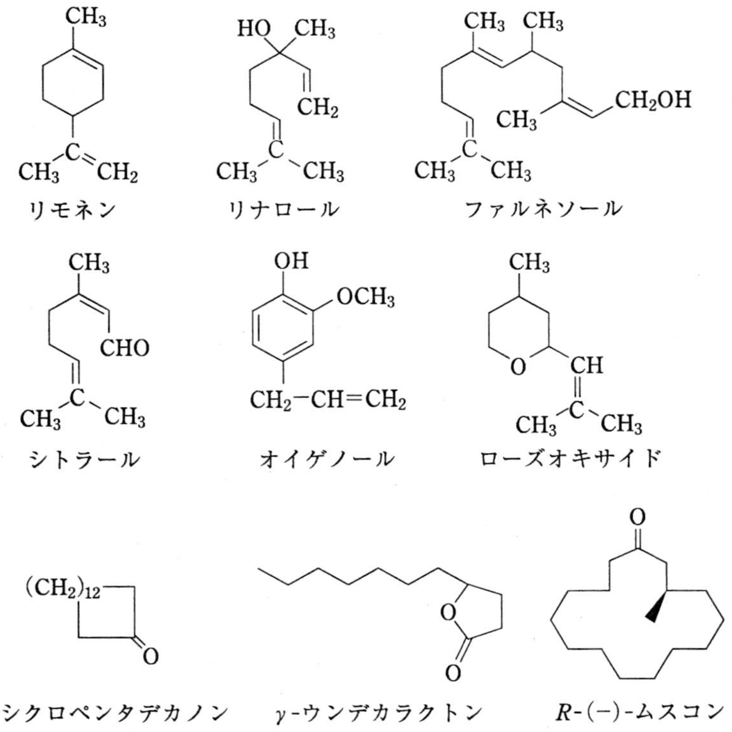

リモネン　リナロール　ファルネソール

シトラール　オイゲノール　ローズオキサイド

シクロペンタデカノン　γ-ウンデカラクトン　R-(−)-ムスコン

図 4.19　香料化合物例

炭水化物
糖類ともいわれ，生物にもっとも多く存在する有機物で，多くは$C_nH_{2m}O_m$の一般式で示される．グルコース，スクロース，セルロース，デンプンなど多種類がある．

　形態からみると，含水エタノールなどで抽出あるいは溶解した水溶性香料，プロピレングリコールやグリセリンなどの溶剤で希釈した油性香料，乳化剤などで水中に乳化分散させた乳化香料，乳化剤や賦形剤で乳化分散させた後に噴霧乾燥した粉末香料などがある．
　化学構造からみると，炭化水素，アルコール，アルデヒド，ケトン，エステル，ラクトン，フェノール，エーテル，アセタール，含窒素化合物などがある．それらの例を図4.19に示す．

4.3　食　　品

a. 油脂食品

　油脂，炭水化物，タンパク質は三大栄養素である．油脂はカロリーが高く，生活習慣病の発症との関連の可能性からその摂取量を控える傾向にあるが，過度の控えは健康を害し，また食品においしさを与える上でも欠かすことができない．日本人の摂取全エネルギー（タンパク質，脂肪，炭水化物）に占める脂肪によるエネルギーの比率は25〜30％で，欧米の40〜50％に比べれば決して高すぎない．脂質所要量は年齢によって多少異なり，表4.5のように脂肪摂取に際しての指標となる．

表 4.5 脂質所要量

年齢	脂肪エネルギー比
0〜5カ月	45 %
6〜12カ月	30〜40 %
1〜17歳	25〜30 %
18〜69歳	20〜25 %
70歳以上	20〜25 %

厚生省公衆衛生審議会答申(1999年6月).

脂肪摂取の質的な面の考慮も必要である．飽和脂肪酸（S），モノ不飽和脂肪酸（M），多価不飽和脂肪酸（P）の摂取比率の指標としてS/M/P＝3/4/3がある．最近は動物性油脂の摂取は減り，植物性油脂が増えている．多価不飽和脂肪酸についても，リノール酸系列（n-6）と，魚類などに多く含まれるイコサペンタエン酸（EPA），ドコサヘキサエン酸（DHA）や大豆油，ナタネ油，シソ油に含まれるα-リノレン酸などのn-3系列との摂取比（n-6/n-3）の指標は健康な人では4/1とされている．EPAやDHAは動脈硬化防止に効果があるといわれているが，酸化されやすいので過剰な摂取は健康障害を引き起こす可能性もあり，ビタミンE（トコフェロール）などの酸化防止剤の併用あるいは補給が望ましい（図4.20）．

n-3系列とn-6系列
n-3，n-6不飽和脂肪酸はアルキル鎖の末端メチル基から二重結合のメチル基側の炭素まで，それぞれ3番目，6番目である脂肪酸をいい，以前はω-3，ω-6不飽和脂肪酸といわれた．n-3脂肪酸としてはリノレン酸が，n-6脂肪酸としてはリノール酸，γ-リノレン酸，アラキドン酸などがある．

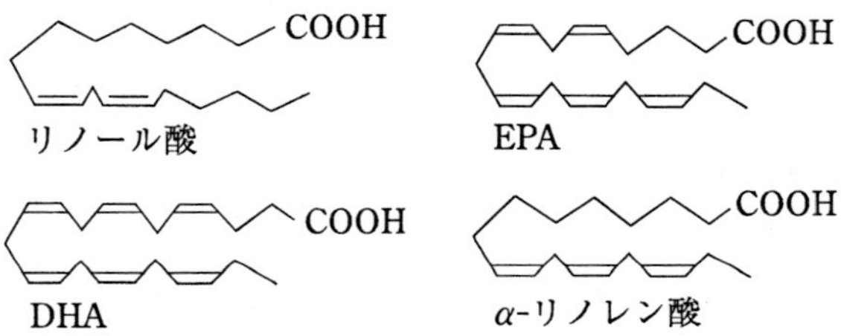

図 4.20 多価不飽和脂肪酸

通常の油脂はトリアシルグリセロールであり，摂取すると膵リパーゼによっておもに2-モノアシルグリセロールと脂肪酸に加水分解されたのち，小腸から吸収される．トリアシルグリセロールの構造，すなわち結合している脂肪酸の結合位置の違いによって消化吸収性が異なる．一般に1,3位より2位脂肪酸の方の吸収性が高い．トリアシルグリセロール構造はまた脂質代謝にも影響することがいわれている．そこで，脂肪酸の結合位置を特定化したトリアシルグリセロールが開発され，消化性や生理機能などをより高めることがなされている．このように設計された油脂を構造脂質という．

油脂にはトリアシルグリセロール以外に，ジアシルグリセロールや

CH₂OCOR
|
CHOCOR
|
CH₂OH
1,2-ジアシルグリセロール

CH₂OCOR
|
CHOH
|
CH₂OCOR'
1,3-ジアシルグリセロール

図 4.21

モノアシルグリセロールが含まれる．たとえばオリーブ油には5.5％のジアシルグリセロールが含まれている．ジアシルグリセロールには1,2-ジアシル体と1,3-ジアシル体の異性体が存在し，自然界でその比率は約3：7である．このジアシルグリセロールが内臓脂質の蓄積抑制や肝脂質量低減などの効果を示すことが明らかになり，ジアシルグリセロールに富んだ油脂が開発され，体脂肪になりにくい油脂として市販されている．

健康志向から油脂の含有量を抑えた製品が多く出ている．従来のバターは脂肪含量80％以上，調製マーガリンは75％以上80％未満であるが，脂肪含量30％以上75％未満のファットスプレッドが現れた．これらはw/o型乳化物で，モノアシルグリセロールや大豆レシチンが乳化剤として使われる．水分を増やしてカロリーを減らしたファットスプレッドの製造に，アシルポリグリセロールやジアシルグリセロールなどを用いる方法も開発されている．

b. 保健機能食品

近年，消費者の健康志向とそれに応える形である種の保健に役立つ食品や食品成分が現れてきたので，1991年に「特定保健用食品」が設けられた．これは，"栄養機能"と"感覚機能（味覚応答機能）"に加えて，"生体調節機能"をもつと認められたものである．たとえば，オリゴ糖は，腸内細菌の中の善玉菌であるビフィズス菌を増やして便秘などを予防し，"おなかの調子を整える"のに役立つ．

このほか，血圧が高めの人に効果があるペプチド類，コレステロールが高めの人に効果がある大豆タンパク質，虫歯になりにくいポリフェノールやマルチトール，血中中性脂肪がつきにくいジアシルグリセロールの食用調理油や乳酸菌などの体に有用な菌類などがある．

特定保健用食品の例を表4.6に示す．これらと，ビタミン類やカルシ

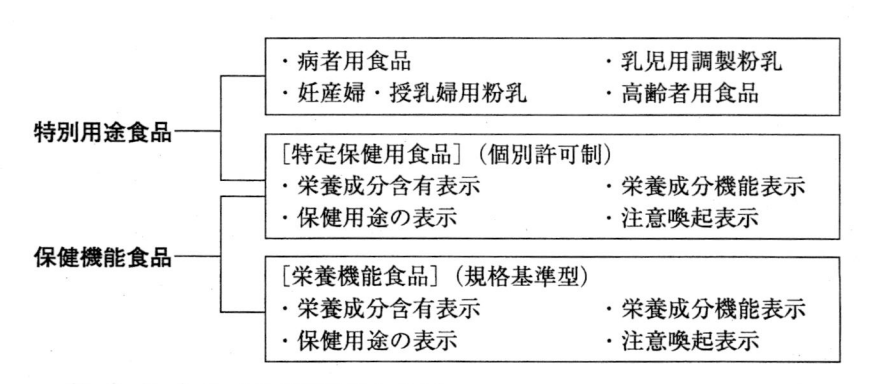

```
特別用途食品 ─┬─ ・病者用食品              ・乳児用調製粉乳
              │   ・妊産婦・授乳婦用粉乳    ・高齢者用食品
              │
              ├─ [特定保健用食品]（個別許可制）
              │   ・栄養成分含有表示        ・栄養成分機能表示
保健機能食品 ─┤   ・保健用途の表示          ・注意喚起表示
              │
              └─ [栄養機能食品]（規格基準型）
                  ・栄養成分含有表示        ・栄養成分機能表示
                  ・保健用途の表示          ・注意喚起表示

一 般 食 品（いわゆる健康食品も含む）
```

図 4.22 食品の分類

表 4.6 特定保健用食品例

	成分名	機能	食品
オリゴ糖	キシロオリゴ糖, フラクトオリゴ糖, 大豆オリゴ糖, イソマルトオリゴ糖, 乳菓オリゴ糖, ガラクトオリゴ糖, ラクチュロース, ラフィノース	ビフィズス菌を増やして腸内の環境を良好に保つ	乳酸飲料, テーブルシュガー, 清涼飲料水, 粉末清涼飲料, 炭酸飲料, 錠菓, 冷凍発酵乳, カップ入りプリン, 調味酢, キャンディ, クッキー, 充填豆腐, 菓子パン, 粉末スープ
デキストリン	難消化性デキストリン	おなかの調子を整える	ウインナーソーセージ, ボロニアソーセージ, フランクフルトソーセージ, 清涼飲料水, ナタデココ, 粉末清涼飲料, クッキー, 充填豆腐, 即席みそ汁, 米菓
糖類	マルチトール	虫歯になりにくい	あめ
	キシリトール還元パラチノース, 第二リン酸カルシウムフクロノリ抽出物	虫歯になりにくい, 歯の再石灰化を増強する	ガム
タンパク質	大豆タンパク質	血中コレステロール低下	からあげ, 清涼飲料水, ミートボール, ハンバーグ, ウインナソーセージ, フランクフルトソーセージ, 発酵豆乳, 調製豆乳, 乾燥スープ
ポリペプチド類	リン脂質結合大豆ペプチド	コレステロールの吸収をしにくくする	粉末清涼飲料
	カゼインドデカペプチド, ラクトトリペプチド, サーデンペプチド, かつお節オリゴペプチド	血圧が高めの人に適す	清涼飲料, 水乳酸菌飲料, 粉末みそ汁, 粉末スープ
	グロビンタンパク分解物	血清中性脂肪の上昇を抑える	清涼飲料水
	CPP（カゼインホスホペプチド）	カルシウムの吸収促進	清涼飲料水, とうふ
	CPP-ACP（カゼインホスホペプチド-非結晶リン酸カルシウム複合体）	歯の脱灰を抑制し, 再石灰化を増強して歯を丈夫で健康にする	ガム
ポリフェノール	パラチノース茶ポリフェノール, マルチトールパラチノースポリフェノール, マルチトール還元パラチノースエリスリトール茶ポリフェノール, ガアバ葉ポリフェノール	虫歯の原因になりにくい	チョコレート, ガム, 清涼飲料水
脂質	ジアシルグリセロール	血中中性脂肪が上昇しにくく, 体に脂肪がつきにくい	食用調理油, マヨネーズ
ステロール類	植物ステロールエステル	コレステロールの吸収抑制	マーガリン
乳酸菌など	乳酸菌, ビフィズス菌, ヤクルト菌	腸内細菌のバランスを整えて, おなかの調子を良好に保つ	発酵乳, 乳酸菌飲料

ウム，鉄などのミネラル類の栄養を補給する機能を強化した「栄養機能食品」をあわせて「保健機能食品」とする制度が2001年4月から始まった．

■参考文献

1) 篠田耕三, "溶液と溶解度", 丸善 (1974), p.181.
2) 松本幸雄, "乳化と分散", 光琳 (1988), p.52.
3) 藤本武彦, "新界面活性剤入門", 三洋化成工業 (1979), p.126.
4) 北原文雄, 玉井康勝, 早野茂夫, 原 一郎, "界面活性剤", 講談社サイエンティフィク (1979), p.50.
5) 吉田時行, 進藤信一, 大垣忠義, 山中樹好, "界面活性剤ハンドブック", 工学図書 (1987).
6) "化粧品ハンドブック", 日光ケミカルズ, 日本サーファクタント工業, 東色ピギメント (1996).
7) 光井武夫, "新化粧品学", 南山堂 (1992).
8) 小石真純, 野呂俊一, "香粧品製剤学", フレグランスジャーナル社 (1983).

5 バイオ関連の工業化学

5.1 医薬品

a. 医薬品とは

（1）定　義　人は誰しも健康であることを願っている．しかしながら，人類の歩みとともに病気や傷害に悩まされてきた．世界保健機関（WHO）憲章によれば，"健康とは単に病気や虚弱でないというだけでなく，身体的にも，精神的にも，また社会的にもまったく申し分ない状態のこと"と書かれている．ときにはこの正常状態からずれることもあるが，われわれの体にはこのずれを一定範囲内に止めて正常状態を維持しようとする機能（ホメオスタシス；homeostasis）がある（図5.1）．しかし，体に大きなストレスがかかり，この機能ではもどせない大幅なずれが生じることがある．これが病気である．

> **世界保健機関**（World Health Organization；WHO）
> 保健衛生問題のための国際協力を目的とする国際連合の専門機関．婦人や児童の厚生，医学教育なども扱う．1948年設立．

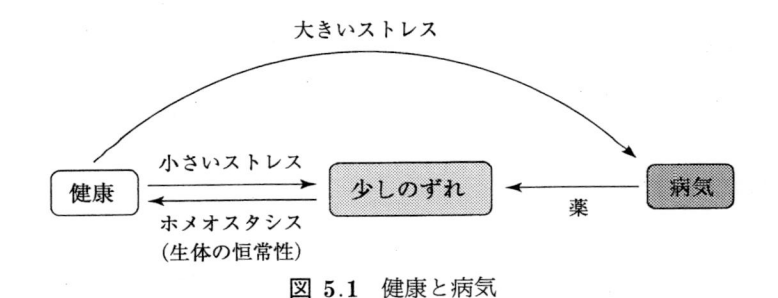

図 5.1　健康と病気

これにいかに対処し，克服するかは現在でも人類に課せられた大きな課題になっている．人の体は本来病気になったときには病気と戦うようにつくられている．薬は人の体が病気を克服してもとの健康を取り戻そうとするのを助ける物質であり，本当に体をもとの状態に戻すのは患者自身である．また，薬は人が病気にかかっているかどうかを判断したり，病気から守るためにも役立っている．

医薬品は他の商品と異なり，生命や健康に直接かかわる商品であるため，とくに高品質性が要求され，また公共福祉性も重要である．さらに医薬品は特殊な商品であって，どの医薬品を用いるかという選択権

は医師にありながらその代価は患者が支払うわけで，この点も一般の商品と大きく異なる．

（2）医薬品の素材　医薬品を製造するに際して多種多様のものがその素材・原料となる．植物・動物・鉱物などの天然品や合成医薬品，あるいは微生物由来のものなど多岐にわたっており，合成医薬品50％，微生物の代謝産物13％，生薬30％，人工的な手が加えられている医薬品70％，天然医薬品30％の割合になっている．

① 天然資源そのものを用いる方法

植物などをそのままか，あるいは日干しや陰干し，湯煎などの処理を施した薬物を生薬（しょうやく）といい，動物・鉱物由来のものは少ない．

② 天然資源から有効成分を用いる方法

天然物から抽出や蒸留によって有効成分を取り出す．有名な例としてモルヒネがある．

③ 合成化学の手法を用いる方法

19世紀の中頃から石炭化学工業が興り多くの有機化合物が世に出てきたが，その中には医薬品やその候補となる化合物（リード化合物）が多く存在する．現在，合成化学の技術は非常に進歩し，目指す標的化合物さえ決まればほとんどのものは合成できるといっても過言ではないだろう．

④ 発酵法を用いる方法（微生物の代謝産物）

味噌・醬油・酒類の食品だけでなく，医薬品も発酵法でつくり出されている．微生物は増殖も速いので，生産的にも優れた方法である．たとえばエリスロマイシン，テトラサイクリン，ストレプトマイシンなど化学合成では経済的に引き合わないような複雑な化合物が，微生物の手を借りて容易に生産されている．

⑤ 半合成的手段を用いる方法

ペニシリンやセファロスポリンなどは天然物の化学構造の一部を改変することにより抗菌力を向上させている．たとえば，ペニシリンの基本骨格を発酵法で微生物につくらせ，側鎖部分を後から合成化学的手法を用いて導入するという方法がとられ，半合成ペニシリン，半合成セファロスポリンとよばれている．

⑥ 微生物やウイルスそのものを用いる方法

ワクチンなどがこれに属する．病原微生物を弱毒化または不活性化したもので，インフルエンザワクチン，日本脳炎ワクチンなどがある．

⑦ バイオテクノロジーを用いる方法

近年の遺伝子組換え技術，細胞大量培養技術などの進歩により，病気

の原因などが遺伝子レベルで研究されている．この結果，生産手段の拡大が可能となり，ユニークな医薬品を手にすることができるようになった．たとえばヒトインスリン（糖尿病薬），インターフェロン（抗ウイルス薬），エリスロポエチン（抗貧血薬）などが，この方法で合成されている．

b. 薬の歴史

19世紀に入り，薬を人間の手でつくりだす（創薬）技術が発達するのに大きく寄与した三つの出来事があった．

第一に染料化学の発展である．染料合成の科学技術が医薬品の合成に応用されて，最初の抗菌化学療法剤（サルファ剤））がつくられた．

第二に細菌学の発展である．酒石酸の構造決定で著名なPasteurは微生物の領域にも入り込み，いろいろな病気が微生物によって引き起こされることを予言し，Kochによって結核菌やコレラ菌が発見された．

第三に循環血流の仕組みや自律神経系についての研究が進み，医薬品開発に大きく貢献した．

わが国でも1887年には長井長義がエフェドリンを単離し，1900年には高峰譲吉らがホルモンであるアドレナリンを発見，1910年にはEhrlichと秦 佐八郎が梅毒の治療薬であるサルバルサンの開発に成功，翌年，鈴木梅太郎がビタミンB_1を発見した．

20世紀初頭における医療への最大の貢献はサルファ剤の開発とペニシリンの発見である．

近年，タンパク質および核酸などの生体内分子の構造の解明，分子レベルでの病態，薬理効果発現機構の解明が進み，合成技術・製剤技術の進歩と相まって，医薬品開発は驚くべき速さで進展している．たとえば受容体（レセプター）との相互作用の解明から胃潰瘍の画期的な治療薬であるシメチジンが誕生した（e. 項の(7) H_2ブロッカー参照）．

さらに20世紀の最後に創薬学の領域でコンビナトリアル化学（combinatorial chemistry）という一つの技術革命が起こった．これは多くの原料と試薬とから多くの新しい化合物を同時に合成するという手法である．また，遺伝子組換え手法により，化合物の薬効評価の効率も飛躍的に向上しつつある．21世紀にはヒトゲノム解析から得られる莫大な量の生体タンパク質情報を利用する新たな創薬（ゲノム創薬）が期待されている．

b. 医薬品開発（創薬のプロセス）

新薬はその研究開始から医薬品として世に出されるまで少なくとも15年の期間と100億から150億の費用がかかり，また最終的に新薬として陽の目をみる確率は約1万分の1といわれている．薬効を示す物

コンビナトリアル化学
これは組合せを利用しての多種類の化合物群（ライブラリー）を効率的に合成し，それらを様々な目的に応じて活用していく技術である．中でも組合せによって多数の化合物群を一度に合成する手法をコンビナトリアル合成という．従来であれば化学者は1年間で50～100個の化合物しかつくれなかったが，この手法を用いると数万個の化合物が合成できるようになった．

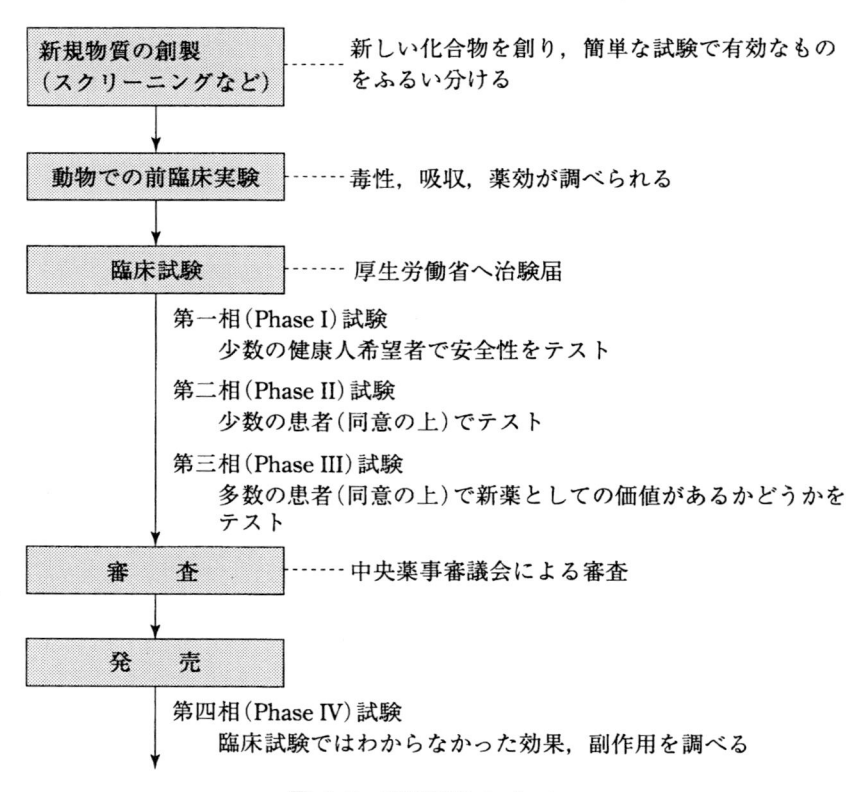

```
┌─────────────────┐
│ 新規物質の創製  │……新しい化合物を創り，簡単な試験で有効なもの
│（スクリーニングなど）│   をふるい分ける
└────────┬────────┘
         ↓
┌─────────────────┐
│ 動物での前臨床実験 │……毒性，吸収，薬効が調べられる
└────────┬────────┘
         ↓
┌─────────────────┐
│   臨床試験      │……厚生労働省へ治験届
└────────┬────────┘
         │ 第一相 (Phase I) 試験
         │   少数の健康人希望者で安全性をテスト
         │ 第二相 (Phase II) 試験
         │   少数の患者 (同意の上) でテスト
         │ 第三相 (Phase III) 試験
         │   多数の患者 (同意の上) で新薬としての価値があるかどうかを
         │   テスト
         ↓
┌─────────────────┐
│   審   査       │……中央薬事審議会による審査
└────────┬────────┘
         ↓
┌─────────────────┐
│   発   売       │
└────────┬────────┘
         │ 第四相 (Phase IV) 試験
         │   臨床試験ではわからなかった効果，副作用を調べる
         ↓
```

図 5.2　新薬開発のプロセス

質を発見したあとも，副作用がある，吸収が悪い，あるいは分解しやすいなど様々な要因を解決する必要がある．現在の創薬プロセスを図5.2に示す．

（1）新規物質の創製（ドラッグデザイン）　新薬の開発の出発点は薬の候補物質（リード化合物）を探すことである．

① 偶然の発見（セレンディピティ）

過去の薬の開発史を見ると，物質の生理作用は注意深い観察から偶然に見いだされることも多い．抗生物質のペニシリンの話はあまりにも有名である．

② 天然資源からの発見

伝承的に用いられていた天然資源あるいは微生物の代謝産物から，有効な物質を単離する．

③ スクリーニングの手法を用いる発見

スクリーニングとは多くの合成化合物や植物抽出物などから医薬品になる可能性があると思われるものを選び出すことである．ランダムスクリーニングによりある程度選別し，もとになる生物活性物質（リード化合物）を決める．次にリード化合物をもとにこの周辺の物質を合成し，特定のスクリーニングをする．この方法で開発されてきたのがカル

セレンディピティ
(serendipity)
思いがけないものを発見する能力．おとぎ話 "The Three Princes Serendip" の主人公たちがこの能力をもっていることから，とくに，科学分野でケアレスミスなどから思わぬ大発見を生むときなどに使われる．

シウム拮抗薬のジルチアゼムである．最近はコンビナトリアル化学とロボットを使った高効率スクリーニング（high throughput screening）によって，有望な候補物質をより早く，確実に得る手法が採用されつつある．

④ 合理的手法を用いる発見

コンピュータグラフィックスなどを用いて，ターゲットとなる生体内物質（タンパク質，核酸など）の活性部位と仮想の化合物との親和性を計算して，合理的・論理的にドラッグデザインを行う．実際に化合物を合成する前にコンピュータ上で種々の化合物の効果を予測した後で有望な化合物のみ実際に合成する．胃潰瘍薬のシメチジンや降圧薬のカプトプリル，HIVのプロテアーゼ阻害薬などがこれに属する．この方法の特徴は，臨床に応用できる薬に到達するのに実際に合成しなければならない化合物が少なくてすむという点である．

（2）動物での前臨床試験　動物を用いて候補物質の有効性や安全性などを調べる．この中には毒性試験・薬理試験などが含まれる．

（3）臨床試験　上記の前臨床試験でヒトに対して有効性・安全性が期待できると判断されれば，いよいよ臨床試験である．この試験を実施するには厚生労働省に治験届を提出して承認を得る必要がある．臨床試験には第一相試験，第二相試験，第三相試験の3段階がある．

（4）審査　上記の3段階の試験をパスすると承認申請を行い，薬事審議会によって審査される．無事審査に合格すると承認，許可され新しい医薬品が販売されることになる．市販後の調査として第四相試験があり，市販後の安全対策を行っている．

d．薬害

"クスリ"は"リスク"といわれるように，薬には本来の目的である主作用と，望ましくない二次的な作用（副作用）とがある．身体も薬も化学物質でできている．したがって薬はわれわれの身体の秩序に影響を与えるものであり，患者の人種・性別・年齢などでも薬の種類や使用量が変わってくる．開発当時には副作用を予測できずに承認された薬が後になってその副作用が問題になった例のいくつかについて紹介する（図5.3）．

（i）サリドマイド事件：合成医薬品であるサリドマイドは1957年ドイツで"安全な"睡眠薬として開発・販売され，好評を博し，日本でも使用された．しかし1961年，妊娠初期の妊婦が用いた場合に催奇性があり，四肢の全部あるいは一部が短いなどの独特の奇形をもつ新生児が生まれることが明らかになった．これは，戦後の薬害の原点となる事件である．サリドマイドは不斉炭素を一つ有しているため，光学異性体

ランダムスクリーニング
新薬開発において，リード化合物を見つけるために疾病組織や細胞にいくつもの化合物を無作為に作用させることにより人体に効果がありそうな化合物を探す方法をランダムスクリーニングという．これは，リード化合物探索の偶然に頼る方法である．

治　験
人間（患者）を対象にした開発中の医薬品による臨床試験．医薬品の有効性と安全性の確認および科学的データの収集を目的に実施．新しい医薬品の承認申請のために必要．

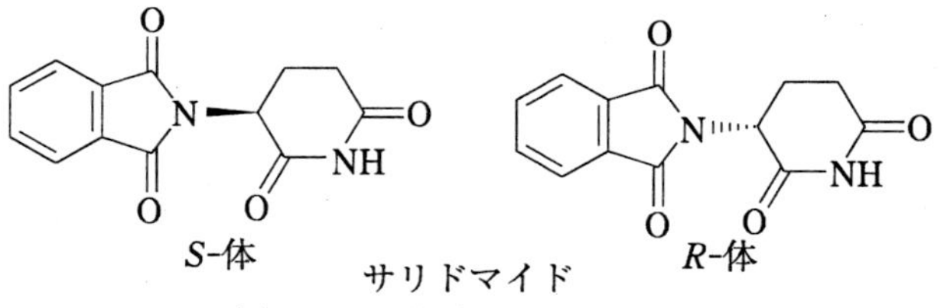

図 5.3 薬害として過去に問題があった薬

(a) ラセミ体使用による副作用 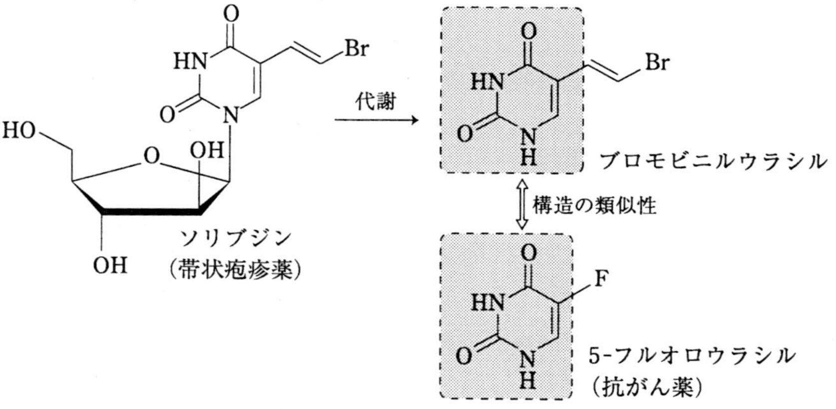
サリドマイド S-体 / R-体

(b) 異薬同時使用による副作用
ソリブジン（帯状疱疹薬）→代謝→ ブロモビニルウラシル
構造の類似性
5-フルオロウラシル（抗がん薬）

が存在するが，医薬品としてはラセミ体が用いられていた．R-体は催眠作用を有し，催奇性はないが，S-体は催奇性があることが明らかになった．体内でR-体の一部がS-体に異性化するため全面的に発売中止になっているが，最近，アメリカではハンセン病の治療薬として認可されている．

（ii）ソリブジン事件：ソリブジンは 1993 年に発売された抗ウイルス薬であり，がん患者や手術後の患者で免疫力が低下したときに，皮膚に帯のように水膨れができる帯状疱疹の新薬として開発された．しかし，ソリブジンを抗がん薬の一種であるフルオロウラシルと併用したことで，十数人の死者がでた．この原因は，次のように考えられている．ソリブジンは体内で代謝され，ブルモビニルウラシルに変化する．このブロモビニルウラシルとフルオロウラシルの構造はよく類似している．したがって，フルオロウラシルの代謝に関与する酵素とこのブロモビニルウラシルが何らかの相互作用をして，フルオロウラシルの代謝を阻害し，その結果体内にフルオロウラシルが蓄積して，障害がおき，死亡したと考えられている．

e. 代表的な薬

ここでは，開発された当時，画期的な新薬といわれたものとわが国で開発された医薬品を中心に取りあげて解説する．

キノホルム事件
わが国では 1955 年以降，腹痛，下痢，下肢の知覚障害，筋肉低下，視覚障害などを主症状とするスモン（亜急性脊髄視神経炎）が出現した．このスモンの特徴的な症状は緑色の舌や便で，これがキノホルムの鉄キレートであることが明らかになってから，スモンの主原因はキノホルムであることが確認された．

（1）鎮痛・抗炎症薬（アスピリン，モルヒネなど） 頭痛，外傷，リウマチ，痛風，腎臓結石およびがんの骨転移などに伴う痛みや，炎症などを抑える薬が鎮痛・抗炎症薬であり，末梢性鎮痛薬と中枢性鎮痛薬に分類される．末梢性鎮痛薬とは非ステロイド性抗炎症薬に代表され，末梢で効き，中枢性鎮痛薬は中枢神経系（脳と脊髄）に作用する．

（ⅰ）末梢性鎮痛，抗炎症薬（アスピリン，インドメタシン）（図5.4）：代表的な薬であるアスピリンの歴史は非常に長く，天然物から近代的な医薬品へと導かれた最初の化合物である．約2500年前から古代ギリシアや中国では，柳の樹皮が解熱鎮痛や歯痛の治療に用いられた．19世紀になって，柳の樹皮からサリシンを単離することに成功し，痛みを抑える成分の正体が明らかにされた．1838年にはサリシンの熱分解により得られたサリチル酸が鎮痛作用を有することが明らかになり，一躍脚光を浴びる化合物となった．

さらに，1860年 Kolbe が，フェノールのナトリウム塩からの合成に成功し，サリチル酸は鎮痛薬として盛んに用いられるようになった．そ

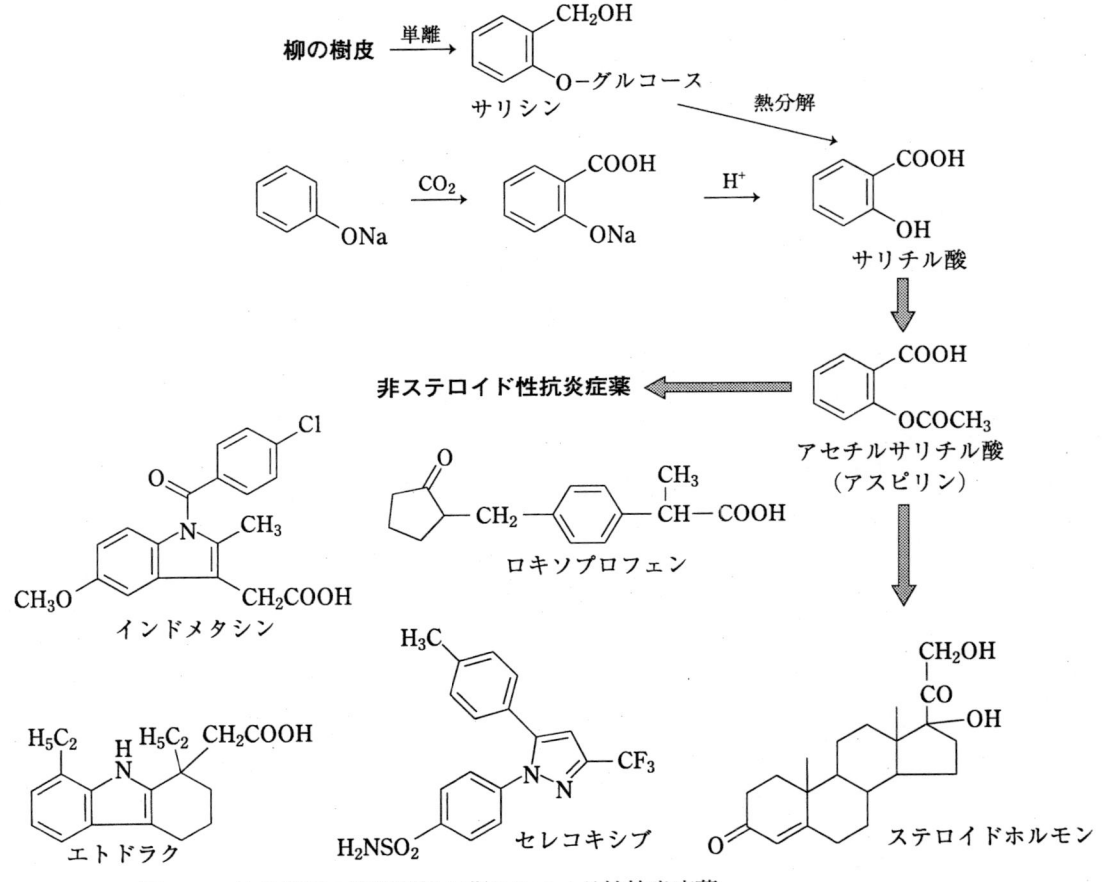

図 5.4 抗炎症薬の開発経緯と非ステロイド性抗炎症薬

の後，リウマチ患者に有効であることも明らかにされたが，サリチル酸の副作用は強烈で，服用者のほとんどに胃腸障害を与えた．当時，バイエルの医薬品研究所で働いていた Hofmann はサリチル酸より酸性の弱い化合物は胃腸障害を軽減すると考え，種々のサリチル酸誘導体を用いて検討した結果，アセチルサリチル酸がサリチル酸の副作用を軽減することを明らかにした．1899 年，バイエルはこの薬をアスピリンと命名して発売した．しかしアスピリンも完全に副作用がないわけではなく，高濃度の使用では，消化管に対する副作用，とくに，胃および十二指腸潰瘍が認められた．

アスピリンはどのようにして痛みを和らげるのだろうか
われわれが健康であり続けるための大切な成分の一つとしてPG（プロスタグランジン）があり，発痛増強作用，血管拡張作用，胃粘膜保護作用など健康維持に重要な様々な働きをしている．アスピリンは体の中で行われているPGの生合成経路を一部遮断してPGのもつ発痛増強作用が現れないようにしている．

1945 年ごろ，リウマチの特効薬として，ステロイドホルモンが使われ始めたが，リウマチの慢性症状に対する長期投与により，副腎の萎縮という重篤な副作用が報告された．その後，これに代わる薬剤の開発が進められ，その結果 1963 年ごろアメリカのメルク社が非ステロイド性抗炎症薬（NSAIDs）を開発した．これがインドメタシンである．以来現在まで，様々な非ステロイド性抗炎症薬が開発されてきた（図 5.4）．非ステロイド性抗炎症薬の構造上の特徴は，ほとんどのものが，カルボキシル基やスルホンアミド基などの酸性を示す官能基を有することである．最近，副作用（胃腸障害）の少ない抗炎症薬としてエトドラクやセレコキシブが開発されてきた．

（ii）中枢性鎮痛薬（モルヒネ）（図 5.5）：痛みを取り除くのに古くはケシの未熟果実から取れる樹脂，アヘンを用いていた．アヘンの有効成分がモルヒネであり，1805 年ドイツの薬剤師が単離に成功したが，120 年後の 1924 年になってようやく，構造式らしいものが提出された．強力な鎮痛作用を有し，現在でも臨床上最も汎用される鎮痛薬の一つである．特に，末期がんの患者の苦しみを救うのに，モルヒネは大変重要な役割を果たしている．しかし，呼吸抑制などの重篤な副作用をもっているため，麻薬に指定され，その使用は厳しく制限されている．

モルヒネ様の鎮痛作用を示すペプチドであるエンケファリンが生体内にも存在することがモルヒネの研究により明らかになった．両者の化学構造には類似性が見られる（図 5.5 の太線で示した部分）．この部分が中枢神経の受容体との結合で重要な機能を司ると考えられることから，この構造を手掛かりに，副作用がなく鎮痛作用のみを有する新たな鎮痛薬の開発が行なわれた．エンケファリンとの構造類似部分（太線の部分）を残し，モルヒネのその他の部分を単純化する方法が採用された．その結果，レボルファノールが，モルヒネよりやや強い鎮痛作用を有することが明らかとなった．さらに環構造を単純化したメサドンでも鎮痛作用を有する．また，構造を複雑化する試みもなされ，ブプレノ

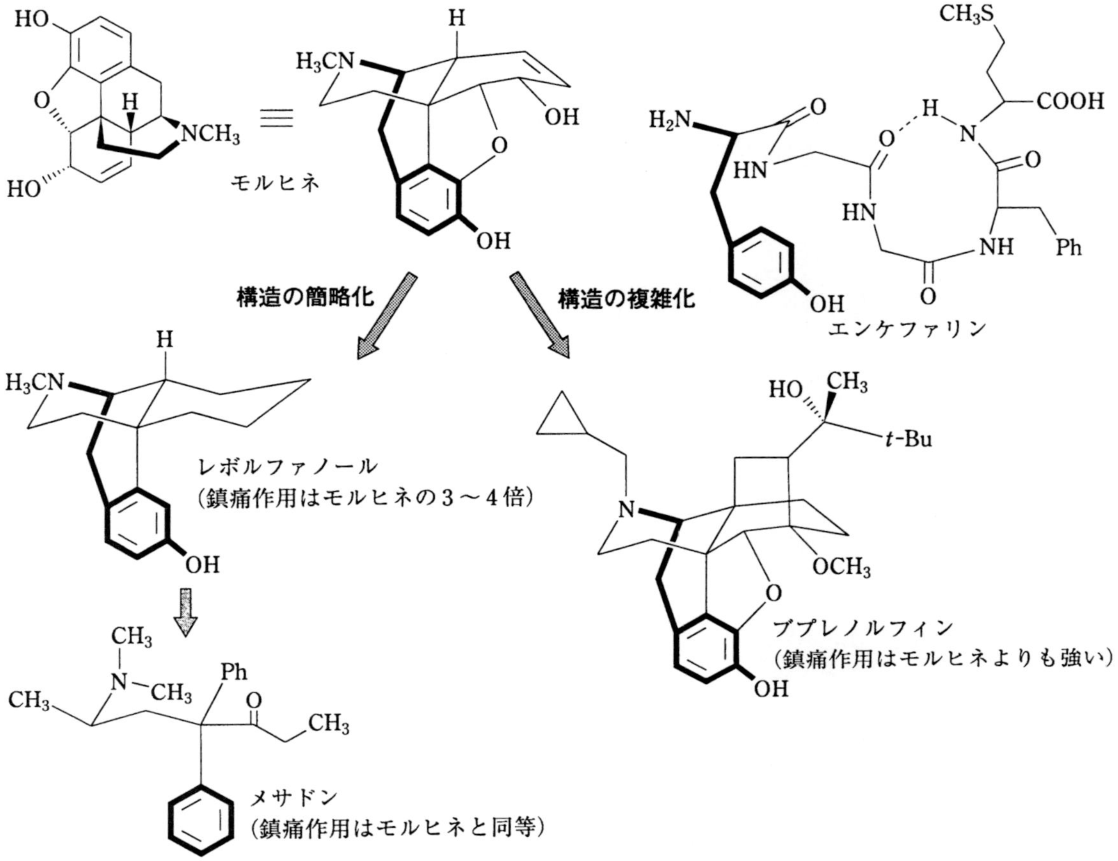

図 5.5 モルヒネとエンケファリンの耕三類似性と代表的なモルヒネの誘導体

ルフィンが開発された．これはモルヒネより強力な鎮痛作用を有しているが，効果発現は遅く，持続性があるという特徴を有している．

しかしながら，今もってモルヒネよりも優れたものは実用化されていない．

（2）抗菌薬（サルファ剤，ペニシリン，キノロン）　結核菌，コレラ菌，腸チフス菌などの細菌による感染症に対処する薬である．抗菌作用には菌を殺す場合（殺菌作用）と増殖を抑える場合（静菌作用）の二つのタイプがある．ペニシリンは前者に相当し，サルファ剤は後者の代表的医薬品である．

（i）抗生物質（ペニシリン）（図5.6）：ペニシリンの発見はサルファ剤の発明よりも古く，1928年にさかのぼる．イギリスの病原微生物学者のFlemingは，数週間放置していたシャーレがカビによって汚染され，培養中の黄色ブドウ球菌の発育が阻止されていることに気がつく．1938年FloreyとChainはそのカビの代謝物（ペニシリンG）を単離することに成功した．これは驚異的な効力を発揮した．1945年，Hodgkin

チアゾリジン

β-ラクタム

女史は X 線結晶構造解析によってその構造を明らかにした．当時の化学者の常識からは考えられない五員環（チアゾリジン）と四員環（β-ラクタム構造）が縮合しており，非常にひずみがかかっている構造をしていた．その後，類似の β-ラクタム構造を有する抗生物質であるセファロスポリン C も単離された．

ペニシリン G　　セファロスポリン C

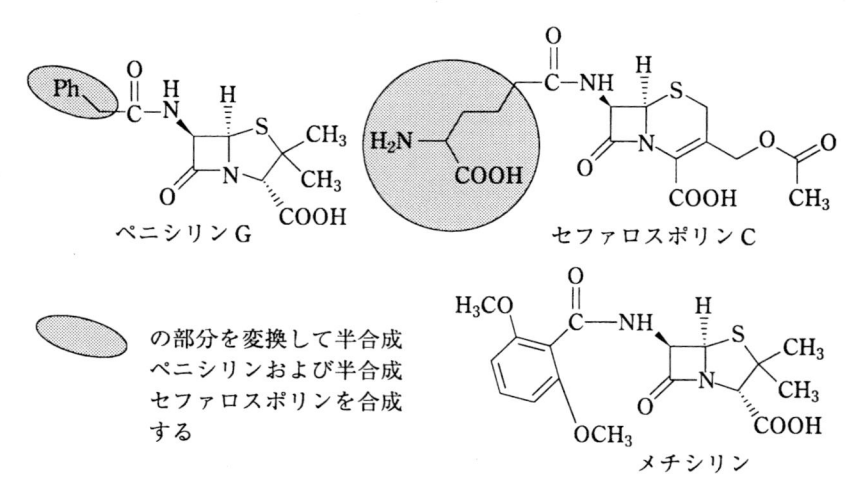

の部分を変換して半合成ペニシリンおよび半合成セファロスポリンを合成する

メチシリン

図 5.6　代表的な β-ラクタム系抗生物質

現在，ペニシリン G やセファロスポリン C は発酵法で大量に得ることができるので，これを利用した種々の半合成ペニシリンやセファロスポリンが化学合成され，多数の有効な半合成 β-ラクタム系抗生物質が開発されている．

抗生物質の中には β-ラクタム系抗生物質のほかにアミノ糖から構成されているアミノ配糖体系抗生物質（ストレプトマイシンなど），大環状ラクトン構造を有するマクロライド系抗生物質（エリスロマイシンなど），およびナフタセン骨格をもつテトラサイクリン系抗生物質などがある（図 5.7）．

（ii）スルホンアミド系抗菌薬（サルファ剤）（図 5.8）：Ehrlich はタンパク質上に薬の受け皿があるという"選択毒性"の概念を提唱し 1910 年に化学合成による抗菌薬サルバルサンをつくった．これは梅毒の原因菌であるスピロヘータに効力を示した．サルバルサンの構造式はアゾ色素の N＝N 結合をヒ素に置き換えたものである．この種の抗菌薬の合成研究の中で開発されたのがプロントジルである．これは試験管の中では細菌を殺す力がなく，動物に投与されてから初めてその効力が発揮される．すなわち，プロントジルはプロドラッグであり，投与された後，消化管の中で代謝分解されたスルホンアミドが抗菌活性を示す．これがサルファ剤の始まりである．以後，ペニシリンをはじめ

プロドラッグ
あらかじめ，薬の化学構造を変えておき，体内でもとの化合物にもどり，薬効効果を発揮するように薬剤を設計しておく方法がある．このように科学的に修飾された薬を"プロドラッグ"とよぶ．

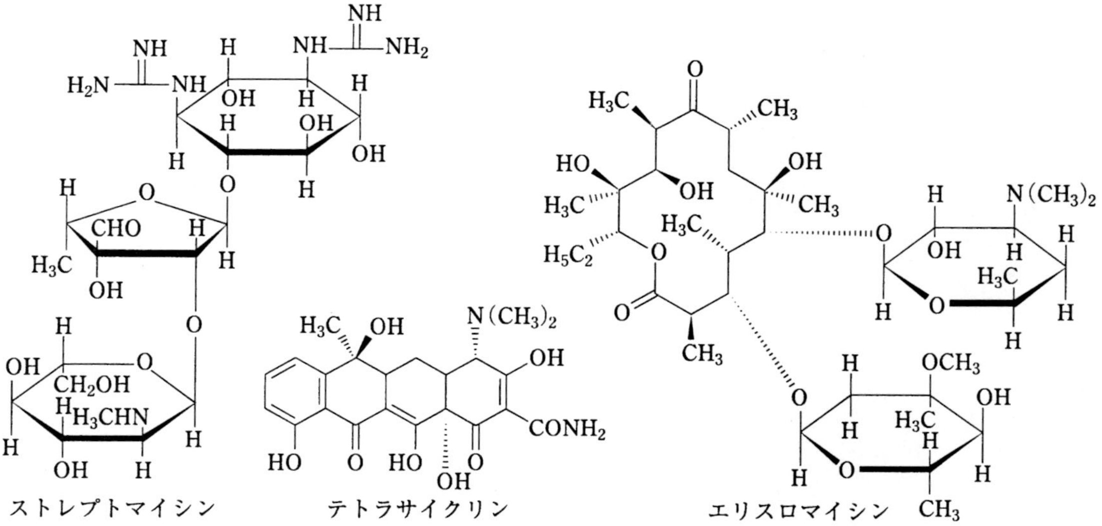

図 5.7 その他の抗生物質

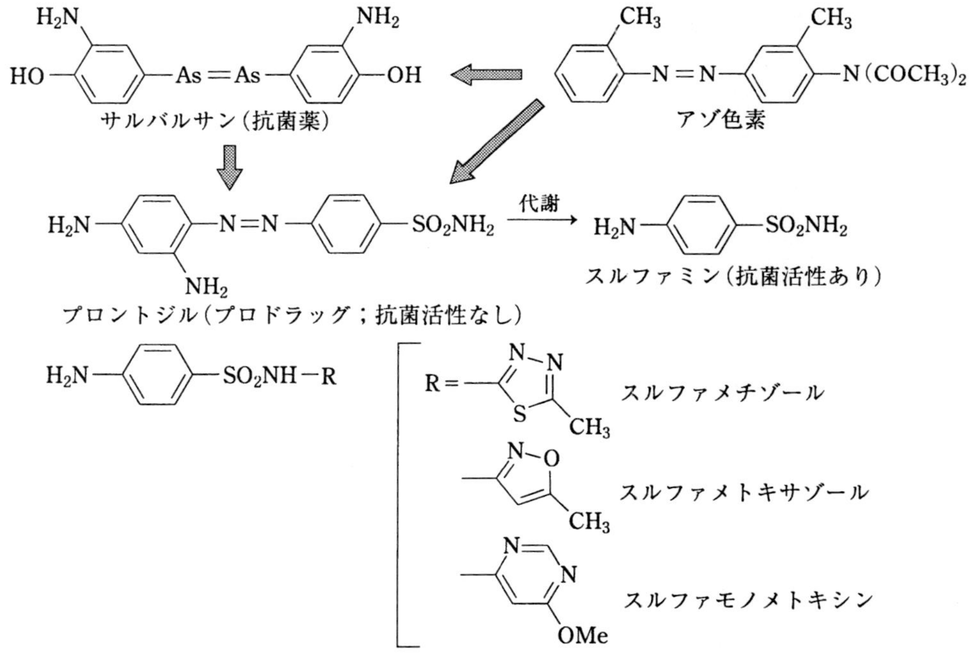

図 5.8 サルファ剤の開発経緯と代表的なサルファ剤

とする多くの抗生物質が開発されるまで，抗菌薬の主役であった．

(iii) キノロン系抗菌薬（図5.9）：抗マラリア薬の研究中に副生物などとして得られたキノロン骨格をもつ化合物が抗菌作用を示したことをきっかけに研究が進められ，1963年にナリジクス酸がキノロン系の化学療法剤として最初に開発された（オールドキノロン系抗菌薬）．しかし，特定の菌にしか効力を発揮せず，また中枢神経系に対する副作用

サルファ剤やペニシリンはどのようにして細菌を攻撃するのであろうか
サルファ剤はビタミンの一種である葉酸の生合成経路を遮断する．葉酸は細菌が生きていく上で必須のものである．これがなくては細菌は核酸をつくることができないため，増殖できない．ペニシリンは，細胞の細胞壁をつくる過程を阻害して殺菌作用を示す．細胞壁は細胞の形を保つために重要であり，細胞はこれがなければ死んでしまう．

が認められた．この弱点を改良し，1970年後半頃からニューキノロンとよばれるキノロン系抗菌薬が開発され，6位にフッ素，7位にピペラジン環などの含窒素複素環を含む置換基を導入することで抗菌活性は飛躍的に増大した．

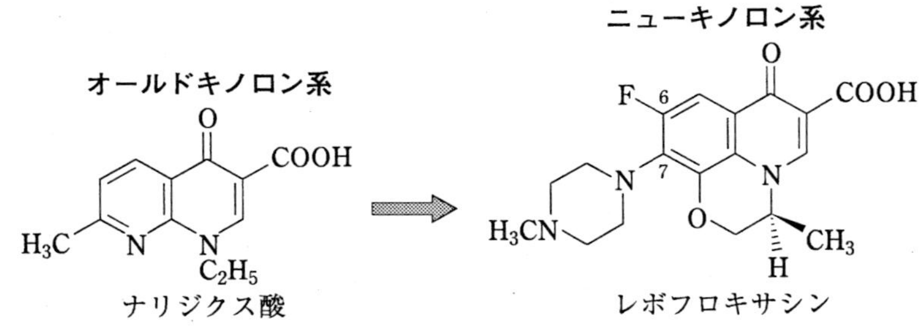

図 5.9 キノロン系抗生物質（抗菌薬）

（iv）耐性菌：優れた抗菌薬が開発されても，細菌は，姿・形をどんどん変えていき，薬が効かなくなる（薬剤耐性）．これが耐性菌である．したがって有効な薬をそのつど開発していく必要がある．1950年ごろから，ペニシリンGに感受性のない細菌の出現頻度が増えた．そこで，半合成法を用いて，耐性を獲得した細菌にも効力を発揮する抗菌薬，メチシリンを開発することができた（図5.6）．しかし現在ではこのメチシリンにも抵抗する耐性菌が出てきた．これがMRSA（メチシリン耐性黄色ブドウ球菌）である．病院内で抵抗力の弱っている人に重い感染症を引き起こす菌である．

このように細菌と薬の合成との戦いは永遠に続きそうだが，少しでも耐性菌の出現を遅くするためには，抗生物質の乱用を避けることが求められる．

（3）降圧薬（血圧を下げる薬）（図5.10） わが国ではがんが死亡原因の第一位であるが，脳血管の疾患や心臓疾患も上位を占めている．脳卒中，心不全，心筋梗塞などは高血圧が原因で引き起こされる場合が多い．血圧は，アンジオテンシンⅡ（AⅡ）とよばれるホルモンが血液中に放出されると上昇する．AⅡは，アンジオテンシン変換酵素（ACE）によって生体内で合成される．したがって，ACEの働きを阻止すれば，AⅡの生産が抑制され血圧は下がると考えられる．これがいわゆるACE阻害薬である．薬開発の歴史の中で，ターゲットとなる酵素の構造推察に基づいて合理的な薬の開発を行ったのはこれが最初である．

鍵と鍵穴
薬は体の中の特定の受容体（タンパク質）と相互作用すると，薬としての作用を示す．この関係は鍵（薬）と鍵穴（酵素あるいは受容体）にたとえられる．

ACEの活性部位とペプチドとの相互作用を図5.10のように推定し，スクシニルプロリンがデザインされた．これは弱いながらもACE阻害としての性格を備えていることがわかった．これを手掛かりに約150

種の化合物が合成された結果，1975 年，カプトプリルが開発された．末端に硫黄原子を用いたのは酸素原子よりも亜鉛と強固に結合すると考えられたからである．現在カプトプリルは本態性高血圧症，腎性高血圧症などに実際に使われている．この薬の開発過程は，リード化合物をもとに開発する手法をとっていた創薬化学からみても，実に画期的な出来事であった．残念ながら，カプトプリルにはメルカプト基が存在するため，好ましくない副作用（空咳）があった．この欠点を克服して，シラザプリルというカプトプリルをしのぐ強力かつ持続性の高い降圧剤が開発された．

リード化合物
特定の疾病に対して効果が発見された有機化合物で，医薬品の卵となるものを手がかり（リード）化合物という．新薬の開発はまずリード化合物を見つけることから始まる．

他の血圧を下げる薬
血圧が上昇するためには AII が生体内のあるタンパク質（AII 受容体）に結合する必要がある．したがって AII がそのタンパク質に結合しなかったら血圧は上がらない．そのような機構で血圧を上昇させない薬としてカンデサルタンが知られている．これは投薬量が少なく，また副作用も少ないため現在日欧米を中心によく使われている．

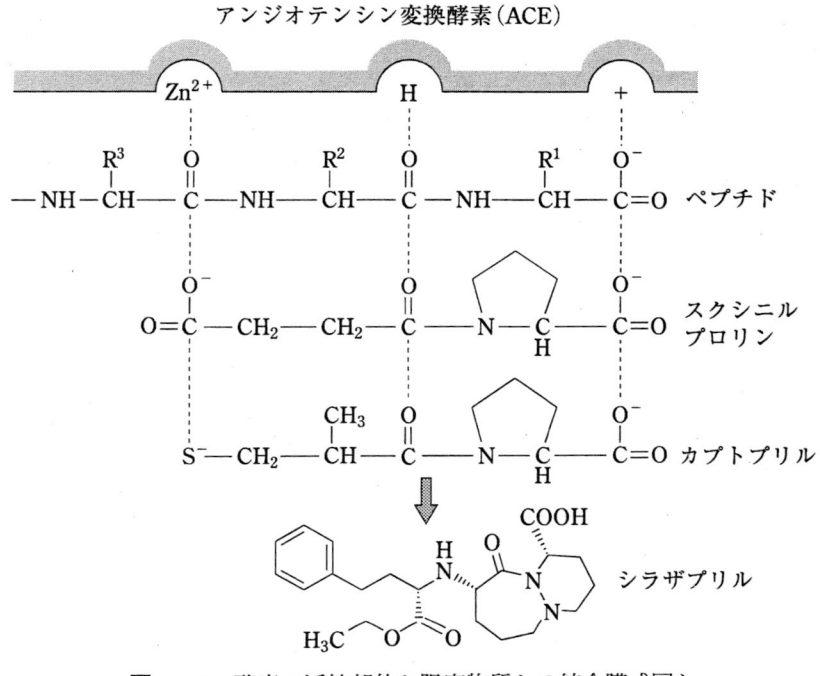

図 5.10 酵素の活性部位と阻害物質との結合膜式図と代表的な ACE 阻害薬

（4）糖尿病薬（図 5.11）　糖尿病は代表的な生活習慣病の一つであり，わが国では 40 歳以上の 10 人に 1 人が糖尿病といわれている．糖はわれわれのエネルギー源となる大切な栄養素であり，血液によって体の組織に運ばれる．しかし何らかの原因で血液中の糖の濃度（血糖値）が高くなると余分の糖を尿中に排泄せざるを得なくなる．これが糖尿病である．血糖値が持続的に高いと網膜症，腎症，神経症などの合併症を引き起こし，自覚症状がないままに危険な状態になっていることが多い．

通常，血糖値はグルカゴンとインスリンの二つのホルモンによってコントロールされている．血糖値が低いとグルカゴンが分泌され，筋肉

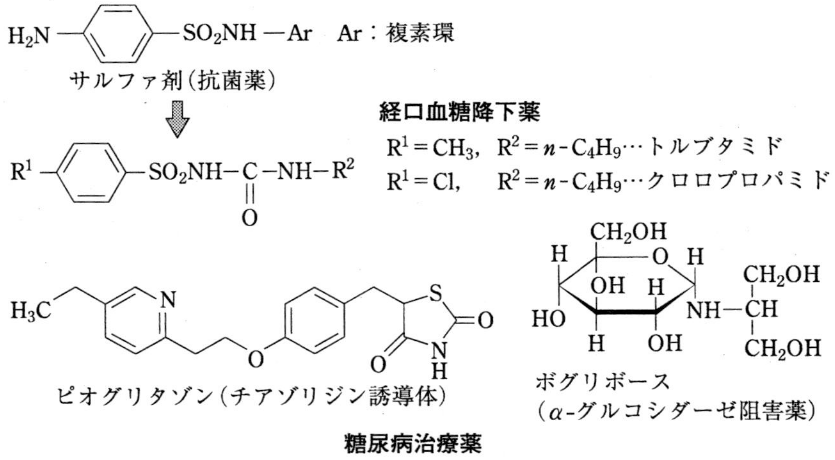

図 5.11 サルファ剤と血糖降下薬，糖尿病治療薬

中に蓄えられているグリコーゲンという物質を分解して糖をつくる．血糖値が高くなるとインスリンが分泌され，グリコーゲンの分解を抑制する．糖尿病はインスリン依存型とインスリン非依存型に分類される．前者は小児に多い若年性糖尿病で，膵臓の機能が悪化しているため，インスリンがうまく分泌されないことが原因となる．治療はインスリン投与によって行われる．後者は成人型糖尿病の大部分を占めており，インスリンは分泌されるが，末梢組織でインスリンに対する抵抗性が生じている（感受性が落ちている）ことが原因となったものである．

（ⅰ）インスリン依存性糖尿病：インスリンは，1921年 Banting と Best によって発見された．この型の糖尿病患者には人間のインスリンを投与するのが最適であるが，供給量の問題から構造の似ているブタあるいはウシの膵臓から抽出したインスリンが用いられていた．しかしわずかな構造の相違でも副作用の原因になる．現在は，遺伝子組換え技術の発展により，ヒトインスリンの大量合成が可能となり，これを患者に供給している．

（ⅱ）インスリン非依存性糖尿病：チフス菌に対する抗菌薬を開発する目的で，サルファ剤類似体を合成したものに血糖値降下作用のあることが1942年に見いだされた．その後，最終的に，トルブタミドやクロロプロパミドが経口糖尿病薬として開発された．図5.11に示したように，サルファ剤と共通の基本骨格を有している．その後新たに経口糖尿病治療薬として，α-グルコシダーゼ阻害薬とチアゾリジン誘導体が開発された．

（5）虚血性心疾患薬（心臓病治療薬） 心臓に酸素や栄養素を送っている冠状動脈が狭くなり，心臓に必要量の酸素，栄養が送れなくなる

病気を総称して虚血性心疾患とよぶ．この治療には硝酸薬やカルシウム拮抗薬などが使用される．

（i）硝酸薬（図5.12）：虚血性心疾患に用いられる血管拡張薬としてはニトログリセリンに代表される硝酸，亜硝酸化合物がある．Nobel はニトログリセリンを用いた新しい爆薬（ダイナマイト）を考案して巨万の富を築き上げ，それを基金としてノーベル賞を創設した．ダイナマイトの製造に従事している人たちが強い頭痛を訴え，1853 年，この原因がニトログリセリンの顕著な血管拡張作用にあることが明らかにされたが，狭心症の治療に有効であるという明確な結論が出たのは，20 年後の1879 年のことであった．ほぼ時期を同じくして，他の硝酸あるいは亜硝酸製剤も開発され，狭心症の治療に用いられている．

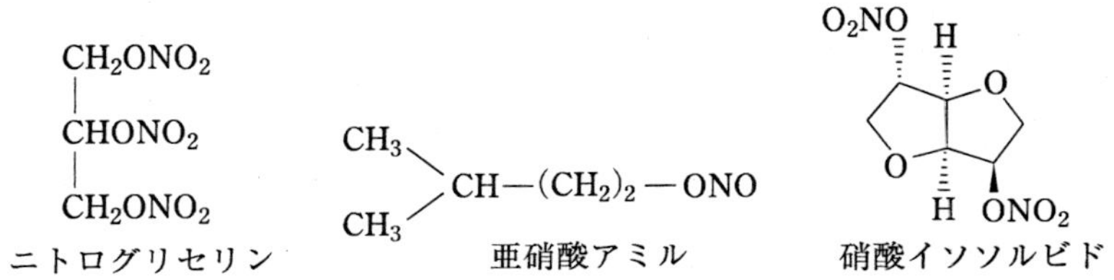

図 5.12　代表的な亜硝酸アミル

（ii）カルシウム拮抗薬（図5.13）：カルシウム拮抗薬の代表的な薬としてジルチアゼム，ニフェジピン，ベラパミルが知られているが，このうちジルチアゼムはわが国で開発され，狭心症，高血圧などの治療薬として世界的に高い評価を受けている．ここでは，ジルチアゼムの開発経緯を述べる．

化合物が新しい場合はその薬効が意図したものになるとは限らず，予想しない薬効が潜んでいることもある．1,4-ベンゾジアゼピン骨格をもつもの，およびその誘導体が精神安定剤として広く用いられていた1960 年の中ごろ，新しい中枢神経作用薬を開発すべく探索を続けていた田辺製薬は，1,5-ベンゾチアゼピンを基本骨格とする化合物群には中枢神経作用ではなく，冠血管拡張作用と軽度の心収縮力抑制作用があることをランダムスクリーニングテスト法を用いて見いだした．そ

拮抗薬
薬物が固有の活性を示さず，生体内で行われている反応を阻害することによって何らかの効果を引き起こす場合，その薬を拮抗薬（antagonist）とよぶ．カルシウム拮抗薬は血管を拡張させるが，これは血管収縮というカルシウムの作用を阻害していることによる．

■ニトログリセリンの効果■
　1977 年になって，これらの医薬品から一酸化窒素（NO）が発生し，これが血管の弛緩状態の維持に働くことがわかった．その後，NO は生体内でも合成されており，いろいろな部位で必須の機能を担っていることも明らかになった．NO は窒素酸化物の一種で，1970 年代から自動車公害の元凶の一つとして知られ始め，大気汚染物質として認識されているものでもある．

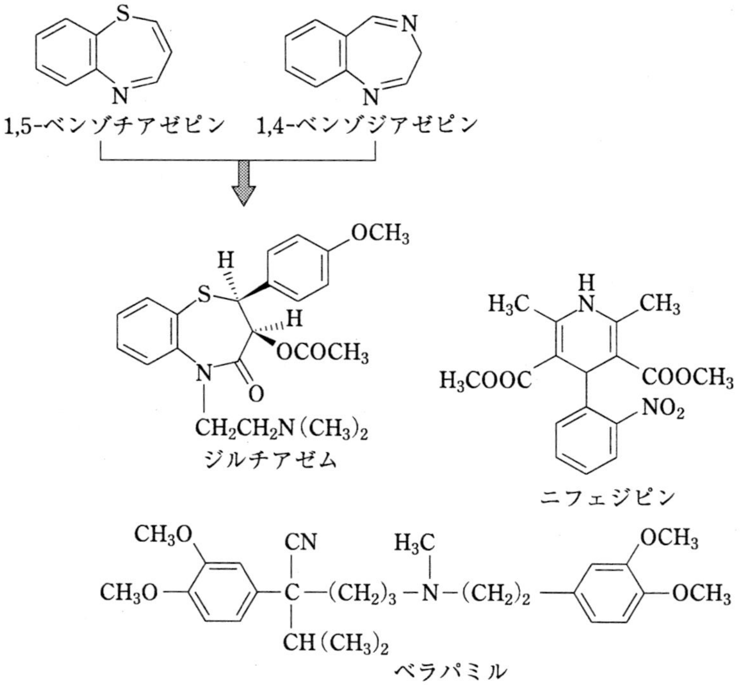

1,5-ベンゾチアゼピン　　1,4-ベンゾジアゼピン

ジルチアゼム

ニフェジピン

ベラパミル

図 5.13　ジアチアゼムの開発経緯と代表的なカルシウム拮抗薬

の後，約70の類似化合物が合成され，冠血管拡張作用の活性との間の相関関係を明らかにした．その中で一番有効なものはジルチアゼムであった．上記のように，予期せぬ薬効を積極的に調べる方法としてランダムスクリーニングテスト法が知られている．

（6）高脂血症治療薬（メバロチン®）（図5.14）　　血液中のコレステロール値の上昇はさまざまな病気の原因となる．この値を低下させるには食物からのコレステロールの吸収（体内コレステロール原因の30％）や肝臓での生合成（70％）を抑制するか，排泄を促進するかのいずれかを行えばよいことになる．当時，吸収阻害薬として植物ステロールが，排泄促進剤としてコレスチラミン（陰イオン交換樹脂）が発売されていたが，生合成阻害薬はまだ開発されていなかった．三共の発酵研

■ **ジルチアゼムの作用** ■

血管の収縮にはカルシウムイオンが大きな役割を果たしており，細胞膜上に存在するカルシウムイオンチャンネルを通って細胞に出入りする．カルシウムイオンが細胞内に入ってくると，血管は収縮するのに対し，カルシウムイオンチャンネルが閉じるとイオンは細胞の中に入れず，血管は拡張する．カルシウム拮抗薬はこのチャンネルをふさぎ，血管を拡張させ血流をよくすることによって，血圧を低下させている．

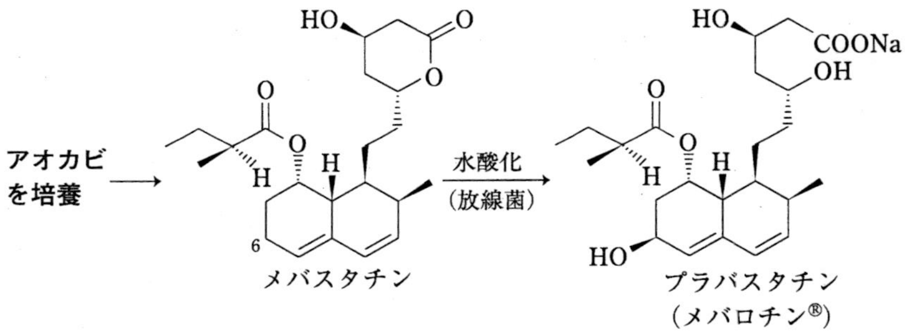

図 5.14 プラバスタチンの合成法（発酵法）

究所では生合成阻害薬としてメバロチン®を開発したので，その経緯について述べる．

1971年，三共では微生物の培養液中からコレステロール合成阻害物質の検索をラットの肝臓細胞を用いて開始した．1973年に，約6000株の微生物を検索し，アオカビの一種からML-236B（一般名：メバスタチン）を発見した．その後，さらに強い活性を示すML-236Bの活性代謝物があることが判明し，プラバスタチン（商品名：メバロチン®）と名づけられた．これはメバスタチンのデカリン骨格の6位に水酸基を有している．なおメバロチン®の生産はまずメバスタチンをアオカビの培養により得た後，放線菌の一種により水酸化を行う二段階発酵法により行われている．臨床試験で悪玉コレステロールを強力に低下させ，安全性も高いことが示された．その結果，1989年に製造承認を経てメバロチン®として発売された．研究開始から18年を必要としている．

(7) 胃薬（H_2ブロッカー）（図5.15）　食べ過ぎ，飲みすぎ時に起こる胸焼けや胃の痛みは過剰に分泌される胃酸によって引き起こされる．従来の胃薬は出過ぎた胃酸を中和する方法（制酸剤）で効果を発現していたが，薬が胃から排出されると効力を失う．H_2ブロッカーは

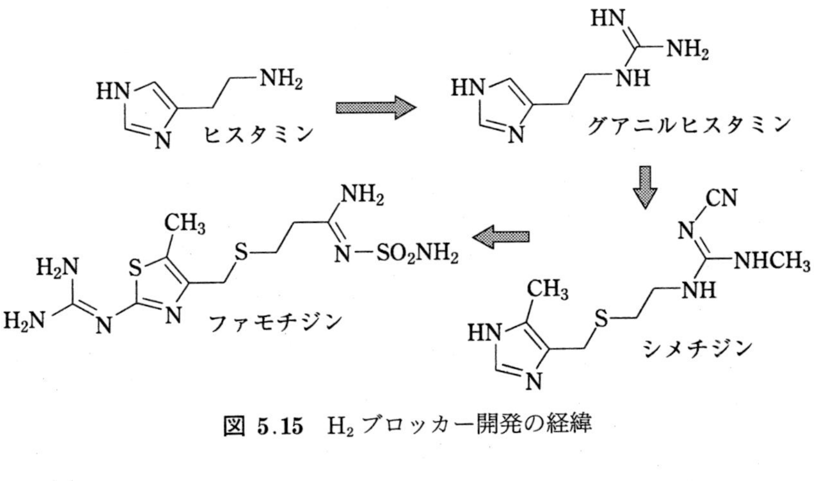

図 5.15 H_2ブロッカー開発の経緯

善玉・悪玉コレステロール
コレステロール（Chl）は人間の細胞をつくる重要な材料であるため，体の隅々まで運ぶ必要がある．Chlは水に溶けないのでリポタンパクという粒子の中に入って血液中を移動する．体内の余分なChlを肝臓にもどすリポタンパクをHDLといい，この中のChlをHDLコレステロール（善玉コレステロール）とよぶ．また，肝臓から各組織に運ぶリポタンパクをLDLといい，この中に存在するChlをLDLコレステロール（悪玉コレステロール）とよび，これがある一定以上血管壁に付着すると血管がもろくなり，様々な病気を引き起こす．

ヒスタミンとアレルギー
生体内に異物が侵入したときにヒスタミンが細胞から放出され種々のアレルギー反応を発現させる．ヒスタミンが過剰に分泌されると，かゆみなどを引き起こす．このヒスタミンの作用を抑える薬を"抗ヒスタミン剤"という．

まったく異なる機構の画期的な胃薬である．これにより，外科手術に依存していた胃潰瘍を薬で治療することが可能になった．図5.15に開発経緯を紹介する．

胃液の分泌を促進する生体内物質の一つとしてヒスタミンがあり，ヒスタミン受容体（H_2受容体）に結合すると胃液の分泌を促進する．したがってヒスタミンの働きを妨害すれば胃酸の分泌が抑えられると考えられる．イギリスのスミスクライン研究所の研究者たちはヒスタミンと少し構造が異なる化合物を種々合成し，薬理作用を調べた．その結果，N-グアニルヒスタミンが弱いながらも胃液の分泌を抑制し，これが最初のリード化合物となった．

これをもとに，ブリマミドが1972年に合成され，グアニルヒスタミンの100倍の作用を有したが，腸管からの吸収が悪く，また経口剤としての使用が困難だった．次に開発されたメチアミドはさらに約10倍の活性を示したが副作用の点で医薬品とはならなかった．そこで，側鎖の官能基をグアニジノ基の誘導体に変え，シメチジン（商品名：タガメット®）が開発された．これは最初の画期的なH_2受容体拮抗薬となった．1976年イギリスで最初に発売され，1979年には100カ国以上の国で，わが国でも1982年に承認，発売された．最後にイミダゾール環部分を種々の複素環に変えて検討が続けられ，ファモチジン（商品名：ガスター®）が開発された．これは，シメチジンに比べてH_2受容体への選択性，および副作用が改善された．

f．21世紀に期待される薬

第二次世界大戦以後，科学技術の進歩とともに種々の新薬が開発され，人類もそれらの恩恵を受けてきたが，まだまだ，治療の困難な病気も多々ある．ここではアルツハイマー病治療薬，抗ウイルス薬，抗がん薬，免疫抑制剤について述べる．

（1）アルツハイマー病治療薬　アルツハイマー病（AD）は1907年にドイツの神経病理学者Alzheimerによって最初に発見された．脳内の神経細胞に変性・脱落が起こり，認知機能障害が生じると考えられている．神経にはシナプス間隙とよばれる切れ目部分が存在し，アセチルコリンはこの隙間における記憶情報の渡し舟的な役割を担っている（図5.16）．

老人性痴呆症
老人性痴呆症の中には，アルツハイマー病のほかに脳血管障害型痴呆症もある．アルツハイマー病は脳そのものが萎縮して起こる痴呆であるが，脳血管障害型は，脳梗塞や脳内出血などが原因で，脳組織が破壊されたり，血流障害のために十分な酸素や栄養分が行き渡らず，脳細胞の機能が低下してしまうものである．

このような背景から，AD患者の脳内アセチルコリンの濃度を高めれば記憶障害を改善できるとの考えから，アセチルコリンをコリンに分解している酵素であるアセチルコリンエステラーゼ（AchE）の働きを阻害する薬が開発された．その代表的なものがわが国で最近開発されたドネペジルである（図5.17）．化合物(1)をもとに合成展開がなされ

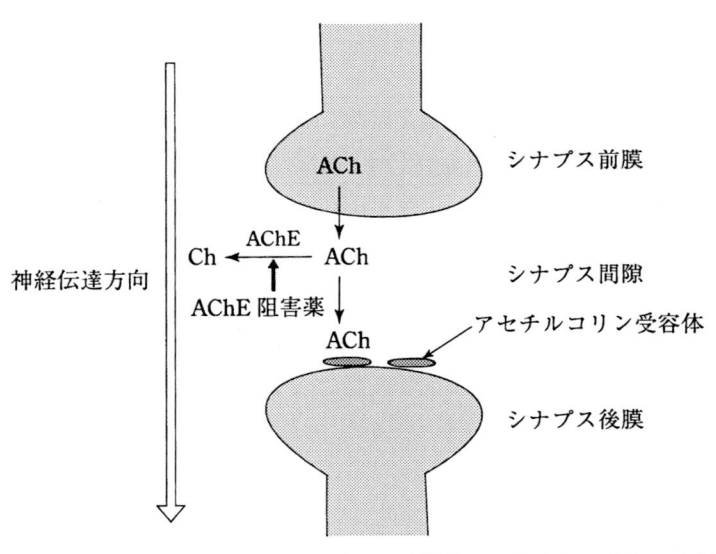

Ch：コリン，ACh：アセチルコリン，AChE：アセチルコリンエステラーゼ

アセチルコリンの分解

図 5.16　神経伝達の機構

図 5.17　アルツハイマー治療薬の開発経緯

た．ピペラジン環をピペリジン環（窒素原子一つを炭素原子に変える）に変えると活性は飛躍的に増強し，さらにエーテル結合をアミド結合に変えると活性はさらに上昇した．ベンズアミドのパラ位へのかさ高い置換基の導入，アミド基の窒素原子へ置換基を導入すると活性が向上することが新たにわかり，(2) という化合物が開発された．以後，試行錯誤が重ねられ，ドネペジルに到達した．1996 年にはアメリカで承認され，わが国でも 1999 年に承認された．しかし，この薬ではアルツ

ピペラジン環

ピペリジン環

ハイマー病の本質的な原因である神経細胞の変性・脱落を抑制することはできない．

（2）抗がん薬 がん細胞は細胞増殖を停止することなく，無秩序に増殖していき，他の組織に転移して，最終的にはその個体を死に至らしめる．がん細胞は正常細胞から発生しているので，正常細胞との違いをみつけて，がん細胞のみを殺すのは非常に難しいとされている．現在使われている抗がん薬は広範ながん腫に効果が認められているものの，正常細胞に毒性のない，すなわち，副作用のない真の抗がん薬はまだ開発されていない．代表的な抗がん薬を表5.1および図5.18に示した．

表 5.1 代表的な抗がん薬

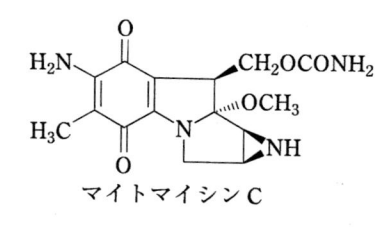

分類	薬剤
アルキル化剤（DNAと反応する）	シクロホスファミド，ニムスチン，メルファラン
代謝拮抗薬	メトトレキサート，メルカプトプリン，5-フルオロウラシル
アルカロイド類	硫酸ビンクリスチン，硫酸ビンブラスチン
抗生物質抗がん薬	硫酸ドキソルビシン，マイトマイシンC，ブレオマイシン，塩酸ダウノマイシン
その他の抗がん薬	シスプラチン，カルボプラチン

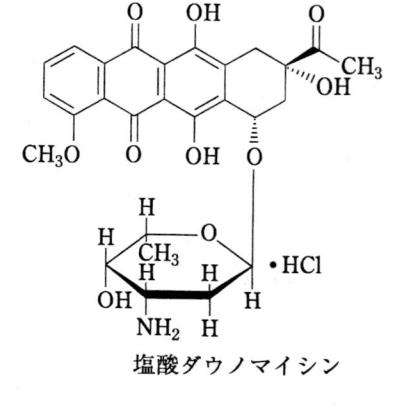

図 5.18 抗がん薬

(i) ナイトロジェンマスタード誘導体（図5.19）：抗がん薬のスタートは毒ガス兵器として開発されたナイトロジェンマスタードにある．この毒ガスは，活発な細胞の分裂を顕著に傷害していることが明らかになった．さらに，第二次世界大戦中，マスタードガスの解毒薬の研究中にナイトロジェンマスタード N-オキシドが開発された．これは，予想どおり，毒性を半分にまで低下させ，白血病，リンパ腫などには優れ

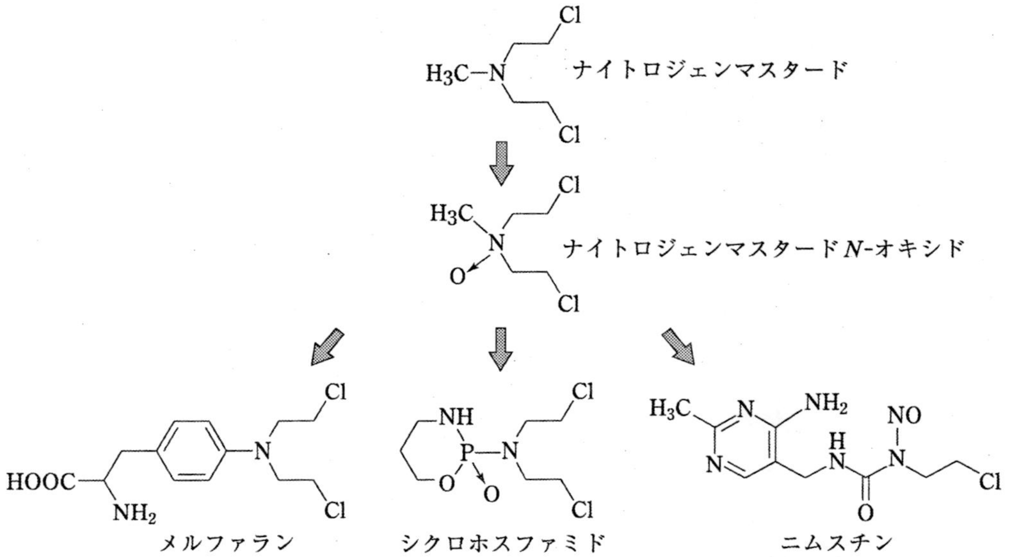

図 5.19 抗がん薬（アルキル化剤）の開発経緯

抗がん薬の作用

がん細胞の増殖は正常細胞に比べて非常に速いという特徴があるため，この増殖過程を抑制する薬は抗がん薬として有効と考えられる．抗がん薬の作用は以下に示す3種類に分けることができる．

① 細胞増殖の抑制：1個の細胞が2個になるとき，紡錘糸がつくられ，これが2倍になった染色体をそれぞれ反対の方に引っ張って，細胞が2個に分裂する．この紡錘糸の合成を阻害する薬として天然物由来のビンブラスチンやビンクリスチンが用いられている．

② DNAの情報解読の抑制：抗がん薬の多くはがん細胞のDNAに作用して，遺伝情報を読めなくして増殖を抑制している．ナイトロジェンマスタードなどはがん細胞のDNAの塩基部分とアルキル化という形式の化学結合をすることにより細胞毒性を発現する（アルキル化剤）．シスプラチンも違った方法でがん細胞のDNAにくっつき遺伝情報を読めなくしている．ダウノマイシンなどはDNAの2本鎖の中に入り込み（インターカレーション），抗がん作用を示す．

③ 核酸合成の抑制：細胞に必要なDNA合成のステップを妨害して，がん細胞の増殖を抑える抗がん薬もある（代謝拮抗薬）．メルカプトプリンやフルオロウラシルなどがこの代表である．

現在，この他にも種々の抗がん薬が開発されているが，副作用の点でまだまだ問題が残っている．

た効果を示した．1952年，これはわが国における最初の抗がん薬"ナイトロミン®"として発売された．しかし，白血球を著しく減少させるなどの重篤な副作用があった．続いて開発されたのはメルファランである．ナイトロジェンマスタードにアミノ酸を結合させ，細胞内に取り込まれやすくさせた．これは細胞増殖の速いがん細胞では，アミノ酸が多く取り込まれることに着目されたことによる．現在，骨髄腫に適用が認められている．同じような抗がん作用を示す化合物として，シクロホスファミド，ニムスチンなどがある．

（ii）白金化合物：白金化合物の抗がん作用は1960年代，大腸菌に対する電場の影響を調べていた時に，大腸菌の増殖が白金電極付近で抑制されることから偶然に発見された．いくつかの白金錯体を合成し，それらの生物に対する影響が調べられた結果，シスプラチンとよばれる化合物が強い抗がん作用を示すことが明らかになった．シスプラチンは実用化され，肺，子宮，膀胱，前立腺，などの多くのがんに対して強い効きめを示すことが認められている．

（iii）これからの抗がん薬の課題：何度も同じ抗がん薬を投与するとその薬が効かなくなる場合がある．これを耐性という．一番深刻な耐性は多剤耐性である．たとえば，Aという抗がん薬を投与し続けたためにAという抗がん剤が効かなくなるだけでなく，A以外の抗がん薬も効かなくなることである．この事実はがんの化学療法を行うことできわめて重要な問題となる．1976年，多剤耐性になった細胞の細胞膜から新しいタンパク質が発見された．このタンパク質は細胞膜の上で汲み出しポンプの役目を果たしていることがわかった．したがって抗がん薬を投与しても細胞内に取り込まれないため，効力を発揮できない．この問題はまだ解決されていないが，近いうちに解決されることが望まれる．

（3）抗ウイルス薬（HIV治療薬）　ウイルスは核酸とタンパク質からできており，自己代謝の酵素をもたずに宿主細胞に依存しているため，ウイルスに対して選択毒性の高い抗ウイルス薬の開発は困難である．従来，ウイルスに対してはワクチンにより免疫をつけ，予防する方法がとられてきた．現在使用されている抗ウイルス薬の主流はヌクレオシド誘導体であり，正常細胞とウイルス感染細胞の微妙な核酸合成過程の差を利用してウイルスの核酸合成過程を阻害しようとするものである．

現在，抗ウイルス薬の中でも抗HIV薬および抗インフルエンザ薬については最新のテクノロジーを用いて盛んに開発研究が行われており，ある程度の成果があげられている．このうち抗HIV薬について述べる．

細菌とウイルスの相違点
人間に感染する微生物を大きく分けると細菌とウイルスがある．細菌は，大きさ約1～4μmで，自分の体の仕組みで生きていき，さらに増殖することができる．自分のもっている毒素などを用いて他を攻撃する．ウイルスは，細菌よりも小さく（約0.01μm前後），自分の力のみでは生きていけず，人間，動植物の細胞の中に寄生して，その細胞の力を借りて生活し増殖していく．

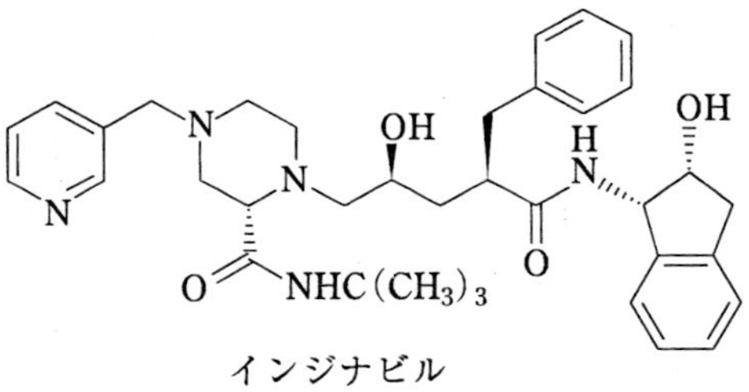

図 5.20 代表的な抗 HIV 薬

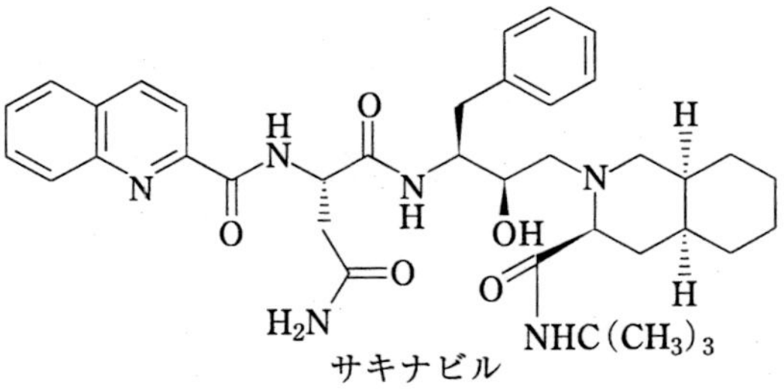

　エイズとは後天性免疫不全症候群であり，1983 年ウイルスがエイズの原因であることがわかり，HIV（人免疫不全ウイルス）と名づけた．免疫機能が破壊されるため，健康であれば問題ないバクテリアに対しても抵抗力がなくなり，いろいろな感染症やがんにかかり死亡する．HIV は，人間にはない特有の酵素を用いて，人間の体の中で増殖をしていくので，この酵素を標的にした薬の開発が盛んに行われている．とくに酵素が単離構造決定された以後は X 線構造解析およびコンピュータグラフィックスを用いた画像解析に基づいた薬の開発がなされている．その結果，インジナビルやサキナビルの薬が開発されている（図 5.20）．

　現在，いったん HIV に感染したら除去することができず，しかも少数例を除けばエイズの発症と死はまぬがれない．しかも HIV の変異化が速いため，特効薬を開発するのをいっそう困難にしている．

（4）免疫抑制薬（臓器移植）（図 5.21）　免疫抑制薬がもっとも威力を発揮するのは臓器移植の拒絶反応においてである．拒絶反応とは，異物が侵入したときにこれを排除するという免疫反応そのものである．臓器移植後は，拒絶反応を抑制しなければならないが，同時にウイルスや細菌が体内に入ったときの免疫機能まで低下すると，直ちに種々の細菌やウイルスに感染し大変なことになる．この調節が非常に難しい．また，リウマチなどの自己免疫疾患は自己の組織を非自己と認識することによって引き起こされる病気であるが，この際にも免疫抑制薬は有効な治療薬として用いられる．

　臓器移植後の免疫抑制剤として，1970 年代後半にカビの代謝産物より，シクロスポリンが開発され，臓器移植の成功が飛躍的に高まった．しかし腎毒性など重篤な副作用がある．このような背景のもと，1983 年ごろから，藤沢薬品工業では副作用の少ない免疫抑制薬の開発研究が始められた．1984 年，茨城県の筑波山付近の土壌から分離された放線菌の生産する物質タクロリムスが見いだされた．図 5.21 に示すように，複雑な大環状構造をしており，水に不溶である．タクロリムスはシクロスポリンの 1/100〜1/10 程度でシクロスポリンと同じくらいの

タクロリムスとアトピー性皮膚炎
従来アトピー性皮膚炎にはステロイドの外用薬を用いていたが，副作用の点で多くの問題があった．タクロリムスに関して種々の研究がなされたのち，タクロリムスにはヒスタミンの産生を抑制する作用を有することが明らかになった．0.1％ のタクロリムスを含む軟膏（プロトピック軟膏）が開発され，16 歳以上のアトピー性皮膚炎の治療として用いられている．

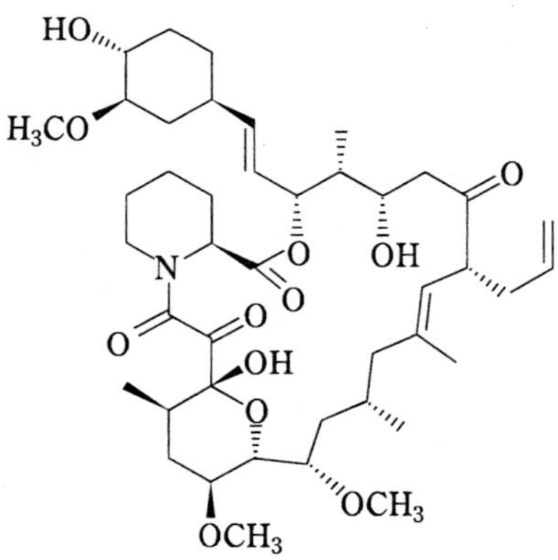

タクロリムス 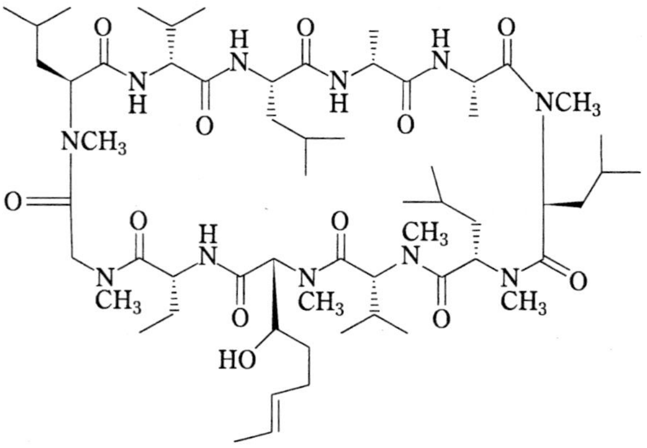　　　　　　　　　　　　シクロスポリン

図 5.21　代表的な免疫抑制薬

免疫抑制効果があり，しかも腎毒性がずっと低くなっている．

g．健康食品とビタミン

（1）健康食品　市場をにぎわしている健康食品は，現在いろいろな呼び方で販売されている．栄養補助食品，サプリメント，機能性食品，マルチビタミン，特定保健用食品，栄養強化食品などさまざまである．保健上優れたものもあるが，健康に本当に役立つかどうか疑問視されている部分もある．健康食品も健康を願って摂取するものであるが，根本的に医薬品とは異なるため，"効能・効果"を強調して販売することは薬事法に触れる．最近，健康食品の制度の骨子となる健康食品の分類がまとめられた．まず，現在市場に流通する健康食品を制度内に含めるものを「栄養補助食品」，制度に含めないものを「その他の健康食品」とされた．制度下におく栄養補助食品は栄養成分を補給し，または特別の保健の用途を目的としたものと定義された．

健康食品の中には栄養素などの成分を通常の食品よりも高濃度に含んでいるものもあるため，過剰摂取による健康障害を起こすおそれがある．また，有効成分の必要量は栄養素の所要量に見られるほど厳密な調査が行われておらず，たとえ適切な摂取量が示されていたとしても，効果の判定結果には個人差がある．したがって健康食品を摂取する場合は商品についての十分な知識をもった上で，自分に最適な摂取量をとることが大切である．健康を維持するためには食生活でバランスのとれた食事をすることが基本であり，そのような食生活が困難な場合に二次的に補足することが健康食品と考えたほうがよいと思われる．

（2）ビタミン（図5.22）　　ビタミンは"ごく微量で生理作用を発揮する有機化合物でヒトの体内で合成できないため，食物から摂取しなければ欠乏症を引き起こし健康な生活を維持できないもの"と定義さ

現在ビタミンとして知られているものはビタミンA, B_1, B_2, B_6, B_{12}, ナイアシン, パントテン酸, 葉酸, ビオチン, ビタミンC, D, E, Kの13種類である．脂溶性ビタミン（油に溶けるもの）と水溶性ビタミン（水に溶けるもの）に分けられ，前者はビタミンA, D, E, K, の4種類で，後者はビタミンB_1, B_2, B_6, B_{12}, ナイアシン, パントテン酸, 葉酸, ビオチン, ビタミンCの9種類である．

わが国では不足しやすいといわれているビタミンA, D, B_1, B_2, ナイアシン, ビタミンCの6種類については，1日の所要量が定められている．所要量とは，欠乏症にならないための目安量である．ビタミンの中には不安定なものが多く，自分では十分に摂取しているつもりでも，

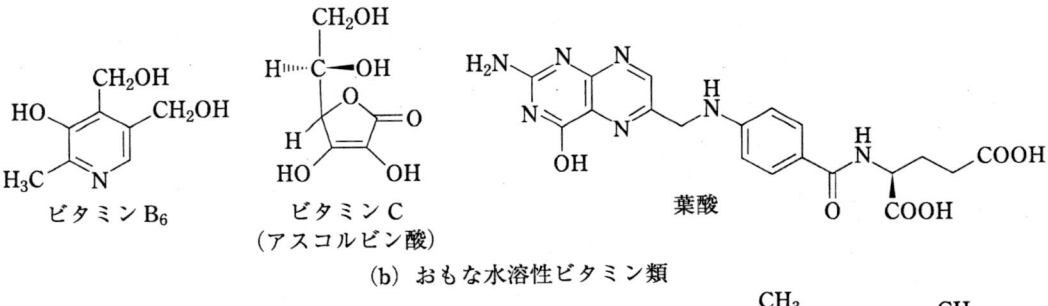

(a) おもな脂溶性ビタミン類

(b) おもな水溶性ビタミン類

(c) ステロイド骨格からビタミンDへの変換

図 5.22　おもなビタミン類

調理の仕方が悪いために所要量に満たない場合があるので注意しなければならない．ビタミンの性質および欠乏症を表5.2に示した．

表 5.2 ビタミン類の性質と欠乏症

ビタミン名	水に可溶	熱に不安定	光に不安定	欠乏症	過剰症に注意
ビタミンA		○	○	夜盲症, 角膜乾燥症	○
ビタミンD		○	○	くる病, 骨軟化症	○
ビタミンE			○	不妊症	
ビタミンK			○	赤血球溶血, 高ビリルビン血症	
ビタミンB_1	○	○		脚気, 多発性神経炎症状	
ビタミンB_2	○		○	口唇炎, 口角炎	
ビタミンB_6	○		○	口唇炎, 口角炎	
ナイアシン	○			ペラグラ	
パントテン酸	○	○		副腎皮質障害	
葉酸			○	巨赤芽球性貧血, 白血球減少	
ビタミンB_{12}			○	悪性貧血, 巨赤芽球性貧血	
ビオチン		○		皮膚炎	
ビタミンC	○	○	○	壊血病	

　次におもなビタミンについて解説する．ビタミンA，B，C，Eは有機合成手法によって製造され，ビタミンD_3は7-デヒドロコレステロール（7-DHC）から紫外線照射して得られる（図5.22）．

（i）ビタミンA：ビタミンAの化学名はレチノールといい，この類似体であるレチナール，レチノイン酸もビタミンA活性を有する．おもな生理作用は映画館などの暗いところに入ったとき，徐々に目がなれる現象を"暗順応"というが，レチノールは目の網膜に存在しこの機能に深くかかわっている．

（ii）ビタミンB_1，B_2，B_6，ナイアシン：ビタミンB群の化合物は生体内の化学反応の補酵素として働くことが明らかになっている．

（iii）ビタミンC：ビタミンCの化学名はアスコルビン酸である．Cはコラーゲンの合成に不可欠である．コラーゲンは体をつくる全タンパク質の約30％を占め，細胞と細胞をつなぐ結合組織や骨などを丈夫にしているタンパク質である．さらにCは体内に発生する活性酸素を消去したり，がん予防効果を示したり，免疫を増強するなどの多彩な作用を有する．

（iv）ビタミンD：ビタミンDにはD_2からD_7までの6種類あるが，これらのうち生物効力が高く，自然界の分布が多いものはD_2およびD_3

である．ビタミンDはカルシウムおよびリンの代謝の恒常性に関係し，骨の形成に大きく関与している．生体内でビタミンDは肝臓および腎臓で代謝されて活性型のビタミンDとなり，これはカルシウムの腸管吸収を高め，腎臓で尿中に出たカルシウムの再吸収を促す．

（v）ビタミンE：ビタミンEはトコフェロールといわれ，重要な生理作用は抗酸化作用である．生体膜が酸化されると過酸化脂質が増えて，異常細胞を形成したり，細胞の死を早めたりする．ビタミンEは生体膜の油の部分に溶けて存在し，膜を酸化から守っている．

5.2 バイオテクノロジー（遺伝子組換え技術）

a. バイオテクノロジーとは

バイオテクノロジーとは日本語では生物工学と訳されるが，広義には遺伝子工学のみならず，細胞培養・細胞融合などを含めた細胞分子生物学の広い技術を総称している．人類は大昔から経験的に微生物の力を利用して，酒，酢，醬油，チーズ，ヨーグルトなどを生産してきた．バイオテクノロジーの始まりは，経験的に利用してきた微生物の機能を科学的に解明し，それを産業に応用することであった．以前は，醸造技術や発酵技術とよばれた．能力の高い微生物を選別し，それをタンクで大量に培養して目的とする有用な物質を生成する技術である．伝統的な発酵食品に加えて，ペニシリンやストレプトマイシンなどの抗生物質，調味料の旨味成分であるグルタミン酸など，われわれのまわりにはバイオテクノロジーでつくられたものがたくさんある．

しかしながら今日のバイオテクノロジーは醸造技術や発酵技術の延長ではなく，分子生物学が基礎となっている．分子生物学は生命現象を遺伝子レベルで解明する学問である．遺伝子は生物が体の中で様々な化学反応を行うための設計図で，その本体はDNAという核酸の一種である．生物は遺伝子に書かれた遺伝情報に基づいて，必要なものを必要なだけ創っていく．この遺伝子の正体が次第に明らかになり，生物の設計図を人工的に書き換えたり，必要な部分だけを取り出すこともできるようになった．この分子生物学を基礎とした今日のバイオテクノロジーは設計図を基に製品を製造する製造業の一種といえる．設計図を変更することにより容易に改良を行うことができる．

次にもっとも基本的な遺伝子組換え方法について示す（図5.23）．まず，大腸菌など細菌にプラスミドという染色体以外に自立的に複製する環状遺伝子が存在することがわかった．この遺伝子に操作をして目的のタンパク質を合成するように変換させた遺伝子を，宿主の大腸菌

ベクター
運び屋の意味で，目的の遺伝子を宿主に導入するために必要なDNA分子のことである．宿主に適合したベクターを用いる必要がある．

DNAリガーゼ
DNA連結酵素．遺伝子組替えを行う際に，制限酵素で切断したDNAと別のDNAを接着する役割を担っている．

制限酵素
DNAの特定場所で塩基配列を切断する酵素．DNAへの感染を防ぐため自己のDNA以外を切り離す働きの観察によって発見されたので制限酵素と名づけられた．この制限酵素の発見により，DNAの特定の塩基配列の位置で切断することが可能となり，遺伝子組替えの様々な場面で利用されている．

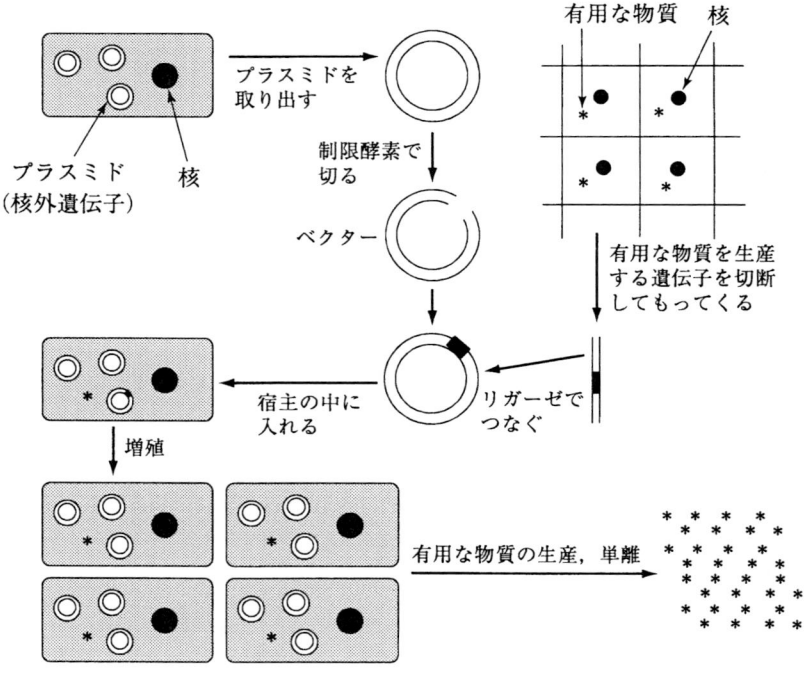

図 5.23 遺伝子組換え方法

内に運ぶ．その後大腸菌が増殖して人間が必要とするタンパク質が合成されるようになる．この遺伝子操作を行うためにいろいろな道具が必要である．すなわち，遺伝子を切るためのはさみとくっつけるための糊である．制限酵素というはさみを用いると遺伝子のある特定部分を特異的に切断することができ，また，DNAリガーゼという酵素が糊の役目をする．最後にこのようにして操作された遺伝子を大腸菌にもどすと大腸菌の増殖と同時に目的のタンパク質が得られる．

b. バイオ医薬品

バイオテクノロジーで医薬品の合成も行なわれている．有名なものにインスリン（糖尿病治療薬），エリスロポエチン（抗貧血薬），インターフェロン（抗ウイルス薬）などがある．ここではエリスロポエチンの合成について述べる．

[**エリスロポエチン**]（図5.24）

赤血球は酸素を運搬するという重要な機能をもつ血液細胞であり，酸素をより多く供給する必要がある場合は通常よりも多量に産生される．赤血球の産生はエリスロポエチンという糖タンパク質によって促進することが明らかになっている．これは，腎臓でつくられ，血液中を循環して骨髄に作用して機能することがわかっている．しかし，これはわれわれの体の中には微量にしか存在しないため，これを大量に生産するには，バイオテクノロジーの手を借りる必要がある（図5.25）．ま

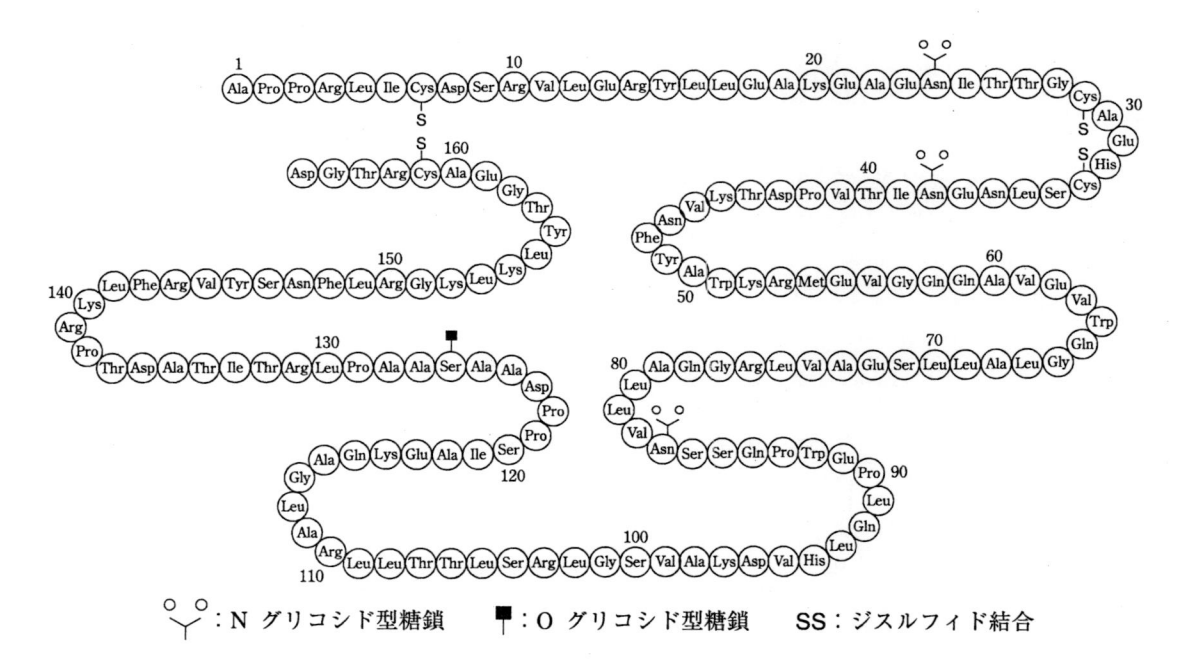

○°○
Y : N グリコシド型糖鎖　　■ : O グリコシド型糖鎖　　SS : ジスルフィド結合

図 5.24　遺伝子組換えヒトエリスロポエチンの構造式：円1個がアミノ酸1個を表し，中の文字はアミノ酸の略号［キリンビール（株）提供］

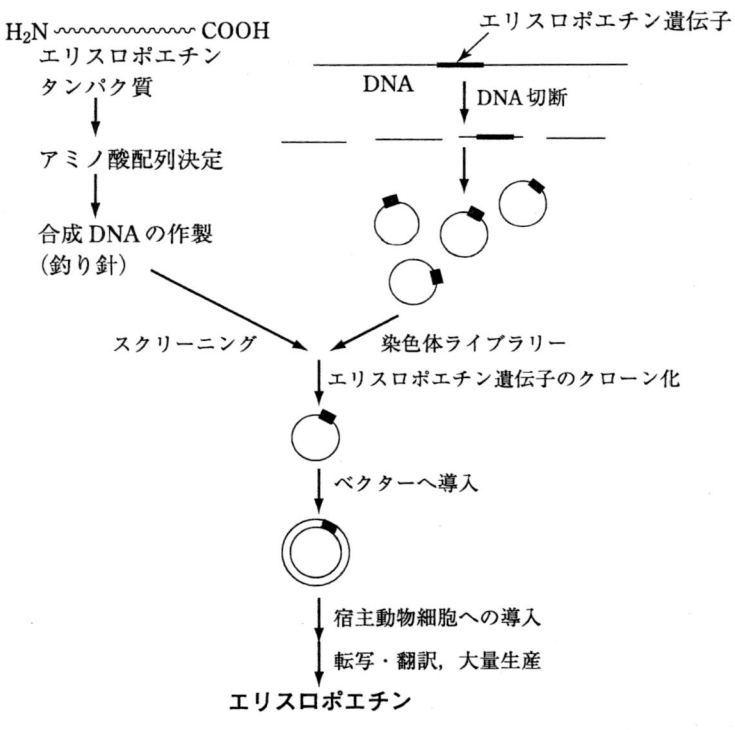

図 5.25　遺伝子組換えヒトエリスロポエチンの生産

ずそのためにはエリスロポエチンの遺伝子を細胞から釣り上げ（遺伝子のクローン化）なければならない．エリスロポエチンのアミノ酸配列を決定した後，これよりDNAを作成して，これをもとに遺伝子のライブラリーよりエリスロポエチン遺伝子のクローン化を行う．これを宿主細胞に導入してエリスロポエチンの大量合成が可能な細胞ができたことになる．

c. バイオ食品

世界には，数億人単位の人々が飢餓状態すれすれに置かれている．したがって，食糧安定確保の観点から，作物の改良は継続的に望まれている．もし寒さや，暑さに強い作物をバイオテクノロジーの力を借りてつくることができたならば，カナダ，ロシアなどの広大な寒冷地，また砂漠などで食料の大量生産ができ，世界中の飢餓状態の人びとを救うことができる．そのためには遺伝子組換え技術は不可欠だと考えられている．

わが国ではこれまでに大豆，トウモロコシなどの十数品目が遺伝子組換え食品として厚生労働省より認可されている．しかし，これらはすべて輸入品である．これまでの品種改良は，交雑，突然変異により偶然に遺伝子が変化することを利用していた．遺伝子組換え技術では好ましい性質をつかさどる遺伝子が特定できればその遺伝子を導入するのでより確実にかつ計画的に品種改良を行うことができる．本来，遠縁の植物や植物以外の微生物などの遺伝子も導入することができる．さらに交雑を重ねる必要がないので短期間で品種改良ができる．

遺伝子組換え作物として最初に登場したのは日もちのよいトマトである．これはトマトの成熟に伴なって生成される酵素の生成を妨害する遺伝子が導入されたものである．この酵素はトマトの成分であるペクチンを分解させてトマトを老化させる．次に開発されたのは除草剤耐性の大豆，とうもろこしである．通常は，除草剤によって作物まで枯れてしまわないように雑草や作物の種類によって除草剤を選択して，種まきから収穫まで数回散布しなければならない．しかし，除草剤耐性作物をつくれば，もっとも効率的な時期に一回だけ散布すればよく，作業やコストの大幅な軽減になる．

しかし，この遺伝子組換えは自然界には存在しない新しい生物をつくりだすことになり，多くの人達がこの技術は有用としながらも不安に感じている．この消費者の不安は遺伝子組換え食品の表示義務化に発展した．食品の安全性として問題になるのは導入された遺伝子から出来たタンパク質の安全性である．次のような試験がなされている．

① 動物や魚を用いた飼育試験で異常がないかどうか．

② 人工胃液，人工腸液で速やかに分解できるかどうか．
③ 既知の毒性物質および既知のアレルギー物質のアミノ酸配列に類似性がないかどうか．
④ 導入した遺伝子のもとの生物も食経験があるかどうか．

現在の遺伝子組換え作物はこの①から④に示した試験にパスしたものである．しかし，現段階では上記の試験にパスしたからといって，安全であると言い切れない不安がある．

d. ゲノム創薬

ゲノム創薬を一言で説明すると，遺伝子情報をもとに薬をつくることである．20世紀の終わりにヒトの遺伝子配列がついに解明され，薬の開発にその成果を利用する試みが始まっている．昔から行われてきた新薬開発方法は，まず医薬品として役立ちそうな候補物質をスクリーニングによって探してきてそれを絞り込んでいくという手法をとっていた．したがって，一つの薬を開発するのに膨大な時間・労力・費用がかかっていた．

これに対して，遺伝子の機能が解明できれば，遺伝子レベルで病気の原因を調べ，これに対処できる新薬を理論的に設計することが可能になる．この方法がゲノム創薬である．この実現のためにはSNP（遺伝子一塩基変異多型）の解読が必要となる．SNPとは個人間において同じ遺伝子の一塩基の違いを意味しており，一塩基だけが違っていても，それだけで遺伝情報がかわり，個体の体質差につながる．このSNPを解析すると，ある特定の病気の原因遺伝子を解明することができ，遺伝子治療の道が開ける可能性がある．また，病気にかかりやすさとか，薬に対する応答性や副作用の予測に役立つ．現在のところ，この手法を用いた創薬や治療は実現されていないが，近い将来，その人その人の遺伝的特徴に応じて薬の種類や投与方法をきめ細かく設計するいわゆる"テーラーメード治療"の時代がくる可能性が高い．

SNP(single nucleotide polymorphism：スニップ)
SNPは全ヒトゲノムの約30億個の塩基配列中には300万〜1000万個あるといわれている．

■参考文献

1) 佐野武弘，内藤猛章，久保孝夫 編，"薬品化学 第7版"，南江堂 (2002)．
2) 山崎恒義，久保陽徳，本多利雄，望月正隆，増野匡彦，"創薬科学，薬学教科書シリーズ"，山崎恒義 編，丸善 (2000)．
3) 山崎幹夫，"歴史の中の化合物，科学のとびら27"，東京化学同人 (1996)．
4) 寺田 弘，丹羽峰雄，"バイオと医療のフロンティア"，三共出版 (1998)．
5) "薬のサイエンス vol.1"，フジメディカル出版 (1999)．
6) "薬のサイエンス vol.2"，フジメディカル出版 (1999)．
7) 西村 実，"バイオテクノロジー"，東洋経済新報社 (2001)．
8) 平山令明，"分子レベルで見た薬の働き"，講談社 (1997)．
9) 貴島静正，"新薬の話（I）"，裳華房 (1991)．

10) 貴島静正，"新薬の話（II）"，裳華房 (1991).
11) 日本農芸化学会編，"今話題のくすり"，学会出版センター(1995).
12) 日本薬学会編，ファルマシア，Vol.37, No.1, (2001), p.15-24.
13) 日本薬学会編，"薬の発明―その辿った途，ファルマシアレビュー No.18", (1986).
14) 日本薬学会編，"薬の発明―その辿った途，ファルマシアレビュー No.25", (1988).
15) 日本薬学会編，"薬の発明―その辿った途，ファルマシアレビュー No.27", (1990).
16) 石倉俊治，"バイオ食品の驚異，ブルーバックス B-952"，講談社(2000).

索　引

A〜Z

ABS ⇒ 分岐鎖アルキルベンゼンスルホン酸塩
ABS 樹脂　59, 62, 88
ACE ⇒ アンジオテンシン変換酵素
ACH 法 ⇒ アセトンシアンヒドリン法
AE ⇒ アルキルポリオキシエチレンエーテル
AES ⇒ アルキルエトキシ硫酸エステル塩
AG ⇒ アシルグルタミン酸塩
AMT ⇒ N-アシル-N-メチルタウリン塩
APG ⇒ アルキルポリグリコシド
AS ⇒ アルキル硫酸エステル塩
AS 樹脂　59, 62, 88
A 重油　41
BHET ⇒ ビス(2-ヒドロキシエチル)テレフタレート
BINAP　18
BR ⇒ ブタジエンゴム
BTX ⇒ 芳香族化合物
B 重油　41
C_1 化学　70
C_4 オレフィン　59
C_4 誘導体　59
C_4 留分の分離　46
CD ⇒ コンパクトディスク
cmc ⇒ 臨界ミセル濃度
coal oil mixture　34
coal water mixture　34
COM ⇒ coal oil mixture
CR 39　105
critical micelle concentration ⇒ 臨界ミセル濃度
CWM ⇒ coal water mixture
C 重油　41
DDT　16
DNA リガーゼ　170
DODMAC ⇒ ジオクタデシルジメチルアンモニウムクロリド
DRAM　105
dynamic random access memory ⇒ DRAM
EDTA ⇒ エチレンジアミン四酢酸塩
EPDM ⇒ エチレン-プロピレンゴム
EPR ⇒ エチレン-プロピレンゴム
FCC ⇒ 流動床式接触分解
fixed-bed catalytic cracking ⇒ 固定床式接触分解
FI 触媒　19
fluidizing-bed catalytic cracking ⇒ 流動床式接触分解
GA ⇒ アルカノイル-N-メチルグルカミド
GPPS　88
GSC ⇒ グリーン・サスティナブル・ケミストリー
H_2 ブロッカー　159
HCO ⇒ ポリオキシエチレン誘導体
HDPE ⇒ 高密度ポリエチレン
HIPS　88
HIV　165
HIV 治療薬　164
HLB　118
　──温度　127
　──と用途　118
hydrophilic lipophilin balance ⇒ HLB
l-DOPA　17
LDPE ⇒ 低密度ポリエチレン
liquefied natural gas ⇒ 液化天然ガス
liquefied petroleum gas ⇒ 液化石油ガス
LLDPE ⇒ 直鎖状低密度ポリエチレン
LNG ⇒ 液化天然ガス
LPG ⇒ 液化石油ガス
LP レコード　106
MDI ⇒ 4,4′-ジフェニルメタンジイソシアナート
moving-bed catalytic cracking ⇒ 移動床式接触分解
MRSA　154
MS 樹脂　62
n-3 系列　139
n-6 系列　139
NMF ⇒ 自然保湿因子
NSAIDs ⇒ 非ステロイド性抗炎症薬
o/w 型エマルション　131
OPEC ⇒ 石油輸出機構　6
PAN ⇒ ポリアクリロニトリル
PET ⇒ ポリエチレンテレフタレート
phase inversion temperature PIT 温度　127
PTA ⇒ 高純度テレフタル酸
PVC ⇒ ポリ塩化ビニル
RMgX　15
SBR ⇒ スチレン-ブタジエンゴム
SBS ⇒ ポリスチレン-ポリブタジエン-ポリスチレン
SNP　173
SOHIO 法　59
SPF　135
surface active agent, surfactant ⇒ 界面活性剤
TDI ⇒ トルエンジイソシアナート
TNF ⇒ トリニトロフルオレノン
UVA　135
UVB　135
UV 硬化樹脂　107
w/o 型エマルション　131

あ 行

アイソタクティックポリプロピレン 57
悪玉コレステロール 159
アクリルアミド 19, 109
　——系ポリマー 131
アクリル酸 23, 58
アクリル酸エステル 58
アクリル樹脂 89
アクリル繊維 59, 85, 92
アクリロニトリル 59
アジピン酸 67, 76
アジポニトリル 68
アシルグルタミン酸塩 120
N-アシル-N-メチルタウリン塩 120
アスピリン 15, 149
アセチル化剤 72
アセチルコリン 160
アセチルコリンエステラーゼ 160
アセチレン 7
アセトアルデヒド 8, 13, 50
アセトン 10, 13, 64, 65
アセトンシアノヒドリン 10
　——法 61
アタクチックポリプロピレン 19
亜炭 31
圧搾 137
アニオン重合 82
アニリン 68
　——系モーブ 7
　——の誘導体 68
アミド結合 117
アミノカルボン酸 123
アミノサルフェート誘導体 123
アミノスルホン酸 123
アラミド繊維 98
アリザリン 7
アリルアルコール 58
アルカノイル-N-メチルグルカミド 122
アルカリ 2
　——緩衝能 129
アルカロイド 162

アルカン 22
アルキルアミン塩 122
アルキルアルミニウム 18
アルキルエトキシ硫酸エステル塩 120
アルキル化剤 162
アルキルジメチルアンモニウムクロリド 116
アルキルナフタレン 118
アルキルベンゼン 64, 118
アルキルポリオキシエチレンエーテル 120
アルキルポリグリコシド 122
アルキル硫酸エステル塩 115
アルキレートガソリン 40
アルツハイマー病 160
　——治療薬 160
$α$-SF ⇒ $α$-スルホ脂肪酸エステル塩
$α$-グルコシダーゼ阻害薬 156
$α$-スルホ脂肪酸エステル塩 120, 129
$α$-フェニルエチルアルコール 64
$α$-フェネチルアルコール 54
アルミナ 43
アルミノケイ酸塩 116
アンジオテンシンII 154
アンジオテンシン変換酵素 154
アンチピリン 14
アンモ酸化反応 59
アンモ酸化法 9, 22
アンモニア合成 7
アンモニア・ソーダ法 2
アンモニウム基 118

硫 黄 93
イオン交換膜法 3, 116
イオン性流体 26
イオン伝導 100
イオン伝導性高分子 100
胃薬 159
イソタクチックポリプロピレン 87
イソブチレン 10
イソプロピルアルコール 8, 56
イタイイタイ病 5
一次回収 31

一次構造 85
一次粒子化 128
一酸化炭素 71
遺伝子—塩基変異多型 173
移動床式接触分解 43
$ε$-カプロラクタム 20, 65, 66, 77
イブプロフェン 24
異方性膜 108
イミダゾリニウム 26
イミノ二酢酸 109
医薬品 143
　バイオ—— 170
　——の素材 144
医療用高分子材料 110
陰イオン界面活性剤 118
インジゴ 7
インジナビル 165
インスリン 155, 170
　——依存性糖尿病 156
　——非依存性糖尿病 156
インターフェロン 170
インドメタシン 149

ウイーン条約 6
ウレタンフォーム 69

エアロゾル 128
エイズ 165
栄養機能食品 140
液化石油ガス 35, 38
液化天然ガス 34
液晶状態 98
液相自動酸化反応 12, 21
液相接触酸化反応 13
液体混合物分離用膜 108
エステル結合 117
エステル交換法 97
エストラマー 93
エタノール 52
エチリデンノルボルネン 96
2-エチルヘキサノール 13, 57
エチルベンゼン 15, 62
エチレン 8, 46, 49, 78
　——の誘導体 49
エチレンオキシド 11, 21, 49
エチレンクラッキング 46
エチレングリコール 50
エチレンジアミン四酢酸塩 129

索　引

エチレン-プロピレンゴム　95
エッチング　103
エーテル結合　118
江戸川汚染　6
エポキシ樹脂　65, 100
エボナイト　74
エマルション　127, 131
エリスロポエチン　170
エリスロマイシン　152
塩化アルミニウム　15
塩化ビニリデン　53
塩化ビニル　8, 9, 52
塩化メチル　73
塩化メチレン　73
エンケファリン　150
鉛室法　4
エンジニアリングプラスチック　71, 75, 96
エントロピー　93

オキシ塩素化　9, 53
オキソアルコール　57
オキソアルデヒド　57
オキソ反応　13, 17
オキソ法　57, 115, 119
オクタノール　57
オクタン価　38

か 行

開環重合　80, 82
会合数　127
塊状重合　83
界面活性剤　114, 117
　――の集合状態　126
　――の水溶性　125
　――の生分解性　129
化学工業史　1, 3
化学繊維　89
化学肥料　5
確認可採埋蔵量　31
隔膜法　3
可採年数　31
苛性ソーダ ⇒ 水酸化ナトリウム
可塑剤　88
ガソリン　35, 39
　――の製造過程　40
カチオン

　――界面活性剤　116, 122
　――機構　45
　――重合　81
褐炭　31
カプトプリル　155
カーボンブラック　94
カミンスキー触媒　54
可溶化　117, 127
ガラス転移温度　93
加硫　94
　――剤　93
　――促進剤　94
　――法　93
カルシウム拮抗薬　157
カルビキシル基　118
環境因子　23
環境汚染　3
環境問題への化学技術の対応　3
含窒素化合物　138
γ-BHC　16
乾留ガス　33

起　泡　117
キシレン　62
　――の異性化　48
p-キシレン　48
気相 Beckmann 転位　20
気相空気酸化　9
気相酸化反応　11
拮抗薬　157
キニーネ　7
キノホルム事件　148
キノロン　151
　――系抗菌薬　153
揮発性溶剤　137
ギブズの吸着式　124
起泡力向上効果　121
逆浸透　108
　――膜　108
吸着分離法　48
凝集　131
　――構造　85
京都議定書　6
虚血性心疾患薬　156
キレート剤　129
均質膜　108
近代化学　1

クメンヒドロペルオキシド　65
クメン法　65
クラッキング　11
クラッド材　106
グラファイトの層間化合物　100
クラフト点　123
グリセロール　115
グリニヤール反応　15
クリーミング　131
グリーンケミストリー　23
グリーン・サステイナブル・
　　ケミストリー　23
グルカゴン　155
クロマト用樹脂　109
クロロニトロベンゼン　21
クロロヒドリン法　54
クロロプレン　61
クロロホルム　73
クロロメタン　73

軽質軽油　37
軽質ナフサ　37
軽　油　40
化粧品　132
結合剤　137
結晶性　85
　――高分子　79
血糖値　155
ゲノム創薬　145, 173
ケブラー®　98
ゲル化　109
ケロージョン　30
健康食品　166
原子利用率　23
懸濁重合　84
研磨剤　136
原　油　29
　――の価格　31
　――の埋蔵量・生産量　31

コアー材　106
降圧薬　154
抗ウイルス薬　164
抗炎症薬　135, 149
光化学スモッグ　6
光学材料　105
光学分割　17, 110
抗がん薬　162

高機能性高分子　99
高吸水性高分子　109
高強度炭素繊維　97
抗菌剤　151
抗菌性　123
口腔用化粧品　136
高脂血症治療薬　158
硬質層　93
高純度テレフタル酸　69
合成アルコール　119
合成アンモニア工業　4
合成ガス　37,70
合成金属　101
合成香料　137
合成ゴム　4,94
合成繊維　89
合成洗剤　128
　　──のソフト化　116
合成燃料油　37
高性能高分子　96
抗生物質　151
　　──抗がん薬　162
合成プラスチック　4
構造脂質　139
高分子凝集剤　109
高分子工業化学　74
高分子の合成　80
高密度ポリエチレン　53,87
香料　137
黒鉛化　98
コークス　33
コークス炉ガス　33
固定床式接触分解　43
ゴム　93
ゴム弾性　93
コロナ放電　102
コンクリート減水剤　132
混合基油　29
混練り（配合）　94
コンパクトディスク　106
コンビナート　4,39
　石油化学──　10
コンビナトリアル化学　145

さ 行

再生可能資源　112
再生繊維　89
サキナビル　165
酢酸　13,71
酢酸アリル　58
酢酸セルロース膜　108
酢酸ビニル　52
錯体化法　48
サスペンション　128
殺菌作用　151
鞘材　106
サリドマイド　17
　　──事件　147
サルチル酸　149
サルバルサン　151
サルファ剤　145,151
酸　2
三塩化チタニウム　79
三塩化チタン　18
酸化亜鉛　134
酸化シリコン膜　105
酸化チタン　134
酸素富裕化　108
三大栄養素　138
三白景気　5
残油　37

仕上げ化粧品　133
ジアシルグリセロール　139
ジイシシアナート　83,68
ジ2-エチルヘキシルエステル塩　120
ジェット燃料　40
四塩化チタニウム　79
四塩化チタン　18
ジオクタデシルジメチルアンモニウムクロリド　116
ジオール　83
紫外線防御機構　134
色素増感型太陽電池　26
シクロスポリン　166
シクロヘキサノール　12,14,65
シクロヘキサノン　65
シクロヘキサノンオキシム　20,66
シクロヘキサンオキシム　65
シクロヘキサンの酸化　66
シクロヘキシルアミン　68
シクロヘキセン　14
1,2-ジクロロエタン　52

資源・エネルギー問題　6
システイン　135
シスプラチン　162,163
自然保湿因子　133
湿潤　117
湿潤剤　137
自動酸化反応　66
4,4′-ジフェニルメタンジイソシアナート　69
シベトン　137
脂肪酸　115
シメチジン®　27,145,160
ジメチルテレフタレート　91
ジメチルポリシロキサン鎖　118
写真製版技術　103
重合反応　80
重質軽油　37
重質ナフサ　37
重縮合　81,83
柔軟仕上げ剤　116,122
重付加　81,83
重油　40
収れん性　133
主作用　147
樹脂状物　74
受容体　145
潤滑油　41
　　──の製造過程　41
硝酸セルロース　75
硝酸薬　157
脂溶性ビタミン　167
蒸着　107
樟脳　75
情報記録材料　106
触媒反応　24
食品　140
シラザプリル　155
ジルコニウム錯体　19
ジルコノセン　19
ジルコノセン錯体　53
ジルチアゼム　157
人工血管　110
人工心臓　110
芯材　106
シンジオタクチックポリスチレン　88
シンジオタクチックポリプロピレン　57,88

親水基　117
人名反応　15
親油基　117
深冷結晶化分離法　48

水銀による環境汚染　3
水銀法　3
水酸化ナトリウムの製法の変遷　3
水酸基　118
水蒸気改質法　42
水蒸気蒸留　137
水性ガス移動反応　42,71
水素化精製　41
水素の製造法　42
水溶性ビタミン　167
スキンケア　133
鈴木-宮浦反応　16
スチレン　11,62
スチレン-ブタジエンゴム　94
ストレプトマイシン　152
素練り　94
スピンコート　105
スペシャリティーケミカル　26
スミチオン®　16
スルホン酸塩　115

静菌作用　151
制限酵素　169
青酸　10
制酸剤　159
静電反発力　126
生分解性合成洗剤　116
生分解性高分子　111
ゼオライト　14,15,20,116
石炭　30
　——から石油への転換　4
石炭化度　30
石炭酸　64
石油　29
　——の需要　38
　——の成因　30
　——の精製　35
石油化学　8,28
　——コンビナート　10
石油ガス　37
石油危機　6,28
石油コークス　44

石油輸出国機構　6
セタン価　39
石けん洗剤　114
接触改質　43,44
接触分解　43,44
セメント混和剤　132
セルロイド　75
セレンディピティ　146
ゼロエミッション　23
セロハン　108
繊維　85,89
洗浄　117
染料合成　14

創薬　145
疎水基　117
疎水性相互作用　126
ソーダ ⇒ 炭酸ナトリウム
素反応　81
ソフトコンタクトレンズ　105
ソフトセグメント　93
ソリブジン事件　148
ソルベイ法　2

た　行

多孔質層　108
ダイオキシン　23
体質顔料　134
代謝拮抗薬　162
耐性菌　154
耐熱性高分子　97
太陽電池(色素増感型)　26
第四級アンモニウム塩　122
多価不飽和脂肪酸　139
タクロリムス　165
脱アルキル化　47
脱塩　37
脱水素反応　62
脱墨剤　132
脱硫　42
脱ろう法　41
タルク　134
炭酸ジフェニル　25
炭酸ジメチル　72
炭酸ナトリウムの製法の変遷　2
担持型重合触媒　87
炭素資源　28

単量体 ⇒ モノマー

チアゾリジン誘導体　156
チオグリコール酸　135
地球温暖化　6,23
逐次反応　81
チーグラー触媒　53
チーグラー-ナッタ触媒　87
チーグラー法　119
治験届　147
知的所有権　27
緻密層薄膜　108
中間基油　29
中空繊維　108
抽出蒸留　46
超高分子量ポリエチレン　99
超伝導　100
超臨界二酸化炭素　25
超臨界流体　25
直鎖アルキルベンゼンスルホン酸　116
直鎖状低密度ポリエチレン　53,87
直酸法　58,61
直接塩素化　52
直メタ法　10,61
鎮痛薬　149

ティシェンコ法　51
停止末端　84
低密度ポリエチレン　53,79,86
ディールス-アルダー反応　15
ディレードコーキング　44
テトラサイクリン　152
テーラーメード治療　173
テレフタル酸　12,69,78
電解還元二量化　68
電解重合　101
電気化学工業　4
電子複写　102
天然アルコール　119
天然ガス　34,70
　——の確認埋蔵量　34
天然香料　137
天然ゴム　95
天然繊維　89

透析膜　108

導電性材料　100
導電性ポリマー　101
等電点　123
糖尿病薬　155
頭髪用化粧品　135
灯　油　37, 40
特定保健用食品　140
特　許　27
トナー　103
ドネペジル　160
ドーパンド　101
ドーピング　101
トラウベ則　125
ドラックデザイン　146
トランスアルキル化　48
トリアシルグリセロール　139
トリエチルアルミニウム　79
トリニトロフルオレノン　102
トリポリリン酸塩　116
トルエン　62
　──の不均化　48
トルエンジイソシアナート　69
曇点　124

な 行

ナイトロジェンマスタード　163
内分泌攪乱作用　121
ナイロン　76
　──6　65
　──66　67
　──繊維　85
　──の合成経路　77
ナフサ　11, 38
　──の接触分解　21
　──の熱分解　46
ナフテン基原油　29
ナフトキノンジアジド　103
軟質層　93
二塩化エチレン　9
二酸化炭素　26
二次構造　85
二次電池　102
ニトログリセリン　157
ニトロベンゼン　68
乳　化　117, 127
　──重合　84

ネガ型レジスト材料　103
熱可塑性エストラマー　93
熱硬化性樹脂　75
熱分解　43
燃素説 ⇒ フロギストン説
燃料電池　26, 42

ノボラック樹脂　103
ノーメックス®　99

は 行

配位重合　82
バイオ医薬品　170
バイオ食品　172
バイオテクノロジー　20, 169
バイオマス資源　110
梯子型構造　97
発泡剤　137
発泡ポリウレタン　83
ハードコンタクトレンズ　106
ハードセグメント　93
ハートレー則　125
パラジウム　16
パラチオン　16
パラフィン基原油　29
パラフィン酸化法　115
ハルコン法　11, 54, 64
バーレル　28
半導体デバイス　103
汎用高分子　85
汎用プラスチック　85

非晶性　85
非イオン界面活性剤　120
光ディスク　106
光導電性高分子　102
微細加工　105
ビス(2-ヒドロキシエチル)テレフタレート　91
ヒスタミン　160
非ステロイド性抗炎症薬　150
ビスフェノールA　24, 64, 65, 97
ビスブレーキング　44
ビタミン　166, 168, 169
ピット　107
人免疫不全ウイルス ⇒ HIV

ヒドロゲル　109
ヒドロペルオキシド法　54
ヒドロホルミル化反応　13
ビニル重合　80
ビニロン　52, 92
皮膚洗浄　133
皮膚賦活効果　133
ヒマシ油　114
肥　料　4
ビルダー　116

ファインケミカルズの発展　14
ファモチジン　160
フィッシャー-トロプシュ反応　37
封止材料　99
富栄養化現象　116
m-フェニレンジアミン　99
p-フェニレンジアミン　98
フェノキシイミン　19
フェノール　12, 64
　──樹脂　64
フォトリソグラフィー　103
フォトレジスト　103
付加重合　80
　──ポリマー　84
複合材料　98
複合酸化物触媒　9
副作用　147
不斉合成　18
不斉反応　17
腐食⇒エッチング　103
ブタジエン　59
　──ゴム　94
n-ブタノール　56
s-ブタノール　59
フタル酸　78
フタル酸エステル　88
1,4-ブタンジオール　13, 60
ブチンジオール　60
n-ブテン　59
歩どまり向上　132
部分酸化法　43
浮遊粒子状物質　40
プラスチック　85
　──光ファイバー　106
　──レンズ　105
プラバスタチン　159

フリーデル-クラフツ反応　15,62
5-フルオロウラシル　162
フルオロカーボン鎖　118
フロギストン説　1
ブロー成形　78
ブロック共重合体　82
フローテイション法　132
プロドラック　152
プロパテント時代　27
1,3-プロパンジオール　110
プロピレン　54
　──の誘導体　54
プロピレンオキシド　11,21,54
フロン代替洗浄剤　129
プロントジル　152
分岐構造　86
分岐鎖アルキルベンゼンスルホン
　酸塩　115
分　散　117
分散系　128
分離機能高分子　107
分離機能樹脂　109
分離機能膜　107

ヘキサメチレンジアミン　67,77
ヘキスト-ワッカー法　51
ベークライト　75
ベタイン構造　123
β 開裂　44,45
β-フェネチルアルコール　11
ベックマン転位　48,65,66
ペニシリン　151
ベンゼン　62
ベンゾジアゼピン骨格　157

縫合糸　110
芳香族アミン　97
芳香族化合物の誘導体　63
芳香族置換反応　21
飽和脂肪酸　139
補強剤　94
保健機能食品　140
ポジ型レジスト材料　103
保　湿　133
ホスゲン　25
　──法　97
ボディ化粧品　134
ホメオスタシス　143

ボラン化合物　16
ポリ(2-ヒドロキシエチルメタク
　リレート)　105
ポリ[(R)-3-ヒドロキシブチラー
　ト]　111
ポリ-N-ビニルカルバゾール
　102
ポリアクリル酸　89
ポリアクリル酸メチル　89
ポリアクリロニトリル　97
　──系炭素繊維　97
ポリアセチレン　100
ポリアミド　76
　──繊維　89
ポリイミド　97
ポリウレタン　83
ポリエステル　76,77
　──繊維　85,91
ポリエチレン　5,53,76,78,86
ポリエチレンオキシド　100
ポリエチレンテレフタレート
　78,91
ポリ塩化アルミニウム　131
ポリ塩化ビニリデン　53
ポリ塩化ビニル　88
ポリオキシエチレンアルキルフェ
　ニルエーテル　120
ポリオキシエチレン誘導体　122
ポリオキシプロピレン鎖　118
ポリカーボネート　24,96
　──樹脂　65
ポリジメチルシロキサン　108
ポリスチレン　88
ポリスチレン-ポリブタジエン-ポ
　リスチレン　93
ポリ乳酸　111
ポリプロピレン　18,57,87
ポリマー
　アクリルアミド系──　131
　導電性──　101
　付加重合──　84
　リビング──　82
ポリメタクリル酸メチル　89
ポリメチルイソプロペニルケトン
　105
ホルムアルデヒド　71

ま 行

マイカ　134
マイクロ波　26
マスターリング　107
マッコウ鯨油　115
末梢性鎮痛薬　149
マルセル石けん　114

ミクロ相分離構造　93
ミセル　84,123
　──の形成　126
水俣病　5

無煙炭　30
無機成因説　30
無機繊維　90
無水酢酸　72
無水フタル酸　69
無水マレイン酸　11,22,60
ムスコン　137
無脱灰　87
無溶媒固相反応　26
無リン洗剤　116

メタクリル酸メチル　10,61
メタノール　13,71
メタノール法酢酸　14
メタロセン触媒　19,54,57,87
メチルアルモキサン　19,53
メチル化剤　72
メバスタチン　159
メバロチン®　158
免疫抑制薬　165
メンデレーエフの周期表　1
l-メントール　17

モノアシルグリセロール　140
モノ不飽和脂肪酸　139
モノマー　80
　──状　124
モーブ　7
モルヒネ　149
　──の誘導体　151
モンサント法　71

や 行

薬　害　147
薬用歯磨き剤　137
ヤング法　128

有機EL　26
有機金属化合物　17
有機資源　29
有機成因説　30
有機溶媒　25
油　脂　115

溶液重合　84
溶融紡糸　90
四日市喘息　6
四元素説　1

ら 行

ラジカル重合　81
ラジカル分解　44
ラジカル連鎖　13
　──反応　21
ラテックス　84
ラノリン誘導体　133
ランダムスクリーニング
　　146, 157

リサイクル　111
立体規則性　79
リード化合物　146, 155, 160
リビングポリマー　82
リポタンパク質　130
硫　酸　4
硫酸アルミニウム　131
硫酸エステル塩　115
硫酸工業　4
硫酸バンド　131
硫酸ビンブラスチン　162
流動床式接触分解　43
両性界面活性剤　123
量論反応　24

臨界ミセル濃度　125
臨床試験　146

ルテニウム　14
ルブラン法　2

瀝青炭　30
レジスト材料　103
レジン　74
レセプター　145
レドックス触媒　51
連鎖反応　81

ろうエステル　119
老人性痴呆症　160
ロジウム　14
ロンドン-ファン・デル・ワールス
　力　128

わ 行

ワシントン条約　137

編著者略歴

戸 嶋 直 樹（としま・なおき）

1939年　山口県に生まれる
1967年　大阪大学大学院工学研究科
　　　　博士課程修了
現　在　山口東京理科大学基礎工学部
　　　　物質・環境工学科・教授
　　　　工学博士

馬 場 章 夫（ばば・あきお）

1949年　高知県に生まれる
1976年　大阪大学大学院工学研究科
　　　　博士課程修了
現　在　大阪大学大学院工学研究科
　　　　分子化学専攻・教授
　　　　工学博士

役にたつ化学シリーズ6
有機工業化学

定価はカバーに表示

2004年 9 月 25 日　初版第 1 刷
2018年 4 月 25 日　　　第11刷

編著者　戸　嶋　直　樹
　　　　馬　場　章　夫
発行者　朝　倉　誠　造
発行所　株式会社　朝　倉　書　店
　　　　東京都新宿区新小川町6-29
　　　　郵便番号　162-8707
　　　　電　話　03(3260)0141
　　　　FAX　03(3260)0180
　　　　http://www.asakura.co.jp

〈検印省略〉

© 2004〈無断複写・転載を禁ず〉

中央印刷・渡辺製本

ISBN 978-4-254-25596-6　C3358　　Printed in Japan

JCOPY　〈(社)出版者著作権管理機構 委託出版物〉
本書の無断複写は著作権法上での例外を除き禁じられています．複写される場合は，そのつど事前に，(社)出版者著作権管理機構（電話 03-3513-6969, FAX 03-3513-6979, e-mail: info@jcopy.or.jp）の許諾を得てください．

好評の事典・辞典・ハンドブック

物理データ事典 日本物理学会 編 B5判 600頁
現代物理学ハンドブック 鈴木増雄ほか 訳 A5判 448頁
物理学大事典 鈴木増雄ほか 編 B5判 896頁
統計物理学ハンドブック 鈴木増雄ほか 訳 A5判 608頁
素粒子物理学ハンドブック 山田作衛ほか 編 A5判 688頁
超伝導ハンドブック 福山秀敏ほか 編 A5判 328頁
化学測定の事典 梅澤喜夫 編 A5判 352頁
炭素の事典 伊与田正彦ほか 編 A5判 660頁
元素大百科事典 渡辺 正 監訳 B5判 712頁
ガラスの百科事典 作花済夫ほか 編 A5判 696頁
セラミックスの事典 山村 博ほか 監修 A5判 496頁
高分子分析ハンドブック 高分子分析研究懇談会 編 B5判 1268頁
エネルギーの事典 日本エネルギー学会 編 B5判 768頁
モータの事典 曽根 悟ほか 編 B5判 520頁
電子物性・材料の事典 森泉豊栄ほか 編 A5判 696頁
電子材料ハンドブック 木村忠正ほか 編 B5判 1012頁
計算力学ハンドブック 矢川元基ほか 編 B5判 680頁
コンクリート工学ハンドブック 小柳 洽ほか 編 B5判 1536頁
測量工学ハンドブック 村井俊治 編 B5判 544頁
建築設備ハンドブック 紀谷文樹ほか 編 B5判 948頁
建築大百科事典 長澤 泰ほか 編 B5判 720頁

価格・概要等は小社ホームページをご覧ください．